U0290339

我国煤炭资源高效回收及节能战略研究

Strategic Studies of High-Efficient and Energy-Effective Coal Extractions in China

袁 亮等 著

科学出版社

北京

内 容 简 介

本书是中国工程院重点咨询项目"我国煤炭资源高效回收及节能战略研究"的研究成果。本书针对我国煤炭资源高效回收与节能面临的问题与挑战,提出了绿色煤炭资源量的概念及评价模型,获得了我国绿色煤炭资源分布特征,制定了我国主要煤炭生产基地布局优化策略,确立了我国煤炭资源高效回收与节能战略目标及技术路线图,为我国煤炭安全、智能、精准开采提供了战略指导。

本书可为政府部门、煤炭企业、科研机构等主要从事煤炭管理与研究的人员提供参考,也可供大专院校相关专业师生及其他对煤炭行业感兴趣的社会公众阅读。

图书在版编目(CIP)数据

我国煤炭资源高效回收及节能战略研究= Strategic Studies of High-Efficient and Energy-Effective Coal Extractions in China /袁亮等著. —北京:科学出版社,2017

ISBN 978-7-03-054854-2

Ⅰ.①我… Ⅱ.①袁… Ⅲ.①煤炭资源–资源回收–研究–中国 Ⅳ.①TD82

中国版本图书馆 CIP 数据核字(2017)第 255270 号

责任编辑:刘翠娜 耿建业/责任校对:桂伟利
责任印制:张克忠/封面设计:无极书装

科 学 出 版 社 出版
北京东黄城根北街 16 号
邮政编码:100717
http://www.sciencep.com
中国科学院印刷厂 印刷
科学出版社发行 各地新华书店经销
*
2017 年 12 月第 一 版 开本:787×1092 1/16
2017 年 12 月第一次印刷 印张:13 3/4
字数:320 000
定价:168.00 元
(如有印装质量问题,我社负责调换)

项目研究人员名单

顾　问

谢克昌　赵宪庚　黄其励　邱爱慈　陈森玉　顾金才　何多慧
薛禹胜　张铁岗　陈念念　谢和平　袁士义　李立涅　苏义脑
于俊崇　岳光溪　周守为　马永生　孙龙德　顾大钊

项目负责人
袁　亮

课题一　我国煤炭开发现状及存在问题研究

组　　长　袁亮

副 组 长　金智新　王家臣　秦勇

研究人员　张农　薛俊华　屠世浩　窦林名　许家林　勾攀峰
　　　　　王卫军　翟明华　陈启文　阚甲广　郑西贵　王洋
　　　　　孟建兵　任波　崔凡　王世进　段昌瑞　郭玉
　　　　　赵启峰　郭罡业　杨幸　王朋　宋子杭

课题二　我国煤炭开发布局及开采方法战略研究

组　　长　彭苏萍

副 组 长　康红普　王金华　姜耀东　申宝宏

研究人员　刘见中　陈佩佩　范志忠　刘玉朋　张博　周桐
　　　　　毛德兵　白原平　袁伟茗　王岩　任怀伟　田利
　　　　　姜鹏飞　李华民　吴立新　任艳芳　刘勤江　任世华
　　　　　郭建立　白金燕　陆小泉　雷毅　丁一慧　李劲松
　　　　　刘芳彬

课题三　我国煤炭资源高效回收战略研究

组　　长　张玉卓

副 组 长　蒋文化　李瑞峰　李全生

研究人员　聂立功　任仰辉　滕霄云　邢　相　姜大霖　张　凯
　　　　　方　杰　曹志国　郭　青　杨　青　迟东训　毛亚林
　　　　　林圣华　朱吉茂　郝秀强　张　帆　高　莹　李　花

课题四　我国煤炭开发节能战略研究

组　　长　李晓红

副 组 长　葛世荣

研究人员　刘金龙　刘洪涛　朱真才　于　斌　王铁军　祁和刚
　　　　　刘建功　傅　贵　刘泽功　李树刚　蒋卫良　赵庆彪
　　　　　王　虹　师文林　张德坤　胡海山　王世博　许林敏
　　　　　夏冰冰　陈天驰

课题五　我国煤炭资源高效回收及节能政策研究

组　　长　袁　亮

副 组 长　杨仁树

研究人员　姜耀东　王家臣　薛俊华　孟建兵　王　凯　赵毅鑫
　　　　　郝宪杰　徐　超　崔　凡　任　波　周爱桃　臧　杰
　　　　　郭海军　滕　腾　张　村　杨敬虎　孙英峰　张　通
　　　　　杨东辉　贾恒义　蔡永博　王　伟　何　祥　崔超群
　　　　　陈萌萌

序

我国"富煤、贫油、少气"的能源结构，对煤炭工业健康发展和生态能源战略提出了挑战。根据中国工程院《能源发展战略 2030～2050》报告预测，2050 年煤炭占一次能源比重控制在 50% 以下，但仍需 25 亿～30 亿吨。因此，煤炭主导是保障国家能源安全的现实选择。近年来，随着我国能源结构改革的不断进行，积极寻求更高效和环境友好的煤炭资源绿色开发途径，促进煤炭资源安全、经济、技术和环境一体化回收，最大限度地提高煤炭的能源效率，是社会、经济、能源和环境可持续协调发展的重大战略需求。

中国工程院作为我国工程技术界最高的咨询性学术机构，深入贯彻落实党中央和国务院的战略部署，立足我国经济、能源和社会协调发展战略，针对我国煤炭资源高效回收与节能面临的问题与挑战，及时组织 26 位院士、近百位专家开展"我国煤炭资源高效回收及节能战略研究"重点咨询项目研究，袁亮院士带领项目组深入开展了系统性的国内外调研，足迹遍布国内外主要产煤区，经过近 20 次会议的广泛讨论和两年全面深入的研究，提出了我国煤炭资源高效回收及节能技术体系、指标体系、政策保障体系等，为实现国家煤炭资源高效回收及节能目标提供战略咨询。该项目提出了绿色煤炭资源量的概念及评价模型，剖析了我国绿色煤炭资源分布特征，制定了我国主要煤炭生产基地布局优化策略，确立了我国煤炭资源高效回收与节能战略目标及技术路线图。项目成果凝聚了众多院士和专家的集体智慧，将为政府相关规划、政策和重大决策提供支持，具有深远的意义。

对各位院士和专家在项目研究过程中严谨的学术作风致以崇高的敬意，衷心感谢他们为国家能源发展付出的辛勤劳动。

李晓红

中国工程院党组书记、院士

2017 年 10 月

前　　言

本项目围绕煤炭资源高效回收及节能战略发展需求，针对我国煤炭资源禀赋复杂、煤层差异大、煤炭资源回收率低、开发布局规划不合理及安全开采形势严峻和煤矿生态环境破坏加剧的现状，分析了我国煤炭资源开发现状，煤炭资源开发布局和战略路线，煤炭资源高效回收现状、指标体系和战略目标，煤炭开采节能战略和技术等各方面的问题。

本项目是根据"我国煤炭资源高效回收及节能战略研究"项目的总体要求和课题任务，以"创新、协调、绿色、开放、共享"五大发展理念为指导，开展系统性的国内外情况调研，充分借鉴中国工程院现有研究成果，采用整体分析和重点区域分析相结合、各课题研究相结合的研究主线及"政、产、学、研"的协同创新研究模式，广泛开展实地调研工作。

对于我国煤炭资源开发，建成以绿色煤炭资源为基础，以精准开采为支撑，以总量控制为导向，与煤炭消费相适应的，安全、高效、绿色、经济等社会全面协调发展的现代化煤炭工业生产体系，支撑和保障国民经济和社会发展的能源需求。

全书共分为六章。第一章绪论部分详细介绍了"我国煤炭资源高效回收及节能战略研究"项目的研究背景和意义、研究内容及研究方法。第二章分析了我国煤炭资源分布和特征，提出了绿色煤炭资源的评价指标和评价方法，并依此分区评价了我国绿色煤炭资源量，在此基础上，采用情景预测法对绿色煤炭资源量进行了预测。第三章按照煤炭绿色资源量分布，分析了我国煤炭开发布局现状和问题，研究了我国煤炭资源精准开采布局战略。第四章对我国煤炭资源高效回收现状进行分析，界定了煤炭资源高效回收的概念，在此基础上建立了高效回收指标体系（包括安全指标、效率指标、回收指标、环保指标），以高效回收指标为主线，分析和评价全国及五大区的煤炭高效回收现状。第五章通过对我国煤矿开采能耗现状展开调查，提出了我国煤炭开采节能战略路线图与措施。第六章对全书进行了总结，提出实施煤炭技术革命、推动绿色煤炭资源精准开采、提高煤炭资源回收率势在必行。

在历时两年的研究中，本书立足于我国煤炭资源禀赋复杂、煤炭资源回收率低、煤矿生态环境破坏加剧等现状，瞄准煤炭资源精准开采的国际研究前沿，紧紧围绕我国煤炭资源高效回收与节能面临的问题与挑战，建立了绿色煤炭资源量的概念及评价模型，得出了我国绿色煤炭资源分布特征，提出了我国主要煤炭生产基地布局优化策略，制定了我国煤炭资源高效回收与节能战略目标及技术路线图，为我国煤炭安全、智能、高效开采提供指导。

　　本书是集体智慧的结晶，在研究过程中得到了中国工程院、国家煤矿安全监察局、国家能源局、中国煤炭工业协会、中国煤炭学会、中国矿业大学（北京）、中国矿业大学、神华集团有限责任公司、中国煤炭科工集团、安徽理工大学、煤炭科学研究总院、煤炭开采国家工程技术研究院、淮南矿业（集团）有限责任公司等单位的领导和专家的大力支持和协助，在此一并致谢！由于本项目研究时间较短，且研究任务较重，书中难免有不妥之处，敬请批评指正！

中国工程院　院士

2017 年 8 月

目　　录

序

前言

第一章　绪论 ……………………………………………………………… 1

　　第一节　研究背景和意义 ……………………………………………… 1

　　第二节　主要研究内容与思路 ………………………………………… 3

　　　　一、研究思路 ………………………………………………………… 3

　　　　二、主要研究内容 …………………………………………………… 4

第二章　我国绿色煤炭资源量分布及预测 ……………………………… 6

　　第一节　我国煤炭资源分布和特征 …………………………………… 6

　　　　一、煤炭资源分布概况 ……………………………………………… 6

　　　　二、资源赋存特征与开采存在问题 ………………………………… 11

　　第二节　我国绿色煤炭资源量分布 …………………………………… 13

　　　　一、基本概念 ………………………………………………………… 13

　　　　二、评价方法 ………………………………………………………… 14

　　　　三、绿色煤炭资源量评价 …………………………………………… 21

　　　　四、全国绿色煤炭资源量分布 ……………………………………… 33

　　第三节　绿色煤炭资源量预测 ………………………………………… 34

　　　　一、情景设置 ………………………………………………………… 35

　　　　二、绿色资源量分析预测 …………………………………………… 35

　　　　三、全国绿色煤炭资源量预测 ……………………………………… 50

　　　　四、小结 ……………………………………………………………… 52

　　第四节　本章主要结论 ………………………………………………… 53

　　　　一、煤炭资源分布与特征 …………………………………………… 53

　　　　二、绿色煤炭资源量的分布 ………………………………………… 53

　　　　三、绿色煤炭资源变化的情景预测 ………………………………… 53

第三章　我国煤炭精准开采布局战略研究 ……………………………… 54

　　第一节　我国煤炭开发布局现状和问题 ……………………………… 54

　　　　一、开发布局现状 …………………………………………………… 55

　　　　二、存在问题 ………………………………………………………… 66

　　第二节　我国煤炭运销格局及需求预测 ……………………………… 72

　　　　一、煤炭消费及区域分布 …………………………………………… 72

　　二、煤炭运输格局 ……………………………………………………… 73

　　三、煤炭需求预测 ……………………………………………………… 79

　第三节　绿色煤炭资源开发布局战略 …………………………………… 80

　　一、指导思想 …………………………………………………………… 80

　　二、战略目标 …………………………………………………………… 80

　　三、开发布局原则 ……………………………………………………… 81

　　四、开发布局路线 ……………………………………………………… 83

　第四节　分区开发布局 …………………………………………………… 85

　　一、晋陕蒙宁甘区——重点开发区 …………………………………… 85

　　二、华东区——限制开采区 …………………………………………… 87

　　三、东北区——收缩退出区 …………………………………………… 90

　　四、华南区——限制开采区 …………………………………………… 94

　　五、新青区——资源储备区 …………………………………………… 96

　第五节　本章主要结论 …………………………………………………… 99

　　一、开发布局现状 ……………………………………………………… 99

　　二、现有开发布局存在诸多问题 ……………………………………… 100

　　三、我国煤炭消费重心正在逐步向生产重心靠近 …………………… 100

　　四、运输能力支持煤炭生产重心进一步向晋陕蒙宁甘区域集中 …… 100

　　五、我国煤炭资源开发布局优化目标 ………………………………… 100

　　六、分区煤炭开发布局思路 …………………………………………… 101

第四章　我国煤炭资源高效回收战略研究 ………………………………… 102

　第一节　我国煤炭资源高效回收现状分析 ……………………………… 102

　　一、基本概念及指标体系 ……………………………………………… 102

　　二、现状与分析 ………………………………………………………… 104

　第二节　我国煤炭资源高效回收典型案例 ……………………………… 123

　　一、神华集团 …………………………………………………………… 123

　　二、淮南矿业集团 ……………………………………………………… 130

　第三节　国外煤炭资源高效回收现状分析 ……………………………… 133

　　一、美国 ………………………………………………………………… 133

　　二、澳大利亚 …………………………………………………………… 142

　　三、借鉴与启示 ………………………………………………………… 146

　第四节　我国煤炭资源精准高效回收战略 ……………………………… 150

　　一、战略环境 …………………………………………………………… 150

　　二、战略思路 …………………………………………………………… 152

　　三、战略目标 …………………………………………………………… 152

　　四、战略举措 …………………………………………………………… 154

　第五节　主要结论 ………………………………………………………… 156

第五章　我国煤炭开采节能战略研究 ·· 158

　第一节　我国煤矿开采能耗现状调查 ··································· 158

　　一、我国五大区煤炭开采全流程能耗 ······························· 159

　　二、煤炭开采装备国内外能耗差异分析 ····························· 162

　第二节　煤炭开采节能策略与技术研究 ································· 167

　　一、煤炭精准开采三元协同节能策略 ······························· 167

　　二、煤炭开采的源性节能技术 ····································· 168

　　三、煤炭开采的显性节能技术 ····································· 173

　　四、煤炭开采的隐性节能技术 ····································· 181

　第三节　我国煤炭精准开发节能战略 ··································· 186

　　一、节能趋势预测 ··· 186

　　二、节能战略目标 ··· 189

　　三、节能技术路径 ··· 190

　第四节　主要结论 ·· 194

　　一、我国煤炭开采的能耗分布现状 ································· 194

　　二、我国煤炭资源开发的节能目标 ································· 194

　　三、我国煤炭开采节能战略路线图 ································· 194

　　四、我国煤炭开发节能战略与措施 ································· 195

第六章　主要结论与建议 ·· 197

　第一节　主要结论 ·· 197

　　一、提出绿色煤炭资源概念，建立了绿色煤炭资源量评价体系 ········· 197

　　二、提出了我国煤炭资源精准开发布局战略 ························· 198

　　三、提出了我国煤炭资源精准开采高效回收战略目标与举措 ··········· 199

　　四、提出了我国煤炭开发节能战略目标与举措 ······················· 200

　第二节　建议 ·· 201

参考文献 ·· 205

索引 ··· 208

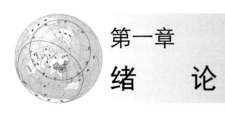

第一章
绪　　论

第一节　研究背景和意义

煤炭作为不可再生资源，具有能源、工业原料双重属性，不仅可以作为燃料取得热量和动能，还是化工产品的重要工业原料；自第一次工业革命以来，在为人类提供能源等领域扮演了重要角色，是工业"真正的粮食"。即使在科技高度发展的今天，煤炭仍然是宝贵的能源资源，在世界一次能源消耗结构中占 29.2%，甚至在部分国家占据能源消费主导地位，例如，2015 年我国煤炭消费量占国家能源消费总量的 64%，美国、澳大利亚等国家将煤炭作为国家战略资源保护。

煤炭作为我国主导能源，为我国经济社会发展做出了突出贡献。国家《能源中长期发展规划纲要（2004～2020 年）》中确定，中国将"坚持以煤炭为主体、电力为中心、油气和新能源全面发展的能源战略"。随着新能源发展和节能减排政策的强制执行，我国未来煤炭消费总量的比重将呈缓慢下降趋势，但国民经济的稳定健康发展对煤炭的需求总量仍将保持平稳增长，预计 2020 年煤炭仍占能源消费总量的近 60%。

我国煤炭资源相对丰富，但是煤层赋存条件差异大，从薄与极薄煤层到厚与特厚（巨厚）煤层，从近水平煤层到缓倾斜、急倾斜煤层均有分布，在目前经勘探证实的储量中，勘探（精查）储量仅占30%，而且大部分已经开发利用，煤炭后备储量相当紧张。中国煤炭资源的种类较多，动力煤储量主要分布在华北和西北，分别占全国储量的 46% 和 38%，炼焦煤主要集中在华北，无烟煤主要集中在山西和贵州两省。煤炭资源北多南少、西多东少，其分布与消费区分布极不协调。

当前，我国煤炭资源开发中存在以下问题。

（一）资源勘查程度低

我国煤炭资源勘查现状不容乐观，基础地质勘查滞后，勘查程度低，煤炭资源保障程度低，已经成为制约煤炭现代化建设的瓶颈。我国煤炭资源总量丰富，但已发现的煤炭资源仅占煤炭蕴藏量的 13%。

（二）资源回收率低，浪费严重

煤炭作为一种不可再生资源，如何有效地回收煤炭资源、提高资源回收率、降低资源损失已经日渐紧迫。目前，美国等发达国家的井工矿回收率为60%，我国的煤炭资源回收率平均仅为30%，乡镇煤矿回收率仅为10%。共生、伴生矿的利用率只有20%左右。可见，煤炭回收率存在很大的提升空间。

（三）开采条件日趋复杂，安全形势依然严峻

截止到2015年年底，我国国有重点煤矿开采深度达1000 m的煤矿有30余处，最大开采深度已经接近1500 m，而且每年以8～12m的延深速度递增。伴随而来的高地应力、高地温、高岩溶水压和强采矿扰动等深部开采特征更加明显，冲击地压、煤与瓦斯突出等灾害问题更加严重，并且有多重灾害耦合发生的趋势，这些都给煤矿的安全开采带来极大的难题。

（四）环境负外部性凸显

采矿行业本身的特点使采矿过程中总是伴随着对环境或多或少的破坏，如采矿对地表和地下水系的破坏，加剧了水资源的匮乏；开采导致地表沉陷，改变区域地形地貌，使高潜水位矿区地表大范围积水，大量农田被淹或盐（碱）化，植被率降低，水土流失严重；另外每年因开采煤炭而排放到大气中的二氧化硫、二氧化氮和各种悬浮颗粒等排放量惊人，对大气环境造成严重的影响。这些都与绿色、协调、可持续的发展战略冲突，未来煤炭开采若不做出改变，发展必将受到限制，甚至有退出历史舞台的危险。

（五）大型煤炭基地开发失调

在煤炭工业实施供给侧结构性改革的大背景下，加速行业转型升级是必然选择。当前大型煤炭基地开发过程中出现了诸多问题。原定每个大基地由一个主体开发的原则未能坚持；优良的整装矿区被分割批复；大量存在"批小建大、未批先建"等违法、违规行为。大型煤炭基地被无序开发，不仅造成大规模产能过剩，严重危害了煤炭行业当前的经济效益，同时还造成我国优质资源被过快占用、消耗、浪费。全国有10处大型煤炭基地查明资源量占用比率超过50%。其中，鲁西基地高达104%。查明资源量占用比例较低的新疆、云贵两大基地，受制于自然地理条件，短期难以大规模开发。蒙东（东北）基地中，东北地区煤炭资源近于枯竭，尽管内蒙古东部尚有大量未占用资源，但以褐煤为主，且处于呼伦贝尔草原地区，大规模开发利用的负外部性极大。

（六）价格未反映完全开采成本

我国现行煤炭成本构成已经远不能适应市场经济新形势的要求。与石油、电力及天然气等能源产业相比，我国煤炭价格的市场化改革进程较快，基本实现了市场配置资源的根本性作用。但由于市场失灵的存在，价格形成机制还存在煤炭定价没有体现完全成

本；煤炭价格没有完全市场化；煤炭价格与其他能源产品比价不合理；流通费用过高扭曲了煤炭价格；煤炭交易制度不完善等缺陷。

（七）煤炭生产存在高能耗问题

我国煤炭生产也存在高能耗问题：注重产量和安全，忽视吨煤能耗，缺少科学的节能指标约束，导致我国煤炭生产能耗较高；注重单机技术进步，不断提高单机的装机容量、运行效率、可靠性及煤矿机械的功能性，造成设计、选型标准保守，富裕系数过大，而对煤矿的现代化开采体系和配套装备的研究、重视不够，没有对运行阶段的开采吨煤能耗进行核算，对能效没有明确的要求，造成大量能源的浪费。这些问题已与我国能源的中长期能源战略规划和低碳绿色生产理念相违背，也与我国的长期发展目标相违背。面对经济新常态、适应能源革命的新要求，煤炭行业坚持推进转型、节能降耗已成为煤炭行业发展的主要方向之一。

鉴于我国煤炭资源禀赋特征、煤炭开发布局、煤炭资源回收率低及高能耗等问题，必须深入开展我国煤炭资源高效回收及节能利用的研究，从政策层面和技术层面提出我国煤炭资源高效回收及节能战略与政策建议，有效推动我国煤炭产业的健康、可持续发展，促进煤炭资源高效回收及节能利用，积极寻求更高效、环境友好的煤炭绿色开发途径，提高煤炭资源安全、经济、技术和环境一体化回收率，最大限度地提高煤炭的能源效率，减少污染物的排放总量，并大力推广高碳能源的低碳利用技术，保障我国能源安全，实现经济可持续发展重大战略需求。

第二节　主要研究内容与思路

一、研究思路

本书面向国家中长期能源战略目标，从国家政策、建设规划和开采技术层面开展煤炭资源高效回收及节能战略研究，提出我国煤炭资源高效回收及节能科技发展与政策建议，在经济发展新常态下推动我国煤炭工业的科学、绿色、可持续发展。

本书首先剖析我国煤炭资源高效回收及节能现状及存在的问题，查明安全、技术、环境、经济指标体系下的绿色煤炭资源量及其分布特征，提出绿色煤炭资源量的绿色开发理论与技术体系、指标体系；依据绿色开发理论预测我国煤炭需求，总结我国煤炭资源开发布局、开采技术水平和开采方法等现状及存在的问题，在系统分析我国目前煤炭资源开采方法及技术装备现状与趋势的基础上，有针对性地对五大区域开展煤炭资源开发战略研究，以绿色煤炭资源为基础，以精准开采为支撑，以总量控制为导向，提出优化我国煤炭开采布局的思路和政策建议；然后系统调研国内外煤炭资源回收现状，分析总结提高我国煤炭资源回收率的技术与装备，提出我国煤炭资源高效回收战略和相关政策建议，并且还系统调研国内外煤炭资源节能现状，研究我国煤炭开发节能评价的指标体系、全物质循环经济的科学内涵及运行体系，提出我国煤炭资源开发节能战略及相关政策建议；最后根据上述结果提出我国煤炭资源高效回收及节能战略与政策建议。

二、主要研究内容

本书基于"安全、技术、环境、经济"一体化的煤炭资源科学开采理念，提出"绿色煤炭资源量"的科学概念，并查清我国绿色煤炭资源量及其分布范围；构建绿色煤炭资源量高效回收及节能体系，包括建立绿色煤炭资源量高效回收及节能技术体系、构建绿色煤炭资源量高效回收及节能指标（管理）体系和政策保障体系，并最终提出我国煤炭资源高效回收及节能战略政策建议。主要研究内容包括以下几个方面。

（一）我国绿色煤炭资源量分布及预测

基于我国煤炭资源赋存特征，在安全、技术、经济、环境的约束下，针对我国煤炭资源总量保障度、资源勘查程度低，优质煤炭资源不足，资源回收率低、浪费严重，科技投入依然不足，煤炭经济形势下滑严峻等煤炭资源开发的突出问题，提出了绿色煤炭资源量和绿色煤炭资源量指数的概念。为了科学开发煤炭资源，通过资源安全度、资源赋存度、生态恢复度、市场竞争度等指标来表征绿色煤炭资源量的内涵，以"科学化、资源化和再利用"为原则，构建绿色煤炭资源量的综合评价指标体系，系统分析了我国五大区绿色煤炭资源量的分布情况。通过情景分析方法，对我国 2020 年、2030 年和 2050 年的绿色煤炭资源量进行了分析预测，发现绿色煤炭资源未来的存量并不富裕，绿色煤炭资源量的合理规划与开发是煤炭行业有序发展的必然趋势。

（二）我国煤炭资源开发布局战略

针对我国煤炭资源开发现状和存在问题研究，调研了 2014 年年底我国各区域矿井个数、开采方法、生态保护情况等资料，分析我们煤炭开发布局中存在的问题。对我国煤炭运销格局及需求进行了预测，分析了我国煤炭消费总量和消费布局，按照铁路、水运和公路三种运输方式，分析了我国西煤东调、北煤南运的调运格局，收集整理了国务院发展研究中心、中国煤炭工业协会、自然资源保护协会对煤炭消费峰值的相关预测，分析预测了我国 2020 年、2030 年和 2050 年煤炭需求。提出了我国绿色煤炭资源开发指导思想、原则与目标，即以绿色煤炭资源为基础，以精准开采为支撑，以总量控制为导向，全面提高煤炭资源开发布局的科学化水平，建立安全、高效、绿色、经济等社会全面协调的可持续的现代化煤炭工业生产体系。研究了煤炭资源五大区的开发布局，针对各区域煤炭现有产能和生产情况，逐步增加绿色资源量开发比重，到 2020 年期间主要对各区现有开采非绿色资源的产能进行淘汰和置换。2030 年将进一步增加绿色煤炭资源开发量，2050 年全部按照各区绿色资源量在全国占比来布置产能。

（三）我国煤炭资源高效回收战略

煤炭资源高效回收是指选择合适的煤炭资源（绿色煤炭资源）布局煤矿，采用先进适用的采煤方法和技术装备，保证安全生产，提高生产效率和资源回收率，并最大限度地降低对生态环境的扰动，实现资源、环境和社会的协调发展。在此内涵的基础上提出煤炭资源高效回收指标体系，对我国（分五大区）煤炭资源开采现状及存在的问题进行分析，并系统总结以神华（集团）有限责任公司、淮南矿业（集团）有限责任公司为代表的国内先进煤炭产能的高效回收典型经验，调研以美国、澳大利亚为代表的先进产煤国家的煤炭高效回收总体特征，并提出借鉴与启示：加强资源评估，选择优势资源布局煤矿；采用先进技术，提高效率和机械化水平；因地制宜分析，优先建设露天煤矿；推进资源整合，建设行业龙头企业；细化标准与规划，促进生态环境保护等。在此基础上，结合我国煤炭产业发展面临的战略环境，提出了我国中期和长远煤炭资源高效回收战略目标和战略举措：发挥绿色资源优势，考虑煤炭进口，优化煤炭开发布局；加大去产能力度，实现供求平衡，提升资源高效回收水平；推广先进经验，采用先进适用技术装备，促进煤炭资源高效回收；抓住改革机遇，推进煤炭行业整合，提高产业集中程度；统筹考虑，加强煤炭资源保护性开发，促进能源可持续发展；系统谋划，开展精准开采体系研究，促进安全智能开采等，为煤炭供给侧改革，即去产能、调结构、促升级提供决策参考。

（四）我国煤炭开采节能战略

系统调研、分析全国五大区煤炭开发节能现状及问题。通过问卷调查、专家咨询、实地调研和数据分析等形式，全面分析我国煤炭绿色资源和开采节能现状，总结存在问题。提出煤炭开发节能评价的指标体系和精准开采理念。根据全国煤炭开采节能现状，综合企业现状和技术发展趋势，提出切实可行的煤炭开发节能评价指标体系和精准开采理念，对煤炭行业提出更高要求。提出煤炭开发的全物质循环经济的科学内涵及运行体系。提出新的煤炭生产理念，实现煤炭生产的全方位价值流动：以采煤、掘进、运输、提升为主线，打造一条高效的绿色高效的生产链；以风、水、矸、热等非煤物质为主体，形成绿色环境链的全物质循环经济。提出我国煤炭资源开发节能战略及政策建议。明确煤炭开发节能战略目标；提出煤炭生产节能降耗可行技术和措施；提出实现上述战略目标的切实可行的实施路线和政策建议。

第二章
我国绿色煤炭资源量分布及预测

第一节 我国煤炭资源分布和特征

一、煤炭资源分布概况

（一）煤炭资源量的相关概念[1]

1. 勘探（精查）资源量

经过勘探工作所获得的煤炭资源量。包括 A（331）、B（332）和 C（333）D（334）?[1]和资源量。

2. 详查资源量

经过详查工作所获得的煤炭资源量。包括 B（332）、C（333）和 D（334）?资源量。

3. 普查资源量

经过普查工作所获得的煤炭资源量。包括 C（333）和 D（334）?资源量，并含普终资源量。

4. 预查资源量

经过预查工作所获得的煤炭资源量 D（334）?

5 探获的资源量

经过煤炭资源地质勘查工作所获得的煤炭资源量的总和。包括精查、详查（详终）、普查（普终）和预查资源量。

---

① （334?）即"在预查区内，综合各方面的资料分析、研究和极少量的工程控制，通过已知矿床类比，有足够数据所估算的资源量。各项参数都是假设的，属潜在矿产资源，经济意义未确定。"

6. 已占用资源储量

生产矿井已经占用的资源储量。

7. 保有资源量

是指探获的资源量扣除生产矿井已经消耗的资源量和预查资源量。即生产井、在建井已经占用的保有资源储量和尚未占用资源量中的勘探、详查、普查资源量。

（二）煤炭资源分布概况

根据工程院已有研究成果，将我国煤炭生产区域划分成晋陕蒙宁甘区、华东区、东北区、华南区和新青区五大产煤区域[2]。

根据国土资源部《2011 年矿产资源报告》，截至 2011 年年底，按照我国煤炭资源分布的五大区进行统计,我国煤炭保有资源量为 14882.74 亿 t,其中已利用资源量 4185.16 亿 t,尚未利用资源量 15472.22 亿 t。尚未利用资源量中,勘探 2508.45 亿 t,详查 2932.57 亿 t, 普查 5258.68 亿 t, 预查 4772.52 亿 t, 如表 2.1 所示。

表 2.1 我国煤炭资源分区分布情况　　　　　　（单位：亿 t）

五大区	保有资源量	已利用资源量	尚未利用资源量				
			勘探	详查	普查	预查	合计
晋陕蒙宁甘区	9826.47	2581.84	1548.69	2356.5	3342.52	4096.48	11344.2
华东区	1397.79	720.18	171.02	59.53	447.03	398.99	1076.57
东北区	308.08	159.91	22.54	37.07	88.56	22.56	170.73
华南区	993.98	233.71	353.2	229.87	176.46	252.19	1011.54
新青区	2356.42	489.52	413.18	249.6	1204.11	2.3	1869.19
全国总计	14882.74	4185.16	2508.45	2932.57	5258.68	4772.52	1 5472.22

我国煤炭资源勘查程度低，煤炭资源的勘查工作远远落后于矿井建设。可供建井的勘探资源量仅占尚未利用资源量的 16%，详查资源量占 19%，尚未利用资源量当中普查和预查占了大部分，勘探程度低，在煤炭资源合理规划开发方面不能作为有力的参考。

五大区煤炭资源分布如图 2.1 所示。从图 2.1 可知，全国已利用煤炭资源量 4185.16 亿 t，晋陕蒙宁甘区占比最大，已利用煤炭资源量 2581.84 亿 t，达到 61.69%；新青区次之，已利用煤炭资源量为 489.52 亿 t，达到 11.7%；华东区、华南区和东北区已利用煤炭资源量分别为 720.18 亿 t、233.71 亿 t 和 159.91 亿 t，分别占有 17.21%、5.58% 和 3.82%。从勘探、详查、普查和预查资源量来看，晋陕蒙宁甘地区煤炭资源的分布较为集中，分别占全国的 61.74%、80.36%、63.56%、85.83%。

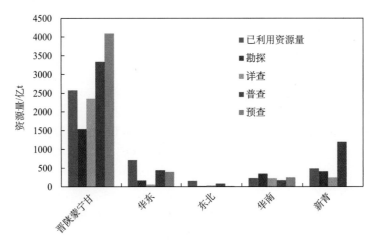

图 2.1   五大区煤炭资源分布

（三）晋陕蒙宁甘区

晋陕蒙宁甘区包括山西、陕西、内蒙古、宁夏和甘肃五省（自治区）。国家大型煤炭基地包括晋北基地、晋东基地、晋中基地、黄陇基地、陕北基地、神东基地、蒙东（东北）基地的蒙东部分及宁东基地八个基地。该区位于我国中西部地区，该区煤炭资源丰富、煤种齐全、开采条件好、煤炭产能高。

该区内的八个大型煤炭基地，均是我国优质动力煤、炼焦煤和化工用煤主要生产和调出基地，担负向华北、华东、中南、东北、西北等地区供应煤炭的重任，既是"西煤东运"和"北煤南运"的调出基地，也是"西电东送"北部通道煤电基地。根据《国家大型煤炭基地建设规划》，应以建设特大型现代化露天矿和井工矿为主，提高煤炭生产和供应能力。其中，晋中基地是我国最大的炼焦煤生产基地，面向全国供应炼焦煤，要对优质炼焦煤资源实行保护性开发，把建设大型煤矿和整合改造小煤矿结合起来，稳定生产规模。

晋陕蒙宁甘区具有丰富的煤炭资源，煤炭已利用煤炭资源量为 2581.84 亿 t，勘探资源量为 1548.69 亿 t，详查资源量为 2356.5 亿 t，其中内蒙古自治区拥有最多的勘探煤炭资源量 1048.1 亿 t，占晋陕蒙宁甘区域勘探的 67.68%；尚未利用资源量为 11344.19 亿 t，内蒙古地区拥有优质的煤炭，开采条件简单。从图 2.2 可以明显看出，内蒙古尚未利用煤炭资源量是最多的，山西和陕西也拥有较多的尚未利用煤炭资源量，依次为 1286.24 亿 t 和 1457.61 亿 t。

（四）华东区

华东区包括河北、山东、安徽、江苏、江西、福建和河南等产煤省，以及北京、天津、上海和浙江等非产煤省（直辖市）。国家大型煤炭基地中的冀中基地、鲁西基地和两淮基地、河南基地在华东区内。根据《国家大型煤炭基地建设规划》，该区四大煤炭基地担负向京津冀、中南、华东地区供应煤炭的重要任务。其中冀中基地、鲁西基地和河南基地重点做好老矿区接续工作，稳定煤炭生产规模；两淮基地适度加快开发建设，提高煤炭生产和供应能力。

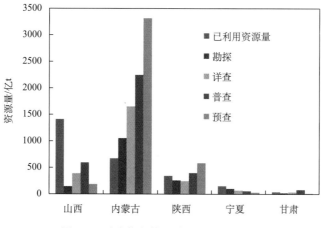

图 2.2　晋陕蒙宁甘区煤炭资源分布情况

从图 2.3 可以看出，华东区内各省（直辖市）之间煤炭资源分布极不均衡，资源主要集中在冀、鲁、豫、皖四省，北京、天津煤炭资源分布极少，江苏仅有少量煤炭资源。从尚未利用资源量来看，华东区尚未利用资源总量为 1076.57 亿 t。其中以河南最多，达到 448.42 亿 t，占该区尚未利用资源总量的 41.65%。

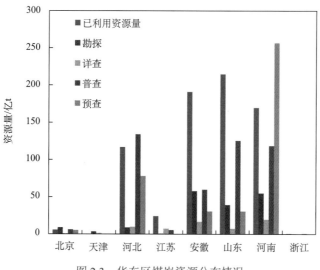

图 2.3　华东区煤炭资源分布情况

（五）东北区

东北区包括辽宁、吉林、黑龙江三省。辽宁和黑龙江的煤炭矿区在蒙东（东北）大型煤炭基地内。根据《国家大型煤炭基地建设规划》，蒙东（东北）大型煤炭基地的功能定位为调节和维持东北三省和内蒙古东部煤炭供需平衡,以减轻山西煤炭调入东北的铁路运输压力。为此,应稳定东北三省煤炭生产规模,巩固自给能力;加大蒙东地区煤炭开发强度,增加对东北三省的补给能力,使开发重点逐步由东向西转移。

东北区已利用煤炭资源量为 159.91 亿 t,其中黑龙江已利用资源最多 94.19 亿 t,占整个东北区已利用煤炭资源量的 58.9%;东北区尚未利用资源总量为 170.73 亿 t,其中黑龙江最多,约为 129.70 亿 t,如图 2.4 所示。

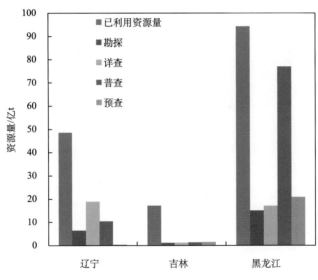

图 2.4　东北区煤炭资源分布情况

总体来看,辽宁、吉林两省尚未利用资源的绝对量基数较小,而黑龙江尚未利用煤炭资源绝对量相对较多。因此,黑龙江当前仍具有一定程度的开发潜力,辽宁和吉林两省资源正面临着资源枯竭的境遇。

（六）华南区

华南区包括湖北、湖南、广西、云南、贵州、四川和重庆等产煤省(自治区、直辖市),以及广东和海南等非产煤省。该区的国家大型煤炭基地包括云南、贵州和四川的古叙及筠连矿区,其余为非大型煤炭基地的矿区。该区煤炭产量不能满足需求,需要大量调入,是"北煤南运"的主要目的地。

根据《国家大型煤炭基地云贵基地规划》,云贵基地主要担负向西南、中南地区供应煤炭任务,也是"西电东送"南部通道煤电基地(主要是贵州煤电基地外送广东电力),要适度加快开发建设。

总体来看,华南区尚未利用煤炭资源主要分布于贵州和云南两省。四川的煤炭尚未利用资源量仅为 89.88 亿 t,而重庆甚至不到 26.84 亿 t,如图 2.5 所示。华南区的贵州和云南两省在当前仍具有一定的煤炭资源开发潜力;而四川资源的开发潜力不大,湖南、广西等省区煤炭资源面临枯竭。

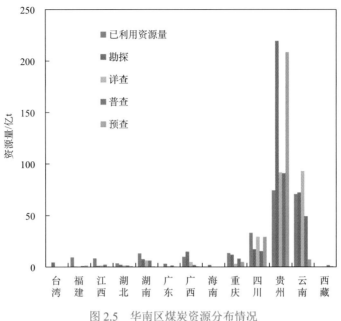

图 2.5　华南区煤炭资源分布情况

（七）新青区

新青区包括新疆维吾尔自治区和青海省。其中新疆为第 14 个国家大型煤炭基地。该区位于我国西北部，区域煤炭资源丰富，开发前景广阔，是未来我国主要的煤炭生产基地，也是重要的煤炭调出区。目前该区煤炭消费市场有限，外运通道能力不足，应加强该区的基础设施，尤其是交通设施的建设。

根据《新疆大型煤炭基地建设规划》，新疆基地将建设吐哈区、准噶尔区、伊犁区和南疆区，规划矿区 51 个。从图 2.6 可以看出，新青区的尚未利用煤炭资源量主要分布在新疆，新疆的尚未利用煤炭资源量为 1813.69 亿 t，勘探 385.82 亿 t，详查 225.17 亿 t，具有很大的开发潜力。

二、资源赋存特征与开采存在问题

（一）资源勘查程度低

我国煤炭资源总量丰富，但勘查程度低，可供建井的勘探储量严重不足，仅占尚未利用资源量的 12%，详查量占 26%，普查量占 41%。截至 2014 年年末，我国尚未利用中的勘探资源量 2994.8 亿 t，大量仍处于详查和普查阶段，不确定因素多，不能作为资源整体规划的依据。我国煤炭资源勘查现状不容乐观，基础地质勘查滞后，勘查程度低，煤炭资源保障程度低，已经成为制约煤炭现代化建设的瓶颈[3-4]。

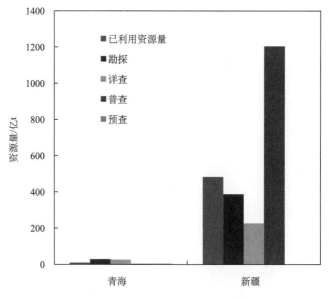

图 2.6　新青区煤炭资源分布情况

（二）资源回收率低，浪费严重

据统计，近年来我国大型矿井煤炭回采率均值为 30%～40%，中小型矿井回采率最低不足 10%。2000～2010 年，我国煤炭累计产量 234.4 亿 t。按 30%～40%回采率计算，开采出 234.4 亿 t 原煤要消耗地下原煤资源 586 亿～780 亿 t，相当于 11 年间，我国浪费了 311 亿～505 亿 t 不可再生的原煤资源。

煤炭资源回采率偏低在我国是普遍现象。这种偏低不仅存在于煤炭资源大省，在部分煤炭资源相对贫乏的地区也存在回采率过低和浪费资源的现象，而一些地方小矿回采率更低，资源浪费现象更严重。受经济利益的驱动，煤炭生产片面追求产量和效益，"弃薄采厚、挑肥拣瘦"现象严重；小矿乱采滥挖，资源破坏浪费严重。

（三）开采条件复杂

我国煤层普遍埋藏深，煤田构造整体复杂。根据全国第三次性炭资源预测，我国在已有的 5.57 万亿 t 煤炭资源中，埋深在 1000m 以深的为 2.86 万亿 t，约占煤炭资源总量的 51%。煤矿深部岩体长期处于高压、高渗透压、高地温环境和受采掘扰动影响，使岩体表现出特殊力学行为，并可能诱发以煤与瓦斯突出、冲击矿压、煤与瓦斯突出和冲击矿压耦合的复合动力灾害、矿井突水、顶板大面积来压和冒落为代表的一系列深部资源开采中的重大灾害性事故[5-11]，严重影响煤矿安全生产。

（四）生产与消费区域不匹配

煤炭资源集中于晋陕蒙宁地区，消费地集中于黄淮海和东南等地区。东部地区资源储量少，资源利用率已经很高，开采地质条件好的资源已经利用，产能、环境容量已经接近极限，且深部开发缺乏保障。一旦东部地区可采煤炭资源完全枯竭，遇中西部突发事件，东部煤炭供应缺乏保障，将威胁我国能源安全甚至国家安全。

（五）煤炭资源与水资源呈逆向分布

我国水资源比较贫乏，人均占有量仅为世界平均水平的 1/4，而且地域分布不均衡，南北差异很大。以昆仑山—秦岭—大别山一线为界，该线以南水资源较丰富，以北水资源短缺。而内蒙古、山西、陕西、宁夏等西北部的富煤地区，已查明煤炭资源量占全国的 70%以上，淡水资源极度贫乏。据有关方面测算，我国每年因采煤破坏地下水资源 22 亿 m³。如果在煤炭开采过程中不对水资源加以有效保护和利用，将进一步加剧水资源短缺[12,13]。

（六）生态环境严重制约煤炭资源开发

我国主要大型煤炭基地的环境现状不容乐观，综合环境容量较小，煤炭资源大规模开采给生态环境造成了严重的破坏[14-18]。我国煤炭开采主要集中在晋陕蒙地区，而这些地区缺水干旱，属生态环境较为脆弱的地区，在近几十年来煤炭资源开采中，煤炭开采导致地下水资源流失、水质污染、水土流失、土壤沙化、土地塌陷、空气污染、噪声污染等一系列问题非常突出，给当地生态环境造成很大破坏，严重制约着当地经济社会的可持续发展。脆弱的生态环境基底及大规模开发造成的生态环境持续恶化，影响中西部煤炭资源开发利用甚至我国的生态安全[5-7]。

第二节　我国绿色煤炭资源量分布

一、基本概念

基于我国资源赋存特征，为科学开采煤炭资源，释放先进产能，提出绿色煤炭资源量和绿色煤炭资源指数的概念。

（一）绿色煤炭资源量

绿色煤炭资源量是指能够满足煤矿安全、技术、经济、环境等综合条件，并支撑煤炭科学产能和科学开发的煤炭资源量[8]。

（二）绿色煤炭资源指数

绿色煤炭资源指数是指在一个相对独立的煤田地质区或煤田中，保有煤炭资源量中绿色煤炭资源量所占比重。

（三）煤炭精准开采[8]

煤炭精准开采是将不同地质条件的煤炭开采扰动影响、致灾因素、开采引发生态环境破坏等统筹考虑，时空上准确高效的煤炭无人（少人）智能开采与灾害防控一体化的未来采矿新模式。

二、评价方法

（一）评价指标

绿色煤炭资源量受煤矿安全、技术、经济、环境四重效应约束，以"科学化、资源化和再利用"为原则，具有"竞争、共生、自生"的机制，据此构建绿色煤炭资源量的概念模型。

基于绿色煤炭资源量和绿色煤炭资源指数的内涵，提出绿色煤炭资源量评价指标，主要包括：资源安全度（煤与瓦斯突出、冲击地压、自燃倾向、水文地质）、资源赋存度（埋深、煤层倾角、厚度、地质构造）、生态恢复度（生态恢复、环境保护、资源综合利用）和市场竞争度（矿井全员工效、吨煤成本）4 个方面，16 个二级指标，评价我国绿色煤炭资源量，如图 2.7 所示。

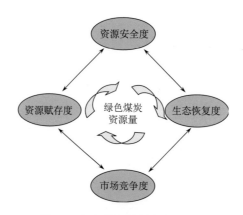

图 2.7　绿色资源量的影响因素图

1. 资源安全度

资源安全度主要包含的指标有：矿井瓦斯等级、冲击地压、自然发火倾向、矿井水文地质类型[9-11,14,19-20]。

1）矿井瓦斯等级

矿井瓦斯等级，根据矿井瓦斯涌出量和瓦斯涌出形式划分为三类：

（1）低瓦斯矿井。同时满足下列条件的为低瓦斯矿井：

① 矿井相对瓦斯涌出量不大于 $10m^3/t$；

② 矿井绝对瓦斯涌出量不大于 $40m^3/min$；

③ 矿井任一掘进工作面绝对瓦斯涌出量不大于 $3m^3/min$；

④ 矿井任一采煤工作面绝对瓦斯涌出量不大于 $5m^3/min$。

（2）高瓦斯矿井。具备下列条件之一的为高瓦斯矿井：

① 矿井相对瓦斯涌出量大于 $10m^3/t$；

② 矿井绝对瓦斯涌出量大于 $40m^3/min$；

③ 矿井任一掘进工作面绝对瓦斯涌出量大于 $3m^3/min$；

④ 矿井任一采煤工作面绝对瓦斯涌出量大于 $5m^3/min$。

（3）突出矿井。矿井在采掘过程中只要发生过一次煤与瓦斯突出，该矿井即定为突出矿井。

２）冲击地压

在矿井井田范围内发生过冲击地压现象的煤层，或者经鉴定煤层（或者其顶底板岩层）具有冲击倾向性，且评价具有冲击危险性的煤层为冲击地压煤层。有冲击地压煤层的矿井为冲击地压矿井。根据综合指数法，可分为无危险、弱危险、中等危险和强冲击危险四个等级。

３）自燃倾向性

煤的自燃倾向性分为容易自燃、自燃、不易自燃三类。

４）矿井水文地质类型

根据矿井水文地质条件、涌水量、水害情况和防治水难易程度区分的类型，分为简单、中等、复杂、极复杂四种类型。

2. 资源赋存度

资源赋存度主要包含的指标有：埋深、煤层倾角、煤层厚度与地质构造复杂程度[15-18]。

１）埋深

我国对深矿井的界定尚无明确规定，《中国煤矿开拓系统》一书提出按采深将矿井划分为四类：浅矿井，采深小于 400m；中深矿井，采深 400～800m；深矿井，采深 800～1200m；特深矿井，采深大于 1200m。

２）煤层倾角和煤层厚度

根据当前井工开采技术，我国按煤层倾角将煤层划分为四类：近水平煤层，倾角小于 8°；缓斜煤层，倾角为 8°～25°；中斜煤层，倾角为 25°～45°；急（倾）斜煤层，倾角大于 45°。

根据当前井工开采技术，我国按煤层厚度将煤层划分为三类：薄煤层，煤厚小于1.3m；中厚煤层，煤厚为 1.3～3.5m；厚煤层，煤厚大于 3.5m。习惯上把厚度大于 8m 的煤层称为特厚煤层。

３）地质构造复杂程度

按地质构造复杂程度分为：简单构造、中等构造、复杂构造、极复杂构造。

3. 生态恢复度

生态恢复度主要包含的指标有：生态恢复（采煤塌陷系数、塌陷土地复垦率）、环境保护（煤质）、资源综合利用（煤矸石利用率、矿井水利用率、抽采瓦斯利用率、煤与伴生资源的协调开采）[21,22]，共 3 个一级指标和 6 个二级评价指标。

1）采煤塌陷程度

根据平均每开采 1 万 t 煤引发的当年土地塌陷面积。将采煤塌陷程度归为四类：采煤塌陷系数<0.1ha[①]/万 t 为弱；0.1ha/万 t<采煤塌陷系数<0.25ha/万 t 为中等；0.25ha/万 t<采煤塌陷系数<0.4ha/万 t 为强；采煤塌陷系数>0.4ha/万 t 为极强。

2）塌陷土地复垦率

复垦率为已恢复的土地面积与被破坏的土地面积的比值。

将塌陷土地复垦率归为四类：复垦率达到 100%为极好；复垦率为 80%～100%时为好；复垦率为 60%～80%时为中；复垦率小于 60%为差。

3）煤质

根据煤的煤化程度，将所有煤分为褐煤、烟煤和无烟煤。

4）煤矸石综合利用率

煤矸石综合利用率=当年利用的煤矸石总量/当年煤矸石生产总量×100%。

5）矿井水利用率

矿井水利用率=当年矿井水利用总量/当年矿井水生产总量×100%。

6）抽采瓦斯利用率

抽采瓦斯利用率=当年矿井抽采瓦斯利用量/当年矿井抽采瓦斯量×100%。

根据《煤炭采选业清洁生产标准》，将抽采瓦斯利用率不小于 85%定为国际生产先进水平；抽采率不小于 70%定为国内先进生产水平；抽采率不小于 60%定为国内生产基本水平。

4. 市场竞争度

市场竞争度主要包含的指标有：煤矿全员工效和吨煤成本两个评价指标。

1）煤矿全员工效

煤矿全员工效=矿井年产量÷工作天数÷原煤生产人数[一般包括管理人员、生产工人（包括井下和地面），不包括服务人员、其他人员]，全员工效单位：t/工。

---

① 1ha=10000m^2。

2）吨煤成本

煤炭产品总成本包括制造成本和期间费用，以总成本除以原煤产量，就得到原煤的单位成本。

吨煤成本划分为四类：吨煤成本≤市场售价的60%为好；市场售价的60%≤吨煤成本<市场售价市场售价的80%为中；市场售价的80%≤吨煤成本<市场售价市场售价为差；吨煤成本≥市场售价为极差。

（二）评价方法

1. 绿色煤炭资源量综合评价方法

1）评价原则

为了保证指标的客观性与决策的可靠性，评价绿色煤炭资源量的指标应尽可能采用公认的标准，防止主观判断，成分过重的指标，主要原则如下：

（1）可行性原则。所选指标应尽可能描述绿色煤炭资源量的本质特征，指标应具备可得性，评价指标在内涵、计算范围与口径上尽量保持协调一致，使绿色煤炭资源量在时空上具有可比性。

（2）全面性原则。所选的指标尽量采用定量指标，但是一定要与定性指标相结合进行选定，从不同侧面与角度对绿色煤炭资源量的状况进行全面反映，既能够反映绿色煤炭资源数量的变化也能反映其质量的变化，既能反映其经济效益也能反映生态效益，既能反应技术程度又能反映其安全状况。

（3）可操作性原则。所选指标都应在符合绿色煤炭资源量特征的基础上，通过多指标的遴选，以较少的综合性指标，较为规范、准确地反映其评价程度，便于应用与推广，提高效率。

2）绿色煤炭资源量综合评价方法

（1）层次分析法原理。

美国运筹学家萨迪提出的层次分析法（analytic hierarchy process, AHP），是一种应用网络系统理论和多目标综合评价的方法，这种方法的特点是在对复杂的决策问题的本质、影响因素及其内在关系等进行深入分析的基础上，利用较少的定量信息使决策的思维过程数学化，从而为多目标、多准则或无结构特性的复杂决策问题提供简便的决策方法。

本书采用AHP方法来进行指标权重的确定[23-26]，绿色煤炭资源量的评价可分为四个层次：第一层次为总目标，即绿色煤炭资源量程度；第二层次为目标层，即四大约束条件资源安全度、资源赋存度、生态恢复度和市场竞争度；第三层次为一级指标，根据约束条件设立12个一级指标，其中用瓦斯、冲击地压、自燃、水文地质、埋深用来反映资源安全度，通过煤层倾角、厚度、地质构造体现资源赋存度，通过生态恢复、环境保护、资源综合利用等指标反应生态恢复度，市场竞争度用全员工效与吨煤成本体现；第四层为参数层，共有 16 个参数。通过专家和决策者对所列指标通过两两比较其重要程度而逐层进行判断评分，利用计算判断矩阵的特征向量确定下层指标对上层指标的贡献程度，从而得到参数层各参数对总目标重要性的排列结果。

假定评价总目标为 T，评价指标集合集 $F=\{f_1, f_2, …, f_n\}$，构造判断矩阵 $P(T\text{-}F)$ 为

$$P = \begin{bmatrix} f_{11} & f_{12} & \cdots & f_{1n} \\ f_{21} & f_{22} & \cdots & f_{2n} \\ \vdots & \vdots & & \vdots \\ f_{n1} & f_{n2} & \cdots & f_{nn} \end{bmatrix} \qquad (2.1)$$

f_{ij} 为表示因数相对重要性数值（$i=1, 2, \cdots, n; j=1, 2, \cdots, n$），$f_{ij}$ 的取值如表 2.2 所示。

表 2.2 $T\text{-}F$ 判断矩阵及其含义

标度	含义
1	表示 f_i 与 f_j 比较，具有同等影响力
3	表示 f_i 与 f_j 比较，f_i 比 f_j 影响力稍微大一些
5	表示 f_i 与 f_j 比较，f_i 比 f_j 影响力明显大一些
7	表示 f_i 与 f_j 比较，f_i 比 f_j 影响力明显大得多
9	表示 f_i 与 f_j 比较，f_i 比 f_j 影响力绝对大得多
2，4，6，8	分别表示相邻判断的中值
$f_{ji}=1/f_{ij}$	

（2）构建判断矩阵及层次单排序。

这里以绿色煤炭资源量为总目标（T），相对于总目标而言，四个目标层因数之间的相对重要性的专家评判矩阵如表 2.3 所示。

表 2.3   目标层因数相对重要性专家评判矩阵及权重值

T	F_1	F_2	F_3	F_4	W
F_1	1	1/3	1/3	4	0.2001
F_2	3	1	1/3	3	0.3226
F_3	3	3	1	1/6	0.2712
F_4	1/4	1/3	6	1	0.2061

其中，F_1 为资源安全度目标，F_2 为资源赋存度目标，F_3 为生态恢复度目标，F_4 为市场竞争度目标。通过计算，上述矩阵的特征向量 W（即因子排序权值）=（0.2001，0.3226，0.2712，0.2061），即评价因子 F_1、F_2、F_3 和 F_4 的权重分别为 0.2001、0.3226、0.2712、0.2061。按照同样的方法，得到各参数层因数的权重值如表 2.4～表 2.7 所示。

表 2.4　资源安全因数相对重要性专家评判矩阵及权重值

F_1	f_1	f_2	f_3	f_4	W
f_1	1	1/2	3	4	0.3580
f_2	2	1	1/2	5	0.3420
f_3	1/3	2	1	1/5	0.1382
f_4	1/4	1/5	5	1	0.1617

表 2.5　资源赋存度因数相对重要性专家评判矩阵及权重值

F_2	f_5	f_6	f_7	W
f_5	1	1/4	7	0.3857
f_6	4	1	1/2	0.4034
f_7	1/7	2	1	0.2109

表 2.6　生态恢复度因数相对重要性专家评判矩阵及权重值

F_3	f_8	f_9	f_{10}	f_{11}	f_{12}	f_{13}	f_{14}	W
f_8	1	3	1/3	1/4	3	7	8	0.2426
f_9	1/3	1	2	2	1/4	3	2	0.1570
f_{10}	3	1/2	1	1/2	2	3	6	0.2277
f_{11}	4	1/2	1/2	1	1/5	4	1/7	0.1043
f_{12}	1/3	4	1/2	1/4	1	1/6	2	0.0941
f_{13}	1/7	1/3	1/3	1/4	6	1	4	0.1016
f_{14}	1/8	1/2	1/6	7	1/2	1/4	1	0.0727

表 2.7　市场竞争因数相对重要性专家评判矩阵及权重值

F_4	f_{15}	f_{16}	W
f_{15}	1	1	0.5000
f_{16}	1	1	0.5000

（3）层次单排序的一致性检验。

根据公式：

$$\lambda_{\max} = \sum_{i=1}^{n} \frac{(AW)_i}{nW_i} \tag{2.2}$$

$$CI = \frac{\lambda_{\max} - n}{n - 1} \tag{2.3}$$

$$CR = \frac{CI}{RI} \tag{2.4}$$

式（2.2）～式（2.4）中，RI 为随机一致性指标；CI 为一致性指标；CR 为一致性比率；W 为特征向量；$\lambda_{\max}$ 为最大特征根；A 为成对比较矩阵；n 为因数。

　　RI 为已知修正值，可以得出上述各判断矩阵的一致性指标的检验结果如表 2.8 所示。

表 2.8　各判断矩阵一致性指标检验结果

判定系数	$T{-}F$	$F_1{-}f$	$F_2{-}f$	$F_3{-}f$	$F_4{-}f$
λ_{max}	4.0212	4.0104	6.2565	6.1209	8.2324
CI	0.0071	0.0035	0.0513	0.0242	0.0332
RI	0.9600	0.9600	1.2400	1.2400	1.4100
CR	0.0074	0.0037	0.0414	0.0195	0.0235

一般情况下，若 CR≤0.1 就说明判断矩阵具有满意的一致性。由表 2.8 的检验结果可知，上述五个判断矩阵均具有满意的一致性。

（4）层次总排序及一致性检验。

对于总目标 T 而言，要计算参数层 f 相对于总目标 T 的重要性权值，需要用目标层 F 各因素本身相对于总目标的排序权值加权综合。层次总排序的结果如表 2.9 所示。

表 2.9　参数层各因素总排序的结果

参数层	F_1	F_2	F_3	F_4	W	排序
T	0.2001	0.3226	0.2712	0.2061	—	—
f_1	0.3580	—	—	—	0.0716	5
f_2	0.3420	—	—	—	0.0684	6
f_3	0.1382	—	—	—	0.0277	13
f_4	0.1617	—	—	—	0.0324	11
f_5	—	0.3858	—	—	0.1245	2
f_6	—	0.4034	—	—	0.1301	1
f_7	—	0.2109	—	—	0.0680	7
f_8	—	—	0.2426	—	0.0658	8
f_9	—	—	0.1570	—	0.0426	10
f_{10}	—	—	0.2277	—	0.0618	9
f_{11}	—	—	0.1043	—	0.0283	12
f_{12}	—	—	0.0940	—	0.0255	15
f_{13}	—	—	0.1016	—	0.0276	14
f_{14}	—	—	0.0727	—	0.0197	16
f_{15}	—	—	—	0.5000	0.1031	3
f_{16}	—	—	—	0.5000	0.1031	4

根据层次总排序一致性指标：

① 层次总排序一致性指标：

$$CI = \sum_{i=1}^{4} a_i\, CI_i \tag{2.5}$$

② 层次总排序的随机一致性指标：

$$RI = \sum_{i=1}^{4} a_i\, RI_i \tag{2.6}$$

③ 层次总排序随机一致性比例：

$$CR = \frac{CI}{RI} \tag{2.7}$$

CI=0.0185   RI=1.1433   CR=0.0161<0.1

由此可见，层次总排序通过了一致性检验。

根据以上方法，结合专家意见，得到绿色煤炭资源量评价指标及对应权重如表 2.10 所示。

三、绿色煤炭资源量评价

（一）晋陕蒙宁甘区[27-32]

1. 资源安全度

晋陕蒙宁甘区的典型特点是灾害程度小，但局部存在高瓦斯突出煤层。其中石炭纪—二叠纪主要煤矿区瓦斯含量及矿井瓦斯涌出量较高，侏罗纪、三叠纪瓦斯含量较低。高瓦斯矿井 261 处，产量为 1.75 亿 t，占全区总量的 9.5%。阳泉、晋城一带的矿井多为高瓦斯矿井，瓦斯问题比较突出。随着开采深度的增加，突出矿井可能会随之增加。冲击地压矿井共 15 处，产量为 0.25 亿 t，占全区总产量的 1.4%。易自燃矿井 852 处，产量为 11.4 亿 t，占全区总产量的 61.6%。水资源相对匮乏，环境容量小。共有水文地质条件复杂矿井产量为 5.39 亿 t，占全区总量的 29.1%，总体来看，伊敏、陈旗等煤炭产地的水文地质条件较复杂，其他矿区水文地质条件相对简单。

2. 资源赋存度

该区煤层总体埋深较浅，可采煤层多，储量丰富，中厚-厚煤层为主，煤层赋存稳定-较稳定，顶、底板条件好，地质构造简单，局部地段受岩浆岩影响，断层稀少，煤层倾角为 1°～10°；煤层埋藏浅，剥采比较小，很多地区适合露天开采，开采条件相对简单。太原组以海陆交互相沉积为主，由灰岩、泥岩、砂岩、煤层组成，一般厚度为 40～100m。山西组以河流-三角洲沉积为主，岩性主要为泥岩、页岩、粉砂岩、砂岩及煤层，厚度变化较大，具有北厚南薄、东厚西薄的特点。延安组大面积分布于鄂尔多斯盆地，为大型湖盆沉积，含煤 1～6 组，一般 3～4 组，每层厚度大，煤层稳定-较稳定。晋陕蒙宁甘区域以厚煤层为主，所占比例为全区的 51%，薄煤层所占比例最小为全区的 14.78%。

表 2.10　绿色煤炭资源量评价指标及对应权重

约束条件	序号	一级指标	二级指标	选项	选项分值	分值	合计(100)
资源安全度	1	瓦斯	矿井瓦斯等级	A 瓦斯矿井，B 高瓦斯矿井，C 煤与瓦斯突出矿井	A(6), B(3), C(0)	6	19
	2	冲击地压	冲击地压倾向	A 无危险，B 弱危险，C 中等危险，D 强危险	A(6), B(4), C(2), D(0)	6	
	3	自燃	自燃倾向性	A 不易自燃，B 自燃，C 容易自燃	A(3), B(2), C(1)	3	
	4	水文地质	水文地质类型	A 简单，B 中等，C 复杂，D 极复杂	A(4), B(3), C(2), D(1)	4	
资源赋存度	5	埋深	埋深/m	A <400, B 400~800, C 800~1200, D >1200	A(12), B(8), C(4), D(0)	12	33
	6	煤层倾角、厚度(h)	煤层倾角、厚度(h)	A 倾角为 0°~25°, 3.5m<h<8m; B 倾角为 0°~25°, 1.3m<h<3.5m; 倾角大于 45°, h>20m; C 倾角为 25°~45°, h>1.3m; D h<1.3m; 倾角大于 45°, h<20m	A(12), B(8), C(4), D(0)	12	
	7	地质构造	地质构造类型	A 简单，B 中等，C 复杂，D 极复杂	A(9), B(6), C(3), D(0)	9	
生态恢复度	8	生态恢复	采煤塌陷系数	A <0.1, B 0.1~0.25, C 0.25~0.4, D >0.4	A(6), B(4), C(2), D(0)	6	27
			复垦率%	A 100, B 80~100, C 60~80, D <60	A(4), B(3), C(2), D(1)	4	
	9	环境保护	煤质	A 无烟煤，B 烟煤，C 褐煤	A(6), B(4), C(2)	6	
	10	资源综合利用	煤矸石利用率%	A >80, B 60~80, C 40~60, D <40	A(3), B(2), C(1), D(0)	3	
			矿井水利用率%	A >90, B 70~90, C 50~70, D <50	A(3), B(2), C(1), D(0)	3	
			瓦斯抽采利用率%	A >80, B 60~80, C 40~60, D <40	A(3), B(2), C(1), D(0)	3	
			煤与伴生资源协调采	A 协调开发，B 未协调开发	A(2), B(0)	2	
市场竞争度	11	全员工效	煤矿全员工效(t/工)	A 10 以上，B 7~10，C 4~7，D 4 以下	A(9), B(6), C(3), D(0)	9	21
	12	吨煤成本	吨煤成本	A ≤市场售价的60%，B 市场售价的60%≤吨煤成本<市场售价的80%，C 市场售价的80%≤吨煤成本<市场售价，D ≥市场售价	A(12), B(8), C(4), D(0)	12	

表 2.11 晋陕蒙宁甘区评分指标体系得分

约束条件	序号	一级指标	二级指标	选项	选项分值	分值	合计(100)
资源安全度	1	瓦斯	矿井瓦斯等级	A 瓦斯矿井, B 高瓦斯矿井, C 煤与瓦斯突出矿井	A(6), B(3), C(0)	6	15
	2	冲击地压	冲击地压倾向	A 无危险, B 弱危险, C 中等危险, D 强危险	A(6), B(4), C(2), D(0)	4	
	3	自燃	自燃倾向性	A 不易自燃, B 自燃, C 容易自燃	A(3), B(2), C(1)	1	
	4	水文地质	水文地质类型	A 简单, B 中等, C 复杂, D 极复杂	A(4), B(3), C(2), D(1)	4	
资源赋存度	5	埋深	埋深/m	A <400, B 400~800, C 800~1200, D >1200	A(12), B(8), C(4), D(0)	8	25
	6	煤层倾角、厚度(h)	煤层倾角、厚度(h)	A 倾角为 0°~25°, 3.5m≤h<8m; B 倾角为 0°~25°, h>8m; 1.3m<h<3.5m; 倾角>45°; h≤20m; C 倾角为 25°~45°; 倾角>45°, h<20m; D h<1.3m; 倾角>45°, h<20m	A(12), B(8), C(4), D(0)	8	
	7	地质构造	地质构造类型	A 简单, B 中等, C 复杂, D 极复杂	A(9), B(6), C(3), D(0)	9	
生态恢复度	8	生态恢复	采煤塌陷系数	A <0.1, B 0.1~0.25, C 0.25~0.4, D >0.4	A(6), B(4), C(2), D(0)	0	6
			复垦率%	A 100, B 80~100, C 60~80, D <60	A(4), B(3), C(2), D(1)	1	
	9	环境保护	煤质	A 无烟煤, B 烟煤, C 褐煤	A(6), B(4), C(2)	4	
	10	资源综合利用	煤矸石利用率/%	A >80, B 60~80, C 40~60, D <40	A(3), B(2), C(1), D(0)	0	
			矿井水利用率/%	A >90, B 70~90, C 50~70, D <50	A(3), B(2), C(1), D(0)	1	
			瓦斯抽采利用率%	A >80, B 60~80, C 40~60, D <40	A(3), B(2), C(1), D(0)	0	
			煤与伴生资源协调开采	A 协调开发, B 未协调开发	A(2), B(0)	0	
市场竞争度	11	全员工效	煤矿全员工效(t/工)	A 10以上, B 7~10, C 4~7, D 4以下	A(9), B(6), C(3), D(0)	3	11
	12	吨煤成本	吨煤成本	A ≤市场售价的60%, B 市场售价的60%≤吨煤成本<市场售价的80%, C 市场售价的80%≤吨煤成本<市场售价, D ≥市场售价	A(12), B(8), C(4), D(0)	8	

3. 生态恢复度

晋陕蒙宁甘区处于我国北部干旱半干旱地区，降雨量少，水资源相对匮乏，环境容量较小。位于内蒙古高原生态小区的东北部属于草原地貌，植被覆盖率高，但是高强度的煤矿开发过程中导致的地表沉陷、耕地退化、山体滑坡、地下水位下降、井泉干涸、水体污染等将会给矿区人们的生存和社会发展带来严重威胁，因而迫切需要采用保水开采、充填开采等绿色开采技术和装备，降低煤炭开采对环境的负效应。据统计，目前采取绿色环保开采工艺和相应生态环境恢复措施的矿井仅占该地区矿井数的 1/3 左右，煤炭开采对环境的负面影响程度达到 65%。大同、阳泉、西山、潞安、晋城、神木等主要矿区自 1987 年开发以来，已经形成沉陷面积 17032km^2，占沉陷总面积的 80% 以上。神东煤炭集团和当地政府采取了土地复垦、缓解这一问题，取得了一定成果。截至 2007 年年底，全矿区共建成 10 座排矸场，占地面积为 59.65ha。煤炭资源的开发破坏了地下庞大的水资源系统，给生态环境的恢复带来了巨大困难。

4. 市场竞争度

该区经济属于中等水平，是我国煤炭资源的重点开发区，产出的煤炭主要销往东部地区。原煤工效方面，该区绝大部分矿井的工效较高，神东矿区全员最高工效达到 124t/工。吨煤成本方面，从相关数据来看，在五大区中处于成本较低的水平。

根据绿色煤炭资源量评价指标体系及当前晋陕蒙宁甘区的煤炭开采现状，估算得知当前晋陕蒙宁甘区资源安全度得分为 15 分，资源赋存度得分为 25 分，生态恢复度得分为 6 分，市场竞争度得分为 11 分，所以晋陕蒙宁甘区总得分为 57 分。

我国煤炭资源勘查程度低，尚未利用资源量当中普查和预查占了大部分，勘探程度低，在煤炭资源规划开发方面不能作为有力的参考。本书以已利用资源量和尚未利用资源量当中的勘探资源量和详查资源量为基础，对我国绿色煤炭资源量的分布展开分析。

晋陕蒙甘宁已利用资源量 2581.84 亿 t，尚未利用资源量中勘探资源量为 1548.69 亿 t 和详查资源量 2356.50 亿 t，三者之和乘以绿色煤炭资源量指数 0.57，即为晋陕蒙甘宁区的绿色煤炭资源量为 3697.61 亿 t。若仅计算已利用煤炭资源量和尚未利用资源量中勘探资源量，则晋陕蒙甘区的绿色煤炭资源量为 2354.40 亿 t。晋陕蒙宁甘得分如表 2.11 所示。

（二）华东区

1. 资源安全度

随着开采深度的增加，开采条件更加恶化，表现为地温、地压明显加剧，突水及顶板灾害更趋严重，受灾害影响的新矿井数量占新建矿井总数的比例将逐步增加。2012 年，该区共有水文地质条件复杂矿井产量 4.30 亿 t，占全区总产量的 66.1%。水文地质条件复杂，除皖南、苏南的小型煤矿外，奥灰水对煤矿的安全生产造成严重威胁；淮北区的高瓦斯矿井主要集中在临涣区。淮南矿区基本为高瓦斯矿井和煤与瓦斯突出矿井。华东区易自燃矿井382处，产量3.32亿t，占全区总产量的51.9%；高瓦斯矿井73处，产量1.12亿t，占全区总产量的17.5%；煤与瓦斯突出矿井120处，产量1.68亿t，占全区总产量的26.3%；冲击地压矿井52处，产量1.04亿t，占全区总产量的16.3%。

2. 资源赋存度

华东区拥有较大的煤炭生产能力，主要集中在河南、山东、安徽。华东区的典型特征是大部分矿区都是老矿区，开采深度最大超过1300m，而许多新矿区开采深度也达到800~1000m。区内构造变形比较强烈，以断块构造为特征，断层密集，煤田构造条件为中等-复杂，煤层倾角一般在20°左右，局部可达60°。顶板稳定性较差，煤层埋深大，表土层厚，开采条件日益困难，均已转入深部开采。区内主要赋存石炭系—二叠系含煤地层，上组煤为主采煤层，局部为中厚煤层；下组煤为辅助开采煤层，薄煤层赋存。华东区域以中厚煤层为主，所占比例为全区的40.96%，厚煤层所占比例最小为全区的25.74%。安徽省主要两淮煤炭基地，煤厚以3.5m以下的居多，比例为89.8%。煤厚大于3.5m的煤层仅占10.2%。

河南省煤层厚度以3.5~8m为主，比例为53.8%。8~20m厚的煤层仅占3.5%。鲁西基地以煤厚小于3.5m的煤层居多，所占比例为79.2%。河北冀中煤炭基地以1.3~3.5m厚的煤层为主，所占比例为54.9%。两淮地区的淮北、淮南，以厚煤层和中厚煤层为主，煤层赋存稳定和较稳定，结构一般为简单，多为缓倾斜煤层。

3. 生态恢复度

该区煤质优良，煤类齐全，以气煤、肥煤、1/3焦煤等煤种为主，是我国重要的动力煤和炼焦煤生产区。山东经历的成煤时段比较多，煤类比较齐全，在不同的成煤年代具备其独特的性质。河南主要煤类为无烟煤、贫煤、贫瘦煤、瘦煤、焦煤、肥煤和少量的气煤。皖南苏南煤质较差，多为中高灰、中高硫、中高热值难选煤。

区内被破坏和占用的耕地比例最大达到72%，被破坏和占用的林地面积占整个被破坏和占用土地面积的10%，草地占1%，其他类型土地占17%。至2004年年底，安徽全省矿山累计塌陷土地303km^2，主要分布于淮南、淮北煤矿区；江苏全省累计塌陷土地134km^2，其中徐州煤矿区占98%；2002年浙江的调查统计显示，全省共有矿山采空区地而塌陷145处，其中80%是以萤石、明矾石、叶蜡石为主的化工原料矿山。江西省也有大量采矿塌陷区，以萍乡煤矿区地面塌陷最为严重，累计塌陷土地面积近百平方千米。

全区废弃矿山治理率十分有限，对矿山废渣、废水的治理尚未提到议事日程上来，尤其是经济欠发达的区内西部地区，由于资金短缺，治理难度更大。华东地区有的省份已开始执行矿山生态环境治理备用金制度，但尚不能完全解决矿山环境治理费用。矿山边坡稳定性治理（如削坡等）、复垦还绿等环境恢复尚无足够资金保证。大量闭坑矿山恢复治理费用尚难落实。

4. 市场竞争度

本区绝大部分矿井的原煤工效基本为 4～10t/工，属于中等水平。吨煤成本方面，相比其他大区，华东区的吨煤成本最高，竞争度相对较低。

根据绿色煤炭资源量评价指标体系及当前华东区的煤炭开采现状，估算得知当前华东区资源安全度得分为 6 分，资源赋存度得分为 18 分，生态恢复度得分为 13 分，市场竞争度得分为 7 分，所以华东区总得分为 44 分，如表 2.12 所示。

按照绿色资源量的分类标准及华东区煤炭生产现状，华东区得分为 44 分，华东已利用煤炭资源量 720.18 亿 t、勘探资源量 171.02 亿 t 和详查资源量 59.53 亿 t，三者之和乘以绿色煤炭资源量指数 0.44，即华东区的绿色煤炭资源量为 418.32 亿 t。若仅计算已利用煤炭资源量和尚未利用资源量中勘探资源量，则华东区的绿色煤炭资源量为 392.13 亿 t。

（三）东北区

1. 资源安全度

东北区是 20 世纪中叶以前我国的主要煤炭生产区，开采历史久，开采深度大。很多矿井瓦斯、水、自然发火、冲击地压、顶板等多种灾害并存，治理难度大。根据有关资料，该区域 80% 左右的资源存在不同程度的灾害影响。高瓦斯矿井多，煤和瓦斯突出是主要隐患。高瓦斯矿井 113 处，产量为 0.85 亿 t，占全区总产量的 43.4%。冲击地压矿井 21 处，产量为 0.35 亿 t，占全区总产量的 17.9%。煤层易自燃，易发生地下火灾，该区易自燃矿井 647 处，产量 1.15 亿 t，占全区总产量的 60.5%。该区共有水文地质条件复杂矿井产量 1.27 亿 t，占全区总量的 66.8%。正断层比较发育，孔隙水和深部奥灰水是重要威胁。

2. 资源赋存度

区内含煤地层主要为侏罗系、白垩系、古近系，薄煤层所占的比例为 26.2%，部分矿区薄、极薄煤层所占比例较大。吉林、辽宁、黑龙江的煤层厚度均以 1.3～3.5m 厚的煤层为主，所占比例分别为 33.3%、29.81% 和 47.33%。现保有煤炭资源普遍较差，开采深度大。辽宁含煤面积较大，含煤煤层多，区内含煤地层主要为侏罗系、白垩系、古近系，薄-中厚煤层为主。吉林为该区相对缺煤的省份，由于开采历史较长，省内剩余资源量较少。黑龙江煤炭资源相对丰富，但分布不均衡。铁法矿区煤层以厚煤层为主，顶、底板不稳定，构造复杂。鹤岗矿区以中厚或厚煤层为主，顶、底板较稳定，构造中等。

3. 生态恢复度

该区北部气候比较恶劣，在丘陵地带和平原区蕴藏着大量的煤炭资源。在黑龙江省的煤炭资源储量中，炼焦用煤占 37.6%，非炼焦煤占 62.4%。煤类齐全，品质优良，为

表2.12　华东区评分指标体系得分

约束条件	序号	一级指标	二级指标	选项	选项分值	分值	合计(100)
资源安全度	1	瓦斯	矿井瓦斯等级	A 瓦斯矿井，B 高瓦斯矿井，C 煤与瓦斯突出矿井	A(6)，B(3)，C(0)	0	6
	2	冲击地压	冲击地压倾向	A 无危险，B 弱危险，C 中等危险，D 强危险	A(6)，B(4)，C(2)，D(0)	2	
	3	自燃	自燃倾向性	A 不易自燃，B 自燃，C 容易自燃	A(3)，B(2)，C(1)	2	
	4	水文地质	水文地质类型	A 简单，B 中等，C 复杂，D 极复杂	A(4)，B(3)，C(2)，D(1)	2	
资源赋存度	5	埋深	埋深/m	A <400，B 400~800，C 800~1200，D >1200	A(12)，B(8)，C(4)，D(0)	4	18
	6	煤层倾角、厚度(h)	煤层倾角、厚度(h)	A 倾角为0°~25°，3.5m≤h<8m；B 倾角为0°~25°，h>8m，1.3m≤h<3.5m；C 倾角为25°~45°，h>20m；D 倾角>45°，h<20m	A(12)，B(8)，C(4)，D(0)	8	
	7	地质构造	地质构造类型	A 简单，B 中等，C 复杂，D 极复杂	A(9)，B(6)，C(3)，D(0)	6	
生态恢复度	8	生态恢复	采煤塌陷系数	A <0.1，B 0.1~0.25，C 0.25~0.4，D >0.4	A(6)，B(4)，C(2)，D(0)	2	13
			复垦率/%	A 100，B 80~100，C 60~80，D <60	A(4)，B(3)，C(2)，D(1)	2	
	9	环境保护	煤质	A 无烟煤，B 烟煤，C 褐煤	A(6)，B(4)，C(2)	4	
	10	资源综合利用	煤矸石利用率/%	A >80，B 60~80，C 40~60，D <40	A(3)，B(2)，C(1)，D(0)	1	
			矿井水利用率/%	A >90，B 70~90，C 50~70，D <50	A(3)，B(2)，C(1)，D(0)	2	
			瓦斯抽采利用率/%	A >80，B 60~80，C 40~60，D <40	A(3)，B(2)，C(1)，D(0)	2	
			煤与伴生资源协调开采	A 协调开发，B 未协调开发	A(2)，B(0)	0	
市场竞争度	11	全员工效	煤矿全员工效(t/工)	A 10以上，B 7~10，C 4~7，D 4以下	A(9)，B(6)，C(3)，D(0)	3	7
	12	吨煤成本	吨煤成本	A ≤市场售价的60%，B 市场售价的60%≤吨煤成本<市场售价的80%，C 市场售价的80%≤吨煤成本<市场售价，D ≥市场售价	A(12)，B(8)，C(4)，D(0)	4	

表2.13　东北区评分指标体系得分

约束条件	序号	一级指标	二级指标	选项	选项分值	分值	合计(100)
资源安全度	1	瓦斯	矿井瓦斯等级	A 瓦斯矿井, B 高瓦斯矿井, C 煤与瓦斯突出矿井	A(6), B(3), C(0)	0	2
	2	冲击地压	冲击地压倾向	A 无危险, B 弱危险, C 中等危险, D 强危险	A(6), B(4), C(2), D(0)	0	
	3	自燃	自燃倾向性	A 不易自燃, B 自燃, C 容易自燃	A(3), B(2), C(1)	1	
	4	水文地质	水文地质类型	A 简单, B 中等, C 复杂, D 极复杂	A(4), B(3), C(2), D(1)	1	
资源赋存度	5	埋深	埋深/m	A <400, B 400~800, C 800~1200, D >1200	A(12), B(8), C(4), D(0)	4	11
	6	煤层倾角、厚度(h)	煤层倾角、厚度(h)	A 倾角为0°~25°, 3.5m≤h<8m; B 倾角为0°~25°, h>8m, 1.3m<h<3.5m; 倾角>45°, h≥20m; C 倾角为25°~45°, h>1.3m; D h<1.3m; 倾角>45°, h<20m	A(12), B(8), C(4), D(0)	4	
	7	地质构造	地质构造类型	A 简单, B 中等, C 复杂, D 极复杂	A(9), B(6), C(3), D(0)	3	
生态恢复度	8	生态恢复	采煤塌陷系数	A <0.1, B 0.1~0.25, C 0.25~0.4, D >0.4	A(6), B(4), C(2), D(0)	2	8
			复垦率/%	A 100, B 80~100, C 60~80, D <60	A(4), B(3), C(2), D(1)	1	
	9	环境保护	煤质	A 无烟煤, B 烟煤, C 褐煤	A(6), B(4), C(2)	2	
	10	资源综合利用	煤矸石利用率/%	A >80, B 60~80, C 40~60, D <40	A(3), B(2), C(1), D(0)	1	
			矿井水利用率/%	A >90, B 70~90, C 50~70, D <50	A(3), B(2), C(1), D(0)	1	
			瓦斯抽采利用率/%	A >80, B 60~80, C 40~60, D <40	A(3), B(2), C(1), D(0)	1	
			煤与伴生资源协调开采	A 协调开发, B 未协调开发	A(2), B(0)	0	
	11	全员工效	煤矿全员工效(t/工)	A 10以上, B 7~10, C 4~7, D 4以下	A(9), B(6), C(3), D(0)	0	
市场竞争度	12	吨煤成本	吨煤成本	A ≤市场售价的60%, B 市场售价的60%≤吨煤成本<市场售价的80%, C 市场售价的80%≤吨煤成本<市场售价, D ≥市场售价	A(12), B(8), C(4), D(0)	0	0

低硫、低磷，主要为中高灰煤。黑龙江省某煤矿，自 1958 年开采以来，引起地面下沉面积达 185km²，严重塌陷下沉面积 116km²。吉林省不同煤种呈带状分布，具有一定的规律，涵盖了褐煤、各级烟煤至无烟煤。

辽宁省的煤炭品种虽然较齐全，但很不均衡。以长焰煤、气煤为主，褐煤次之。虽然炼焦用煤占 70%，而炼钢所需的肥煤、焦煤和无烟煤仅占保有储量 8% 左右。辽宁煤炭年消耗量已高于产量，其自给率已由过去的 75% 下降到 2015 年的 60% 左右，用于进一步勘探和建井的储量并不多，其煤炭资源不足与辽宁的工业发展已不相适应。辽宁省 2001 年矿业固体废物综合利用和处置量为 1496 万 t，占 32.70%，全省矿山土地复垦率仅为 5.60%。

4. 市场竞争度

原煤工效方面，该区绝大部分矿井的原煤工效基本都处于 4t/工 以下，属于较低水平，亟须提高；在吨煤成本方面，吨煤成本在五大区对比中处于较高水平。黑龙江龙煤矿业控股集团有限责任公司（以下简称龙煤集团）是东北最大的煤炭企业，2004 年由黑龙江省的鸡西矿业集团有限责任公司、七台河矿业精煤（集团）有限责任公司、鹤岗矿业集团有限责任公司、双鸭山矿业集团有限公司四大国有重点煤矿联合组建，煤炭产量约占黑龙江省的一半，多年保持年产煤炭 5000 万 t 以上。2012 年以来，煤炭行业进入全面下行阶段，需求不足，价格下降，严重影响企业生产经营和发展，企业陷入困境。

根据绿色煤炭资源量评价指标体系以及当前东北区的煤炭开采现状，估算得知当前东北区资源安全度得分为 2 分，资源赋存度得分为 11 分，生态恢复度得分为 8 分，市场竞争度得分为 0 分，所以东北区总得分为 21 分，如表 2.13 所示。

按照绿色资源量的分类标准及东北区煤炭生产现状，东北区得分为 21 分，东北已利用煤炭资源量为 159.91 亿 t，勘探资源量 22.54 亿 t 和详查资源量 37.07 亿 t，三者之和乘以绿色煤炭资源量指数 0.21，即东北区的绿色煤炭资源量为 46.10 亿 t。若仅计算已利用煤炭资源量和尚未利用资源量中勘探资源量，则东北区的绿色煤炭资源量为 38.31 亿 t。

（四）华南区

1. 资源安全度

该区域的典型特点是普遍存在高瓦斯双突煤层（煤与瓦斯突出煤层）。高瓦斯矿井 1733 处，产量 2.99 亿 t，占全区总产量的 35%。水文地质条件复杂矿井产量 3.53 亿 t，占全区总产量的 76.7%。水文地质条件在不同区域的分布差异很大，由简单到复杂，湖北的鄂东及松宜矿区、湖南、广东的部分矿区地表水系发育，水文地质条件较复杂。大部分开采的煤层是薄及中厚近距离煤层群，原始瓦斯赋存量大，且相当部分有煤与瓦斯突出危险性；特别是贵州西部地区是我国南方著名的高瓦斯区，瓦斯含量一般大于 10m³/t，在煤田勘探过程中，就有许多煤层段产生气井和涌水井或气水同喷。盘县、普兴矿区煤层瓦斯含量高，仅有少数的低瓦斯矿井，多数为高瓦斯矿井，相当一部分为煤与瓦斯突出矿井。煤层一般为易自燃煤层。

2. 资源赋存度

该地区的煤炭资源稀缺，不宜建设大型矿井。华南区区内含煤地层主要为二叠系和古近系。可采煤层多，煤种多样，以薄-中厚煤层为主，煤层不稳定-极不稳定，多呈鸡窝状产出，倾角变化大；该区以煤系的强烈变形、褶皱发育、断层密集为特征，地质构造复杂；薄煤层开采、急倾斜煤层开采为实现开采机械化带来了困难。华南区以中厚煤层为主，所占比例高达 45.86%。其中云南、贵州、四川，煤厚小于 3.5m 的煤厚所占比例分别为 58%、88.5%、97.8%。云贵的煤炭基地中仍然存在着很多矿区，昭通矿区为较稳定的巨厚煤层，煤层结构复杂，构造复杂。

3. 生态恢复度

华南区中云南以褐煤，焦煤和无烟煤为主，三者约占 85%，贵州绝大多数为无烟煤，约占 65%，也分布一定比例的肥煤、焦煤、瘦煤和贫煤，四者所占比例约 30% 左右；川东主要为贫瘦煤、贫煤和无烟煤，三者占比 70% 左右。

地面塌陷是区内的主要环境地质问题。地面塌陷、地裂缝主要是因地下采矿尤其是煤矿开采造成的，因此煤矿开采集中分布的区域也是地面塌陷与地裂缝集中分布的区域。

4. 市场竞争度

原煤工效方面，该区绝大部分矿井的原煤工效基本都处于 4t/工 以下，属于较低水平，亟须提高；在吨煤成本方面，吨煤成本在五大区对比中处于较高水平。

根据绿色煤炭资源量评价指标体系及当前华南区的煤炭开采现状，估算得知当前华南区资源安全度得分为 6 分，资源赋存度得分为 11 分，生态恢复度得分为 10 分，市场竞争度得分为 4 分，所以华南区总得分为 31 分，如表 2.14 所示。

按照绿色资源量的分类标准及华南区煤炭生产现状，华南区得分 31 分，华南区已利用煤炭资源量为 233.71 亿 t，勘探和详查资源量分别为 353.02 亿 t、229.87 亿 t，三者之和乘以绿色煤炭资源量指数 0.31，即华南区的绿色煤炭资源量为 253.15 亿 t。若仅计算已利用煤炭资源量和尚未利用资源量中勘探资源量，则华南区的绿色煤炭资源量为 181.89 亿 t。

（五）新青区

1. 资源安全度

新青区局部地区煤层具有一定的突出危险性；总体瓦斯等有害气体含量低，大多数矿井属容易自燃和自燃煤层矿井，自然发火期一般为 3～5 个月，最短为 15～20 天。

表 2.14　华南区评分指标体系得分

约束条件	序号	一级指标	二级指标	选项	选项分值	分值	合计(100)
资源安全度	1	瓦斯	矿井瓦斯等级	A 瓦斯矿井，B 高瓦斯矿井，C 煤与瓦斯突出矿井	A(6)、B(3)、C(0)	0	6
	2	冲击地压	冲击地压倾向	A 无危险，B 弱危险，C 中等危险，D 强危险	A(6)、B(4)、C(2)、D(0)	4	
	3	自燃	自燃倾向性	A 不易自燃，B 自燃，C 容易自燃	A(3)、B(2)、C(1)	1	
	4	水文地质	水文地质类型	A 简单，B 中等，C 复杂，D 极复杂	A(4)、B(3)、C(2)、D(1)	1	
资源赋存度	5	埋深	埋深/m	A <400，B 400~800，C 800~1200，D >1200	A(12)、B(8)、C(4)、D(0)	4	11
	6	煤层倾角、厚度(h)	煤层倾角、厚度(h)	A 倾角为0°~25°，3.5m<h<8m；B 倾角为0°~25°，h>8m；1.3m<h<3.5m；倾角>45°，h>20m；C 倾角为25°~45°，1.3m<h<3.5m；倾角>45°，h<20m	A(12)、B(8)、C(4)、D(0)	4	
	7	地质构造	地质构造类型	A 简单，B 中等，C 复杂，D 极复杂	A(9)、B(6)、C(3)、D(0)	3	
生态恢复度	8	生态恢复	采煤塌陷系数	A <0.1，B 0.1~0.25，C 0.25~0.4，D >0.4	A(6)、B(4)、C(2)、D(0)	2	10
			复垦率/%	A 100，B 80~100，C 60~80，D <60	A(4)、B(3)、C(2)、D(0)	1	
	9	环境保护	煤质	A 无烟煤，B 烟煤，C 褐煤	A(6)、B(4)、C(2)	4	
	10	资源综合利用	煤矸石利用率/%	A >80，B 60~80，C 40~60，D <40	A(3)、B(2)、C(1)、D(0)	1	
			矿井水利用率/%	A >90，B 70~90，C 50~70，D <50	A(3)、B(2)、C(1)、D(0)	1	
			瓦斯抽采利用率/%	A >80，B 60~80，C 40~60，D <40	A(3)、B(2)、C(1)、D(0)	1	
			煤与伴生资源协调开采	A 协调开发，B 未协调开发	A(2)、B(0)	0	
市场竞争度	11	全员工效	煤矿全员工效/(t/工)	A 10以上，B 7~10，C 4~7，D 4 以下	A(9)、B(6)、C(3)、D(0)	0	4
	12	吨煤成本	吨煤成本	A ≤市场售价的60%，B 市场售价的60%≤吨煤成本<市场售价的80%，C 市场售价的80%≤吨煤成本<市场售价，D ≥市场售价	A(12)、B(8)、C(4)、D(0)	4	

表2.15 新青区评分指标体系得分

约束条件	序号	一级指标	二级指标	选项	选项分值	分值	合计(100)
资源安全度	1	瓦斯	矿井瓦斯等级	A 瓦斯矿井, B 高瓦斯矿井, C 煤与瓦斯突出矿井	A(6), B(3), C(0)	6	15
	2	冲击地压	冲击地压倾向	A 无危险, B 弱危险, C 中等危险, D 强危险	A(6), B(4), C(2), D(0)	4	
	3	自燃	自然发火类型	A 不易自燃, B 容易自燃, C 容易自燃	A(3), B(2), C(1)	1	
	4	水文地质	水文地质类型	A 简单, B 中等, C 复杂, D 极复杂	A(4), B(3), C(2), D(1)	4	
资源赋存度	5	埋深	埋深/m	A <400, B 400~800, C 800~1200, D >1200	A(12), B(8), C(4), D(0)	12	29
	6	煤层倾角、厚度(h)	煤层倾角、厚度(h)	A 倾角为0°~25°, 3.5m<h<8m; B 倾角为0°~25°, h>8m; 1.3m<h<3.5m; 倾角>45°, h>20m; C 倾角为25°~45°, h<1.3m; D 倾角>45°, h<20m	A(12), B(8), C(4), D(0)	8	
	7	地质构造	地质构造类型	A 简单, B 中等, C 复杂, D 极复杂	A(9), B(6), C(3), D(0)	9	
生态恢复度	8	生态恢复	采煤塌陷系数	A <0.1, B 0.1~0.25, C 0.25~0.4, D >0.4	A(6), B(4), C(2), D(0)	0	4
			复垦率/%	A100, B80~100, C60~80, D<60	A(4), B(3), C(2), D(0)	0	
	9	环境保护	煤质	A 无烟煤, B 烟煤, C 褐煤	A(6), B(4), C(2)	4	
	10	资源综合利用	煤矸石利用率/%	A >80, B 60~80, C 40~60, D <40	A(3), B(2), C(1), D(0)	0	
			矿井水利用率/%	A >90, B 70~90, C 50~70, D <50	A(3), B(2), C(1), D(0)	0	
			瓦斯抽采利用率/%	A >80, B 60~80, C 40~60, D <40	A(3), B(2), C(1), D(0)	0	
			煤与伴生资源协调开采	A 协调开发, B 未协调开采	A(2), B(0)	0	
市场竞争度	11	全员工效	煤矿全员工效(t/工)	A 10以上, B 7~10, C 4~7, D 4以下	A(9), B(6), C(3), D(0)	3	7
	12	吨煤成本	吨煤成本	A ≤市场售价的60%, B 市场售价的60%≤吨煤成本<市场售价的80%, C 市场售价的80%≤吨煤成本<市场售价, D ≥市场售价	A(12), B(8), C(4), D(0)	4	

2. 资源赋存度

新青区区内煤层总体埋深较浅，区内煤层累计厚达 8～345m，以中厚-厚煤层为主，煤层赋存稳定，地质结构简单。顶底板条件差，支护难度大。新疆煤厚大于 8m 的煤层所占的比例为 53.3%。3.5m 以下的煤炭所占的比例为 27.6%。新疆煤田构造简单至中等，局部受岩浆岩的轻微影响。青海省厚度大于 8m 的煤层所占的比例最大，占 58.1%。3.5～8m 的煤层所占的比例为 21.7%。截至 2014 年自治区内 1000m 以浅保有资源量为 3145 亿 t，其中除去与铀共存的争议性煤炭量 2000 多亿吨外，剩余 1000 亿 t 保有资源量。

3. 生态恢复度

新疆地区绝大多数为长焰煤、不黏煤和弱黏煤，三者占比 84.26%，也分布一定比例的气煤，约占 3.2%；青海也以长焰煤和不黏煤占绝大比例。以青海省为例，根据《青海省矿产资源储量简表》（截至 2009 年年底），青海省内的矿区 89 处，其中烟煤 80 处，无烟煤 11 处，炼焦用煤 30 处。全省查明和保有煤炭资源中烟煤较多，分别占 97.29%、97.35%，烟煤中炼焦用煤占全省的 51.02%；无烟煤比较缺少，只占全省的 2.65%。

新青区主要环境问题是生态环境问题。长期以来，新疆地区煤炭开采对土地造成严重的破坏，据估计，开采 1t 煤有 3.3～53.3m² 地面土地塌陷，平均为 20～30m²。该区地处我国北部干旱半干旱生态大区，降雨量少，植被率极低，水资源极其短缺，生态环境恶劣。

4. 市场竞争度

该区经济水平较低，煤炭资源的运输存在问题，煤炭原地价格低，尤其是新疆地区，煤炭近期供大于求，煤炭市场疲软。原煤工效方面，该区绝大部分矿井的原煤工效基本为 4～10t/工，属于中等水平；吨煤成本方面，是五大区中吨煤成本最低的煤炭生产区。

根据绿色煤炭资源量评价指标体系及当前新青区的煤炭开采现状，估算得知当前新青区资源安全度得分为 15 分，资源赋存度得分为 29 分，生态恢复度得分为 4 分，市场竞争度得分为 7 分，所以华南区总得分为 55 分，如表 2.15 所示。

按照绿色资源量的分类标准及新青区煤炭生产现状，新青区得分为 55 分，新青区已利用煤炭资源量为 489.52 亿 t，勘探 413.18 亿 t 和详查 249.60 亿 t，三者之和乘以绿色煤炭资源量指数 0.55，即新青区的绿色煤炭资源量为 633.77 亿 t。若仅计算已利用煤炭资源量和尚未利用资源量中勘探资源量，则新青区的绿色煤炭资源量为 496.49 亿 t。

四、全国绿色煤炭资源量分布

根据绿色煤炭资源量评价体系，按五大区各自保有资源量加权平均，得出全国绿色煤炭资源量指数为 0.53。各产煤区域绿色煤炭资源量分布情况如表 2.16 所示。

本书以已利用资源量和尚未利用资源量当中的勘探资源量和详查资源量为基础，对我国绿色煤炭资源量的分布展开分析。

表 2.16　五大区绿色资源量汇总表

分区名称	已利用资源量/亿 t	勘探资源量/亿 t	详查资源量/亿 t	绿色资源量指数	绿色资源量/亿 t
晋陕蒙宁甘	2581.84	1548.69	2356.50	0.57	3697.61
华东	720.18	171.02	59.53	0.44	418.32
东北	159.91	22.54	37.07	0.21	46.10
华南	233.71	353.02	229.87	0.31	253.15
新青	489.52	413.18	249.60	0.55	633.77
总计	4185.16	2508.45	2932.57	0.53（平均）	5048.95

针对我国煤炭资源开发过程中存在的问题，提出绿色煤炭资源量和绿色煤炭资源指数的概念，在安全、经济、环境、技术四重效应的约束下构建概念模型，利用层次分析法提出了绿色煤炭资源量评价体系。五大区煤炭资源分布如图 2.8 所示。

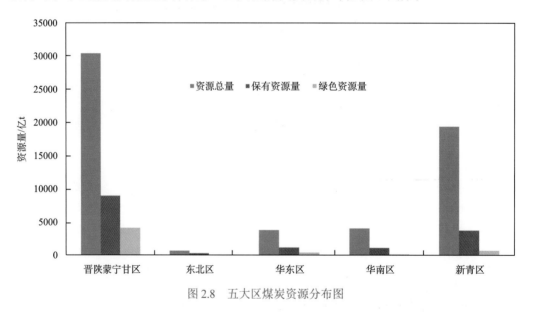

图 2.8　五大区煤炭资源分布图

对全国绿色煤炭资源量进行了评估，按照已利用煤炭资源量、勘探和详查资源量计算时，绿色煤炭资源量为 5048.95 亿 t。

第三节　绿色煤炭资源量预测

本章在分析绿色煤炭资源量的基础上采用情景预测法对绿色煤炭资源量选取三种情形进行分析[32,33]。对未来企业自律投入，技术创新得到一定突破和国家政策扶持、技术创新取得重大突破三种情景下的绿色资源量的增减进行分析预测，最终给出 2020 年、2030 年和 2050 年五大区及全国绿色煤炭资源量未来存量预测。首先分别从五大区实际情况出发，结合四重效应从安全度、赋存度和生态恢复度三方面进行分析五大区的绿色资源量状况，提出未来在五大区煤炭资源利用方面如何更加合理的使用煤炭资源，提出相应的煤炭开发战略。

一、情景设置

在保障我国目前煤炭需求的基础上，绿色资源量是能够满足现阶段煤矿安全、技术、经济、环境等约束条件，能够支撑煤炭科学产能和科学开发的煤炭资源量。其余在目前的阶段有悖于绿色资源的资源量都是非绿色资源量。未来随着技术创新投入和国家相关环境、生态、安全等直接影响约束条件的因素分析，预测相对应的绿色煤炭资源的增减量。为此，设置三种情景对 2020 年、2030 年和 2050 年三个节点的绿色资源量进行分析预测。

情景一：按照五大区煤炭企业目前科技发展水平和投入水平，煤炭开采技术未取得重大突破下的绿色煤炭资源量。

情景二：企业在国家产业规划和要求下，通过加强科技装备开发与技术改造和科技创新，煤炭开采技术和装备取得一定突破和在保证生态环境不遭受较大程度破坏的情况下绿色煤炭资源量。

情景三：依据国家经济和社会发展目标，政府制定煤炭有序开发和科学发展的强制性政策措施，实行行业统一管理和执行，国家政策鼓励科技创新，相关科研人员在煤矿开采技术和装备中取得重大突破后的绿色煤炭资源量。情景设置与主要参数设定如表 2.17 所示。

二、绿色资源量分析预测

（一）晋陕蒙宁甘区

1. 安全度约束下的绿色资源量预测

晋陕蒙宁甘区包括山西、陕西、内蒙古、宁夏和甘肃五省（自治区）。该区煤炭资源量为 6487.03 亿 t，绿色煤炭资源量占比 57%，约 3697.61 亿 t。

由于技术装备的升级，相应的产能也将增加，参考谢和平、谢克昌等的《煤炭安全、高效、绿色开采技术与战略研究》中关于科学产能的分析，预计该区到 2020 年科学产能达到 17.22 亿 t，2030 年达到 20.38 亿 t，2050 年达到 28 亿 t。

若 2016～2020 年，原煤产量按 25 亿 t 计算，平均回采率由 60% 提高至 70% 的水平，则 2016～2020 年将节约 23.81 亿 t 煤炭资源量，其中约 13.57 亿 t 绿色资源量。在此期间采出的绿色资源以科学产能计算，约 68.88 亿 t，故绿色煤炭资源减少 55.31 亿 t。

2020～2030 年煤炭累计产量按 300 亿 t 计算，在回采率保持在 70% 的水平下，需要消耗地下原煤资源为 428.6 亿 t。如果平均回采率由 70% 提高至 75% 的水平，则消耗地下原煤为 400 亿 t，2020～2030 年将节约 28.6 亿 t 煤炭资源量，其中约 16.3 亿 t 绿色资源量。在此期间采出的绿色资源以科学产能计算，约 203.8 亿 t，故绿色煤炭资源减少 187.5 亿 t。

表 2.17　情景设置与主要参数设定

指标	2020 年	2030 年	2050 年
矿井瓦斯等灾害[2]	随着科技创新进步，瓦斯灾害、煤炭自燃、冲击地压和水文地质灾害将得到一定的控制，预计华南区约5%非绿色资源转化为绿色资源，东北区约3%，晋陕蒙甘宁区和新青区暂无影响	瓦斯等灾害冶理技术进步，预计华东区和东北区约5%非绿色资源转化为绿色资源，晋陕蒙甘宁区和新青区暂无影响	瓦斯等灾害冶理技术进一步进步，装备愈加先进，预计华东区和华南区约5%非绿色资源转化为绿色资源，晋陕蒙甘宁区、东北区和新青区暂无影响
埋深	预计开采深度无较大变化，故五大区均无影响	随开采技术进步和装备的升级，预计晋陕蒙甘宁区约10%非绿色资源转化为绿色资源。东北区、华南区、新青区无影响	预计晋陕蒙甘宁区、新青区（15%）非绿色资源转化为绿色资源。东北区、华东区、华南区无影响
倾角、厚度[31,32]	随着薄煤层、特厚煤层开采技术和装备的提升，预计晋陕蒙甘宁区、华南区、华东区约5%非绿色资源转化为绿色资源，东北区约3%，新青区无影响	预计晋陕蒙甘宁区、华东区、新青区和华南区约10%的薄煤层资源由非绿色资源转化为绿色资源，东北区约3%绿色资源	预计晋陕蒙甘宁区、东北区、华东区、新青区和华南区约10%的薄煤层资源由非绿色资源转化为绿色资源，东北约3%区约5%的急倾斜非绿色资源转化为绿色资源，区约15%的急倾斜非绿色资源转化为绿色资源
采煤塌陷系数[34]	随着国家环保、科技进步和采煤塌陷问题治理率的提高，采煤塌陷对煤炭开采的限制作用降低。冶理率五大区均取70%	随着国家环保、科技进步和采煤塌陷问题治理率的提高，冶理率五大区均取90%	冶理率五大区均取90%
复垦率[32]	随着国家环保和科技进步，土地复垦率的提高，复垦问题对煤炭开采的限制作用降低，复垦率均取85%	复垦率五大区均取70%	复垦率五大区均取70%
煤质（负影响）[32]	预计国家对煤质政策要求不会有大的变化，故此期间对五大区均无影响	随着国家对大气、碳排放问题的重视，煤质的要求更加提高，五大区约15%绿色资源被剔除	随着国家对大气、碳排放问题的重视，煤质的要求更加提高，五大区约15%绿色资源被剔除
资源综合利用	随着社会、科技的进步，资源综合利用技术提升，煤炭的综合利用会得到明显提高。预计五大区约3%非绿色资源转化为绿色资源	随着资源综合利用率的提高，晋陕蒙宁甘区、华东、华南和新青区约5%非绿色资源转化为绿色资源。东北区无影响	随着资源综合利用率的提高，晋陕蒙宁甘、华东、华南和新青区约5%非绿色资源转化为绿色资源。东北区无影响

2030～2050 年煤炭累计产量按 600 亿 t 计算，在回采率保持在 75% 的水平下，需要消耗地下原煤资源为 800 亿 t。如果平均回采率在 2030～2050 年提高至 80% 的水平，则消耗地下原煤为 750 亿 t，2020～2030 年将节约 50 亿 t 绿色资源量，其中约 28.5 亿 t 绿色资源量。在此期间采出的绿色资源以科学产能计算，约 560 亿 t，故绿色煤炭资源减少 531.5 亿 t。

根据以上分析预测：2020 年绿色煤炭资源量将基本维持不变，约 3642.3 亿 t；2030 年绿色资源存量 3454.8 亿 t；2050 绿色资源存量 2923.05 亿 t。

2. 赋存约束下的绿色资源量预测

根据现有煤矿的发展趋势来看，到 2020 年之前，该区煤矿开采深度普遍不会进入 800m，所以绿色煤炭资源变化量将基本维持不变。随着煤矿开采技术的进步，深部开采相关技术难题将得到部分解决，预计 2020～2030 年煤矿开采将进入 600～800m 的深度，由于深部开采技术的进步可新增绿色煤炭资源量约 10% 左右，约 278.94 亿 t。预计 2030～2050 年，开采深度达到 800m 以下，预计有 15% 的非绿色煤炭资源转化为绿色煤炭资源，约 418.41 亿 t。

根据《2010 年全国矿产资源储量通报》，该地区大型煤炭基地 1.3m 以下的薄煤层占该区非绿色煤炭资源量的 14.78%，约 490.71 亿 t，厚度在 20m 以上的厚煤层储量为 246.68 亿 t，占该区非绿色煤炭资源量的 7.43%。随着薄煤层和特厚煤层开采技术和装备的日趋成熟，2016～2020 年，预计由此导致约 5% 的非绿色煤炭资源量转化成绿色资源量，煤炭绿色资源可释放 139.47 亿 t。预测 2020～2030 年约有 10% 的非绿色资源转有绿色资源，释放绿色资源量约 278.94 亿 t。预计到 2050 年，预计由此导致约 5% 的非绿色煤炭资源量转化成绿色资源量，煤炭绿色资源可释放约 119.25 亿 t。

根据以上分析预测：2020 年绿色煤炭资源量约 3781.77 亿 t，2030 年绿色资源存量 4139.82 亿 t，2050 年绿色资源存量 4145.73 亿 t。

3. 生态恢复度约束下的绿色资源量预测

随着国家对环境特别是大气污染的日益重视，着重解决我国劣质煤、中高硫煤、中高灰等煤炭资源开发与碳约束矛盾势在必行。预计在未来关于绿色煤炭资源量标准中关于环保要求的标准会更加严格。

2020 年之前，相关标准不会有太大的改变，所以绿色煤炭资源量将基本维持不变。2020～2030 年，由于环保要求的提高，该区的预计将有 15% 的绿色煤炭资源量会被扣除，约 554.64 亿 t。2030～2050 年，该区将有 15% 的绿色资源量会被扣除，约 471.45 亿 t。

随着国家、社会对生态环境保护的日益重视，资源综合利用技术和装备的进步，采煤塌陷复垦治理方法和经验日趋成熟，煤矸石、矿井水等资源综合利用的有效提升，从而会释放出一定比例的绿色煤炭资源。预计 2016～2020 年，因此可实现 3% 的非绿色煤炭资源转化为绿色资源，约 83.68 亿 t。2020～2030 年，约有 5% 的非绿色煤炭资源转化为绿色资源，约 135.29 亿 t。2020～2030 年，约有 5% 的非绿色煤炭资源转化为绿色资源，约为 128.52 亿 t。

2020 年剩余绿色资源存量 3725.98 亿 t，2030 年该区剩余绿色资源存量 3119.13 亿 t，2050 年该区剩余绿色资源存量 2244.45 亿 t。

4. 晋陕蒙宁甘区绿色煤炭资源量分析预测

根据以上三种约束的分析，按照之前设置的三种情景，该区 2020 年、2030 年和 2050 年的绿色煤炭资源量如表 2.18 所示。

表 2.18　晋陕蒙宁甘区绿色煤炭资源量预测　　　　　（单位：亿 t）

年份	约束条件		
	安全度	赋存度	生态恢复度
2016	3697.61	3697.61	3697.61
2020	3642.3	3781.77	3725.98
2030	3454.8	4139.82	3119.13
2050	2923.05	4145.73	2244.45

从表中可以看出，生态恢复度是制约该地区发展的重要因素，其次是安全度和赋存度。由此分析以下三种情景下绿色煤炭资源量的发展状况。

情景一：设定该区按企业自律投入和现有发展模式和技术发展速度的情况考虑，全国煤炭企业按照目前科技发展水平和投入水平，煤炭开采技术未取得重大突破下，生态恢复度始终是制约绿色煤炭资源量的主控因素。其在 2020 年、2030 年和 2050 年的绿色煤炭资源量分别为 3725.98 亿 t、3119.13 亿 t 和 2244.45 亿 t。针对环境问题提出相应的解决措施是提高该区绿色煤炭资源量需要解决的首要问题。

情景二：设定在本区在生态恢复度上加强环境治理投入，并取得一定的进步的基础上，企业在国家产业规划和要求下，通过加强科技装备开发与技术改造、科技创新，煤炭开采技术和装备取得一定突破，在保证生态环境不遭受较大程度破坏的情况下矿区安全问题得到很大程度的改善，可将绿色煤炭资源量提至安全度约束下的情况。即 2020 年、2030 年和 2050 年的绿色煤炭资源量分别为 3642.3 亿 t、3454.8 亿 t 和 2923.05 亿 t。

情景三：在情景二的基础上，晋陕蒙宁甘区的环境生态问题及矿区安全生产的负面影响问题都取得了很好的解决，依据国家经济和社会发展目标，政府制定煤炭有序开发和科学发展的强制性政策措施，实行行业统一管理和执行，国家政策鼓励科技创新，相关科研人员在煤矿开采技术中取得重大突破后的绿色煤炭资源量将提至赋存度约束下的情况。即 2020 年、2030 年和 2050 年的绿色煤炭资源量分别为 3781.77 亿 t、4139.82 亿 t 和 4145.73 亿 t。

该地区三种情景下的绿色煤炭资源量预测如图 2.9 所示。

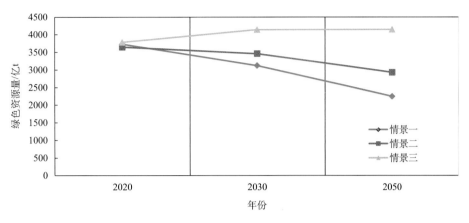

图 2.9 晋陕蒙宁甘区绿色资源量预测

（二）华东区

1. 安全度约束下的绿色资源量预测

华东区拥有较大的煤炭生产能力，主要集中在河南、山东、安徽，区内煤炭资源量 950.73 亿 t，绿色资源量占 44%，约 418.32 亿 t，非绿色资源占 56%，约 532.41 亿 t。

该区 2012 年，共有水文地质条件复杂矿井产量 4.30 亿 t，易自燃矿井 382 处，高瓦斯矿井 73 处，煤与瓦斯突出矿井 120 处，冲击地压矿井 52 处，技术的升级改造实现了多灾害共存区域安全开采，这就间接地增加了绿色煤炭资源量的范围，考虑这一因素做出如下预测。

2016～2020 年，随着技术装备的进步，华东区煤炭瓦斯和火灾等问题在此期间可以得到一定程度的解决，在这期间约 5% 非绿色资源实现绿色化，约 26.62 亿 t。2020～2030 年，原来的非绿色煤炭资源 5% 会转化为绿色煤炭资源，约 25.28 亿 t。2030～2050 年，预计非绿色煤炭资源 5% 会转化为绿色煤炭资源，约 24.02 亿 t。

同时，煤矿的正常产能一直在进行，由于技术装备的升级，相应的产能也将增加，通过对谢和平、谢克昌等的《煤炭安全、高效、绿色开采技术与战略研究》中关于科学产能加以分析预计该区到 2020 年产能应该达到 5.5 亿 t，2030 年预计达到 4.0 亿 t，2050 年达到 2.5 亿 t。

2015 年原煤产量 5.5 亿 t，平均回采率为 45%，2016～2020 年煤炭累计产量按 27.5 亿 t 计算，在回采率保持在 45% 的水平下，需要消耗地下原煤资源为 61.1 亿 t。如果平均回采率在 2016～2020 年提高至 55% 的水平，则消耗地下原煤为 50 亿 t，2016～2020 年将节约 11.1 亿 t 煤炭资源量，其中约 4.88 亿 t 绿色资源量。期间采出的绿色资源以科学产能计算，约 22 亿 t，故绿色煤炭资源减少 17.12 亿 t。

预计 2020 年煤炭回采率为 55%，2020～2030 年煤炭累计产量按 30 亿 t 计算，在回采率保持在 55% 的水平下，需要消耗地下原煤资源为 54.55 亿 t。如果平均回采率在 2020～2030 年提高至 65% 的水平，则消耗地下原煤为 46.15 亿 t，2020～2030 年间将节约 8.4

亿 t 煤炭资源量。其中约 3.7 亿 t 绿色资源量。在此期间采出的绿色资源以科学产能计算，约 40 亿 t，故绿色煤炭资源减少 36.3 亿 t。

预计 2030 年煤炭回采率为 65%，2030～2050 年煤炭累计产量按 20 亿 t 计算，在回采率保持在 65% 的水平下，需要消耗地下原煤资源为 30.8 亿 t。如果平均回采率在 2030～2050 年提高至 75% 的水平，则消耗地下原煤为 26.7 亿 t，2020～2030 年将节约 4.1 亿 t 煤炭资源量，其中约 1.8 亿 t 绿色资源量。在此期间采出的绿色资源以科学产能计算，约 50 亿 t，故绿色煤炭资源减少 48.2 亿 t。

针对以上分析，可以预测：2020 年该区域剩余绿色资源存量为 427.82 亿 t，2030 年该区剩余绿色资源存量 416.8 亿 t，2050 年该区剩余绿色资源存量 392.62 亿 t。

2. 赋存度约束下的绿色资源量预测

华东区的典型特征是大部分矿区都是老矿区，开采深度最大达到 1300m，而许多新矿区开采深度也达到 800～1000m。故埋深因素影响不大，暂不考虑。

随着开采技术的进步，关于大倾角薄煤层综采工作面高产高效开采越来越成为煤炭开采的研究重点，随着这一技术的日渐成熟。

预计到 2020 年，将新增入 5% 的薄煤层煤炭资源，约 26.62 亿 t。2020～2030 年，将新增入 10% 的薄煤层煤炭资源，约 50.57 亿 t。2030～2050 年，这阶段约新增 5%，约 22.76 亿 t。

在此期间，由产能和回采率的变化引起绿色煤炭资源量的减少，在三个时间段约为 14.34 亿 t、38.02 亿 t、49.03 亿 t。

针对以上分析，可以预测：2020 年该区剩余绿色资源存量 427.82 亿 t，2030 年该区剩余绿色资源存量 442.09 亿 t，2050 年该区剩余绿色资源存量 416.65 亿 t。

3. 生态恢复度约束下的绿色资源量预测

劣质煤、中高硫煤、中高灰等煤炭资源开发与利用对生态造成了很大的损害，随着国家生态文明建设的推进，我国对于煤炭资源也提出了更高的标准和要求：在煤质方面，预计到 2020 年，相关标准不会有太大的改变，所以绿色煤炭资源量将基本维持不变。2020～2030 年，该区的绿色资源量将有 15% 被排除，约 62.75 亿 t。2030～2050 年，该区将有 15% 的绿色资源量被排除，约 53.34 亿 t。

随着国家、社会对生态环境保护的日益重视，资源综合利用技术和装备的进步，采煤塌陷复垦治理方法和经验日趋成熟，煤矸石、矿井水等资源综合利用的有效提升，从而会释放出一定比例的绿色煤炭资源。预计 2016～2020 年，由资源利用率这一指标可实现 3% 的非绿色资源转化为绿色资源，约 15.97 亿 t。2020～2030 年，约有 5% 的非绿色资源转化为绿色资源，约 25.82 亿 t。2020～2030 年，约有 5% 的非绿色资源转化为绿色资源，约 24.53 亿 t。

针对以上分析，可以预测：2020 年该区剩余绿色资源存量 417.17 亿 t，2030 年该区剩余绿色资源存量 343.94 亿 t，2050 年该区剩余绿色资源存量 266.93 亿 t。

4. 华东区绿色煤炭资源量分析预测

根据以上对多种约束的分析，按照之前设置的三种情景，该区 2020 年、2030 年和 2050 年的绿色煤炭资源量（表 2.19）。

表 2.19 华东区绿色煤炭资源量分析预测 （单位：亿 t）

年份	约束条件		
	安全度	赋存度	生态恢复度
2016	418.32	418.32	418.32
2020	427.82	427.82	417.17
2030	416.8	442.09	343.94
2050	392.62	416.65	266.93

从表中可以看出生态恢复度始终是制约绿色煤炭资源量的主控因素，其次是安全度和赋存度。由此分析以下三种情景下绿色煤炭资源量的发展状况。

情景一：设定该区按企业自律投入和现有发展模式和技术发展速度的情况考虑，全国煤炭企业按照目前科技发展水平和投入水平，煤炭开采技术未取得重大突破下，生态恢复度始终是制约绿色煤炭资源量的主控因素，其在 2020 年、2030 年和 2050 年的绿色煤炭资源量分别为 417.17 亿 t、343.94 亿 t 和 266.93 亿 t。针对生态问题提出相应的解决措施是提高该区绿色煤炭资源量需要解决的首要问题。

情景二：设定该区在生态恢复度上加强环境治理投入，并取得一定的进步的基础上，企业在国家产业规划和要求下，通过加强科技装备开发与技术改造，科技创新，煤炭开采技术和装备取得一定突破，可将绿色煤炭资源量提至安全度约束下的情况。即 2020 年、2030 年和 2050 年的绿色煤炭资源量分别为 427.82 亿 t、416.8 亿 t 和 392.62 亿 t。

情景三：在情景二的基础上，该区的生态问题及安全生产的负面影响问题都取得了很好的解决，国家制定煤炭有序开发和科学发展的政策，国家政策鼓励科技创新，相关科研人员在煤矿开采技术中取得重大突破后的绿色煤炭资源量将提至赋存度约束下的情况。即 2020 年、2030 年和 2050 年的绿色煤炭资源量分别为 427.82 亿 t、416.8 亿 t 和 392.62 亿 t。

该地区三种情景下的绿色煤炭资源量预测如图 2.10 所示。

（三）东北区

1. 安全度约束下的绿色资源量预测

东北区是 20 世纪中叶以前我国的主要煤炭生产区，开采历史久，开采深度大。目前，煤炭资源量、产量占全国的比例不断下降。厚煤层已被建设利用，不具备新建大型矿井的条件，只有对现有的矿井进行改造。据统计区内可利用资源量 219.52 亿 t，绿色资源量占 21%，约 46.1 亿 t，非绿色资源占 79%，约 173.42 亿 t。

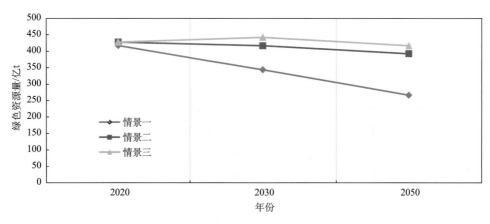

图 2.10　华东绿色资源量预测

据《2010 年全国矿产资源储量通报》统计，该区共有水文地质条件复杂矿井产量 1.29 亿 t，易自燃矿井 647 处，高瓦斯矿井 113 处，煤与瓦斯突出矿井 25 处，冲击地压矿井 21 处。

2016～2020 年，随着技术装备的进步，东北区瓦斯和火灾等问题在此期间可以得到一定程度的解决，在此期间约有 3% 非绿色资源实现绿色化，约 5.2 亿 t。2020～2030 年，原来的非绿色煤炭资源 5% 会转化为绿色煤炭资源，约为 8.41 亿 t。2030～2050 年，该问题对东北区暂无影响。

东北区域的煤炭开采地质条件较为复杂，回采率上升较慢，其中，2015 年原煤产量 1.4 亿 t，平均回采率为 40%，2016～2020 煤炭累计产量按 7.5 亿 t 计算，在回采率保持在 40% 的水平下，需要消耗地下原煤资源为 18.75 亿 t。如果平均回采率在 2016～2020 年提高至 50% 的水平，则消耗地下原煤为 15 亿 t，2016～2020 年间将节约 3.75 亿 t 煤炭资源量。其中约 0.79 亿 t 绿色资源量。期间采出的绿色资源以科学产能计算，约 7.2 亿 t，故绿色煤炭资源减少 6.41 亿 t。

预计 2020 年煤炭回采率为 50%，2020～2030 年煤炭累计产量按 5 亿 t 计算，在回采率保持在 50% 的水平下，需要消耗地下原煤资源为 10 亿 t。如果平均回采率在 2020～2030 年提高至 60% 的水平，则消耗地下原煤约为 8.3 亿 t，2020～2030 年将节约 1.7 亿 t 煤炭资源量，其中约 0.36 亿 t 为绿色资源量。期间采出的绿色资源以科学产能计算，约 15 亿 t，故绿色煤炭资源减少 14.64 亿 t。

预计 2030 年煤炭回采率为 60%，2030～2050 年煤炭累计产量按 3 亿 t 计算，在回采率保持在 60% 的水平下，需要消耗地下原煤资源为 5 亿 t。如果平均回采率在 2030～2050 年提高至 70% 的水平，则消耗地下原煤约为 4.29 亿 t，2030～2050 年将节约 0.71 亿 t 煤炭资源量，其中约 0.15 亿 t 绿色资源量。期间采出的绿色资源以科学产能计算，约 30 亿 t，故绿色煤炭资源减少 29.85 亿 t。

2020 年该区剩余绿色资源存量 48.89 亿 t。2030 年该区剩余绿色资源存量 38.66 亿 t。2050 年该区绿色煤炭资源存量 8.81 亿 t。

2. 赋存度约束下的绿色资源量预测

东北区的典型特征是大部分矿区都是老矿区，开采深度最大达到 1300m，而许多新矿区开采深度也达到 800～1000m。故埋深因素影响不大，暂不考虑。

根据《2010 年全国矿产资源储量通报》，从薄煤层赋存条件来看，该地区大型煤炭基地 1.3m 以下薄煤层储量为 60 亿 t，占该区储量的 26.2%。由于薄煤层赋存条件复杂，开采难度大，安全保障困难。故目前暂不计入绿色煤炭资源量中。

2016～2020 年，针对薄煤层将会进行一定的规划开采，薄煤层约有 3% 可实现科学开采，释放绿色资源量约 5.2 亿 t。2020～2030 年，随着开采技术的进步，薄煤层约有 3% 可实现科学开采，完成由非绿色资源转换为绿色资源，释放绿色资源量约 5.04 亿 t。2030～2050 年，约有 5% 的非绿色资源量将转化为绿色资源量，约为 7.99 亿 t。

针对以上分析，可以预测：2020 年该区剩余绿色资源存量 44.89 亿 t，2030 年该区剩余绿色资源存量 35.29 亿 t，2050 年该区绿色煤炭资源存量 13.43 亿 t。

3. 生态恢复度约束下的绿色资源量预测

东北区中辽宁含煤面积较大，含煤煤层多，各成煤时期的含煤地层均有发育。其中主要有长焰煤、褐煤、气煤和无烟煤。煤质要求方面预计到 2020 年，相关标准不会有太大的改变，所以绿色煤炭资源量将基本维持不变。2020～2030 年，该区的绿色资源量将有 15% 被排除出去，约 6.92 亿 t。2030～2050 年，该区将有 15% 的绿色资源量被排除出去，约 5.88 亿 t。

随着国家、社会对生态环境保护的日益重视，资源综合利用技术和装备的进步，采煤塌陷复垦治理方法和经验日趋成熟，煤矸石、矿井水等资源综合利用的有效提升，从而会释放出一定比例绿色煤炭资源。预计 2016～2020 年，由资源利用率这一指标可实现 3% 的非绿色资源转化为绿色资源，约为 5.2 亿 t。2020～2030 年，约有 5% 的非绿色资源转化为绿色资源，约为 8.41 亿 t。2020～2030 年，约有 5% 的非绿色资源转化为绿色资源，约为 7.99 亿 t。

针对以上分析，可以预测：2020 年该区剩余绿色资源存量 44.89 亿 t，2030 年该区剩余绿色资源存量 31.74 亿 t，2030～2050 年该区绿色煤炭资源以 1.5 亿 t/a 的速率采完。故在 2041 年之前绿色煤炭资源量已消耗完毕。

4. 东北区绿色煤炭资源量分析预测

根据以上对多种约束的分析，按照之前设置的三种情景，该区 2020 年、2030 年和 2050 年的绿色煤炭资源量如表 2.20 所示。

从表中可以看出，如果不改变现有投入和技术发展方式，生态恢复度是制约绿色煤炭资源量的主控因素，煤炭开采的环境代价将会越来越大，矿区的生态将会遭到严重破坏，其次是安全度和赋存度。由此分析以下三种情景下绿色煤炭资源量的发展状况。

表 2.20 东北区绿色煤炭资源量分析预测　　　　　　　　（单位：亿 t）

年份	约束条件		
	安全度	赋存度	生态恢复度
2016	46.1	46.1	46.1
2020	44.89	44.89	44.89
2030	38.66	35.29	31.74
2050	8.81	13.43	0

生态恢复度是晋陕蒙宁甘区科学产能的首要制约因素其次是安全度和赋存度。

情景一：设定该区按企业自律投入和现有发展模式和技术发展速度的情况考虑，生态恢复度始终是制约绿色煤炭资源量的主控因素，其在 2020 年和 2030 年的绿色煤炭资源量分别为 44.89 亿 t 和 31.74 亿 t。绿色煤炭资源将在 2041 年左右开采完毕。针对环境问题提出相应的解决措施是提高该区绿色煤炭资源量需要解决的首要问题。

情景二：设定该区在安全度上加强环境治理投入，并取得一定的进步的基础上，通过技术装备的升级，矿区安全问题得到很大程度的改善，可将绿色煤炭资源量提至安全度约束下的情况。即 2020 年、2030 年和 2050 年的绿色煤炭资源量分别为 44.89 亿 t、38.66 亿 t 和 8.81 亿 t。

情景三：在情景二的基础上，东北区的环境生态问题及矿区安全生产的负面影响问题都得到了很好的解决，国家制定煤炭有序开发和科学发展的政策，国家政策鼓励科技创新，相关科研人员在煤矿开采技术中取得重大突破后的绿色煤炭资源量将提至赋存度约束下的情况。即 2020 年、2030 年和 2050 年的绿色煤炭资源量分别为 44.89 亿 t、38.66 亿 t 和 16.8 亿 t。

该地区三种情景下的绿色煤炭资源量预测如图 2.11 所示。

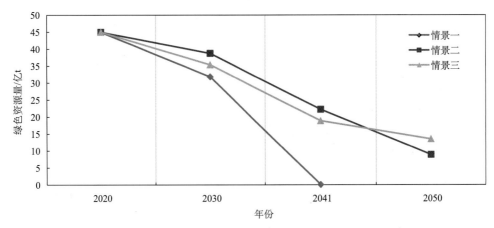

图 2.11 东北区绿色资源量预测

绿色资源将于 2041 年开采完毕

（四）华南区

1. 安全度约束下的绿色资源量预测

华南区水文地质条件复杂，而且随着开采范围和深度的扩大，安全形势将更加严峻。该区煤炭资源量为816.6亿t，绿色煤炭资源量占比为31%，约253.15亿t；非绿色煤炭资源占69%，约563.45亿t。

华南区的典型特点是普遍存在高瓦斯双突煤层、突水严重等灾害。根据中国煤炭工业协会《2010年度突出矿井和高瓦斯矿井统计表》，该区易自燃矿井有1759处，其中高瓦斯矿井1733处、煤与瓦斯突出矿井859处、冲击地压矿井25处。

2016～2020年，随着技术装备的进步，华南区煤炭瓦斯和火灾等问题在此期间可以得到一定程度的解决，在这期间约有5%非绿色资源实现绿色化，约为28.17亿t。2020～2030年，原来的非绿色煤炭资源5%会转化为绿色煤炭资源，约为26.76亿t。2030～2050年，预计非绿色煤炭资源5%会转化为绿色煤炭资源，约为25.43亿t。

煤矿的正常产能一直在进行，由于技术装备的升级，相应的产能也将增加，预计该区2020年科学产能达到4.5亿t，2030年预计达到3.0亿t，2030～2050年维持在2.20亿t。

2015年原煤产量4亿t，平均回采率为40%，2016～2020年煤炭累计产量按22.5亿t计算，在回采率保持在40%的水平下，需要消耗地下原煤资源为56.25亿t。如果平均回采率在2016～2020年提高至45%的水平，则消耗地下原煤为50亿t，2016～2020年将节约6.25亿t煤炭资源量。其中约1.94亿t为绿色资源量。期间采出的绿色资源以科学产能计算，约18亿t，故绿色煤炭资源减少16.06亿t。

预计2020年煤炭回采率为45%，2020～2030年煤炭累计产量按30亿t计算，在回采率保持在45%的水平下，需要消耗地下原煤资源约66.7亿t。如果平均回采率在2020～2030年提高至55%的水平，则消耗地下原煤为54.6亿t，2020～2030年间将节约12.1亿t煤炭资源量，其中约3.75亿t绿色资源量。期间采出的绿色资源以科学产能计算，约30亿t，故绿色煤炭资源减少26.25亿t。

预计2030年煤炭回采率为55%，2030～2050年煤炭累计产量按60亿t计算，在回采率保持在55%的水平下，需要消耗地下原煤资源约为109.1亿t。如果平均回采率在2030～2050年提高至65%的水平，则消耗地下原煤约92.3亿t，2030～2050年将节约16.8亿t煤炭资源量，其中约5.2亿t为绿色资源量。期间采出的绿色资源以科学产能计算，约44亿t，故绿色煤炭资源减少38.8亿t。

针对以上分析，可以给出下列预测：2020年该区剩余绿色资源存量265.26亿t，2030年该区剩余绿色资源存量265.77亿t，2050年该区剩余绿色资源存量252.4亿t。

2. 赋存度约束下的绿色资源量预测

华南区的典型特征是大部分矿区都是老矿区，开采深度最大达到1300m，而许多新矿区开采深度也达到800～1000m。故埋深因素影响不大，暂不考虑。

根据《2010 年全国矿产资源储量通报》，从薄煤层赋存条件看，薄煤层和大倾角、急倾斜煤层赋存占相当大的比例，是我国薄煤层的主要赋存区域和主采区，由于薄煤层赋存条件复杂，开采难度大，安全保障困难，目前其资源量还无法作为绿色资源量。

预计到 2020 年，将新增入 5%的薄煤层煤炭资源，约 28.17 亿 t。2020～2030 年，将新增入 10%的薄煤层煤炭资源，约 53.53 亿 t。2030～2050 年，该阶段约新增煤炭资源 5%，约 24.09 亿 t。

针对以上分析，可以给出下列预测：2020 年该区剩余绿色资源存量 265.26 亿 t，2030 年该区剩余绿色资源存量 292.54 亿 t，2050 年该区剩余绿色资源存量 277.83 亿 t。

3. 生态恢复度约束下的绿色资源量预测

华南区主要赋存二叠系上统含煤地层，以薄-中厚煤层为主，煤质优良，煤类齐全，以烟煤、无烟煤、气煤、肥煤、贫煤为主，是我国重要的无烟煤和炼焦煤生产区。随着国家对环境特别是大气污染的日益重视，注重解决我国劣质煤、中高硫煤、中高灰等煤炭资源开发与碳约束矛盾，预计未来关于绿色煤炭资源量标准中关于环保要求的标准将会更加严格。预计到 2020 年，相关标准不会有太大的改变，所以绿色煤炭资源量将基本维持不变。2020～2030 年，该区的绿色资源量将有 15%被排除出去，约 37.97 亿 t。2030～2050 年，该区将有 15%的绿色资源量被排除出去，约 32.28 亿 t。

随着国家、社会对生态环境保护的日益重视，资源综合利用技术和装备的进步，采煤塌陷复垦治理方法和经验日趋成熟，煤矸石、矿井水等资源综合利用的有效提升，从而会释放出一定比例的绿色煤炭资源。预计 2016～2020 年，由资源利用率这一指标可实现 3%的非绿色资源转化为绿色资源，约 16.9 亿 t。2020～2030 年，约有 5%的非绿色资源转化为绿色资源，约 27.33 亿 t。2020～2030 年，约有 5%的非绿色资源转化为绿色资源，约 25.96 亿 t。

针对以上分析，可以给出下列预测：2020 年该区剩余绿色资源存量 253.99 亿 t，2030 年该区域剩余绿色资源存量 217.1 亿 t，2050 年该区剩余绿色资源存量 171.98 亿 t。

4. 华南区绿色煤炭资源量分析预测

根据以上对多种约束的分析，按照之前设置的三种情景，该区 2020 年、2030 年和 2050 年的绿色煤炭资源量如表 2.21 所示。

表 2.21　华南区绿色煤炭资源量分析预测　（单位：亿 t）

年份	约束条件		
	安全度	赋存度	生态恢复度
2016	253.15	253.15	253.15
2020	265.26	265.26	253.99
2030	265.77	292.54	217.1
2050	252.4	277.83	171.98

从表中可以看出生态恢复度始终是制约绿色煤炭资源量的主控因素,如果不改变现有投入和技术发展方式,煤矿开采的安全威胁会越来越大。其次是安全度和赋存度。由此分析以下三种情景下绿色煤炭资源量的发展状况。

情景一:设定该区按企业自律投入和现有发展模式和技术发展速度的情况考虑,全国煤炭企业按照目前科技发展水平和投入水平,煤炭开采技术未取得重大突破下,生态恢复度始终是制约绿色煤炭资源量的主控因素,其在 2020 年、2030 年和 2050 年的绿色煤炭资源量分别为 253.99 亿 t、217.1 亿 t 和 171.98 亿 t。针对生态问题提出相应的解决措施是提高该区绿色煤炭资源量需要解决的首要问题。

情景二:设定在该区在生态恢复度上加强治理投入,并取得一定的进步的基础上,通过技术装备的升级,生态问题得到很大程度的改善,通过加强科技装备开发与技术改造,科技创新,煤炭开采技术和装备取得一定突破,可将绿色煤炭资源量提至安全度约束下的情况。其在 2020 年、2030 年和 2050 年的绿色煤炭资源量分别为 265.26 亿 t、265.77 亿 t 和 252.4 亿 t。

情景三:在情景二的基础上,该区的环境生态问题及矿区安全生产的负面影响问题都得到了很好的解决,国家制定煤炭有序开发和科学发展的政策,国家政策鼓励科技创新,相关科研人员在煤矿开采技术中取得重大突破后的绿色煤炭资源量将提至赋存度约束下的情况。即 2020 年、2030 年和 2050 年的绿色煤炭资源量分别为 265.26 亿 t、292.54 亿 t 和 277.83 亿 t。

该地区三种情景下的绿色煤炭资源量预测如图 2.12 所示。

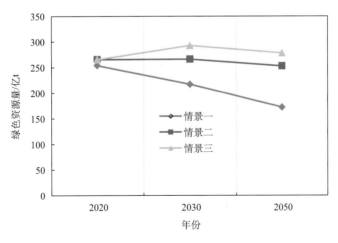

图 2.12　华南区绿色资源量预测

(五)新青区

1. 安全度约束下的绿色资源量预测

该区煤炭资源非常丰富,主要集中在新疆,但勘探程度较低,是国家中长期规划的储备开发区。新疆作为我国煤炭资源储量最大的省份，是我国第 14 个煤炭基地。青海只在黄河上游祁连山地区、冻土地区等特定区域有煤炭资源。该区煤炭资源量为 1152.3 亿 t，绿色煤炭资源量占比 55%，约 633.77 亿 t。非绿色煤炭资源约 518.53 亿 t。

总体煤种瓦斯等有害气体含量低，薄煤层和局部的急倾斜特厚煤层尚未形成成熟的回采工艺，实现机械化的提升空间受限。煤层总体埋深较浅，区内煤层累计厚达 8～345m，以中厚-厚煤层为主，煤层赋存稳定，地质结构简单。由于该区安全形势较好，此处不再进行分析。

煤矿的正常产能一直在进行，由于技术装备的升级，相应的产能也将增加，预计该区到 2020 年产能应该达到 1.5 亿 t，2030 年预计达到 5.0 亿 t，2050 年达到 8 亿 t。

新青区域的生态环境脆弱，随着资源开发技术的提高，回采率也不断提高，其中，2015 年原煤产量 1.5 亿 t，平均回采率为 40%，2016～2020 年煤炭累计产量按 7.5 亿 t 计算，在回采率保持在 40%，需要消耗地下原煤资源为 18.75 亿 t。如果平均回采率在 2016～2020 年提高至 45%，则消耗地下原煤为 16.67 亿 t，2016～2020 年将节约 2.08 亿 t 煤炭资源量。其中约 1.14 亿 t 绿色资源量。期间采出的绿色资源以科学产能计算，约 6 亿 t，故绿色煤炭资源减少 4.86 亿 t。

预计 2020 年煤炭回采率为 45%，2020～2030 年煤炭累计产量按 35 亿 t 计算，在回采率保持在 45% 的水平，需要消耗地下原煤资源约为 77.8 亿 t。如果平均回采率在 2020～2030 年提高至 55% 的水平，则消耗地下原煤为 63.64 亿 t，2020～2030 年将节约 14.16 亿 t 煤炭资源量，其中约 7.79 亿 t 为绿色资源量。期间采出的绿色资源以科学产能计算，约 50 亿 t，故绿色煤炭资源减少 42.21 亿 t。

预计 2030 年煤炭回采率为 55%，2030～2050 年煤炭累计产量按 160 亿 t 计算，在回采率保持在 55% 的水平下，需要消耗地下原煤资源约为 290.91 亿 t。如果平均回采率在 2030～2050 年提高至 65% 的水平，则消耗地下原煤约为 246.15 亿 t，2020～2030 年将节约 44.76 亿 t 煤炭资源量，其中约 24.62 亿 t 绿色资源量。期间采出的绿色资源以科学产能计算，约 160 亿 t，故绿色煤炭资源减少 135.38 亿 t。

根据以上分析预测：2020 年绿色煤炭资源量将基本维持不变，约 628.91 亿 t，2030 年绿色资源存量 586.7 亿 t，2050 年绿色资源存量 433.32 亿 t。

2. 赋存度约束下的绿色资源量预测

新青区煤层埋藏浅，工程地质条件相对简单，2030 年之前对绿色资源量基本无影响。预计 2030～2050 年，约有 15% 非绿色资源量转化为绿色资源量，约为 77.78 亿 t。

根据《2010 年全国矿产资源储量通报》，该区厚煤层占很大比例，但是由于对于亚急倾斜厚煤层开采工艺复杂、安全保障困难，因而还无法作为绿色煤炭资源量。随着开采技术的进步，一部分条件较好的亚急倾斜厚煤层可能实现科学开采。

2016～2020 年，由于近期对亚急倾斜厚煤层规划开采不多，所以绿色煤炭资源量基本维持不变。2020～2030 年，针对亚急倾斜厚煤层会进行一部分开发，同时约 10% 非绿色煤炭资源量转化为绿色资源量，约 51.85 亿 t。2030～2050 年，约 15% 非绿色煤炭资源量转化为绿色资源量，约 70 亿 t。

根据以上分析预测：2020 年绿色煤炭资源量将基本维持不变，约 628.91 亿 t，2030 年绿色资源存量 638.56 亿 t，2050 年绿色资源存量 632.96 亿 t。

3. 生态恢复度约束下的绿色资源量预测

新青区内主要赋存中-下侏罗纪、二叠系上统含煤地层，以中厚-厚煤层为主，局部赋存特厚煤层。该区煤质优良，煤类齐全，以不黏煤、长焰煤为主，局部矿区含气煤、1/3 焦煤、焦煤、肥煤、瘦煤、贫煤等煤种。区内新疆保有资源最多，青海次之。随着国家对环境特别是大气污染问题的日益重视，预计未来关于绿色煤炭资源量标准中关于环保的要求会更加严格。预计到 2020 年，相关标准不会有太大的改变，所以绿色煤炭资源量将基本维持不变。2020～2030 年，该区的绿色资源量将有 15% 被排除出去，约 95.07 亿 t。2030～2050 年，该区将有 15% 的绿色资源量被排除出去，约 80.81 亿 t。

随着国家、社会对生态环境保护的日益重视，资源综合利用技术和装备的进步，采煤塌陷复垦治理方法和经验日趋成熟，煤矸石、矿井水等资源综合利用的有效提升，从而会释放出一定比例的绿色煤炭资源。预计 2016～2020 年，由资源利用率这一指标可实现 3% 的非绿色资源转化为绿色资源，约为 15.56 亿 t。2020～2030 年，约有 5% 的非绿色资源转化为绿色资源，约为 25.15 亿 t。2020～2030 年，约有 5% 的非绿色资源转化为绿色资源，约为 23.89 亿 t。

根据以上分析预测：2020 年绿色煤炭资源量约 644.47 亿 t，2030 年绿色资源存量 532.34 亿 t，2050 年绿色资源存量 322.04 亿 t。

4. 新青区绿色煤炭资源量分析预测

根据以上对多种约束的分析，按照设置的三种情景下，该区 2020 年、2030 年和 2050 年的绿色煤炭资源量如表 2.22 所示。

表 2.22　新青区绿色煤炭资源量分析预测　（单位：亿 t）

年份	约束条件		
	安全度	赋存度	生态恢复度
2016	633.77	633.77	633.77
2020	628.91	628.91	644.47
2030	586.70	638.56	532.34
2050	433.32	632.96	322.04

生态恢复度是新青区科学产能的首要制约因素，其次是安全度和赋存度。

情景一：设定该区按企业自律投入和现有发展模式和技术发展速度的情况考虑，生态恢复度始终是制约绿色煤炭资源量的主控因素，其在 2020 年、2030 年和 2050 年的绿色煤炭资源量分别为 644.47 亿 t、532.34 亿 t 和 322.04 亿 t。针对环境问题提出相应的解决措施是提高该区绿色煤炭资源量需要解决的首要问题。

情景二：设定该区在生态恢复度上加强环境治理投入，并取得一定的进步的基础上，通过技术装备的升级，矿区生态问题得到很大程度的改善，可将绿色煤炭资源量提至安全度约束下的情况。即 2020 年、2030 年和 2050 年的绿色煤炭资源量分别为 628.91 亿 t、586.7 亿 t 和 433.32 亿 t。

情景三：在情景二的基础上，该区的环境生态问题及矿区安全生产的负面影响问题都得到了很好的解决，国家制定煤炭有序开发和科学发展的政策，国家政策鼓励科技创新，相关科研人员在煤矿开采技术中取得重大突破后的绿色煤炭资源量将提至赋存度约束下的情况。即 2020 年、2030 年和 2050 年的绿色煤炭资源量分别为 628.91 亿 t、638.56 亿 t 和 632.96 亿 t。

该地区三种情景下的绿色煤炭资源量预测如图 2.13 所示。

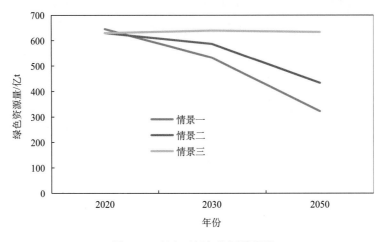

图 2.13　新青区绿色资源量预测

三、全国绿色煤炭资源量预测

综合各区绿色煤炭资源量，得出全国绿色煤炭资源量发展情况分析结果如表 2.23 所示。

情景一：按企业自律投入和现有发展模式和技术发展速度的情况考虑，全国煤炭企业按照目前科技发展水平和投入水平，煤炭开采技术未取得重大突破下，2020 年、2030 年和 2050 年的全国绿色煤炭资源量分别为 5086.5 亿 t、4244.25 亿 t 和 3005.4 亿 t。如果按照此模式发展下去，生态环境会遭到严重破坏，煤炭资源作为不可再生资源将会很快耗尽。

情景二：设定在资源绿色度与洁配度上加强环境治理投入，并得一定的进步的基础上，企业在国家产业规划和要求下，通过加强科技装备开发与技术改造，科技创新，煤炭开采技术和装备取得一定突破，全国绿色煤炭资源量在 2020 年、2030 年和 2050 年分别为 5009.18 亿 t、4762.73 亿 t 和 4010.2 亿 t。在这种情况下，煤炭行业基本摆脱高危、低效和破坏环境的发展模式,但仍与不断发展和进步的社会要求及环保要求有一定差距,这些差距仅依靠企业自身力量是无法消除的,需要政府政策的引导和规划。

情景三:在情景二的基础上,全国矿区的环境生态问题及矿区安全生产的负面影响问题都得到了很好的解决,国家制定煤炭有序开发和科学发展的政策,国家政策鼓励科技创新,相关科研人员在煤矿开采技术中取得重大突破后,全国绿色煤炭资源量在 2020年、2030 年和 2050 年分别为 5148.65 亿 t、5548.3 亿 t 和 5486.6 亿 t。同煤炭行业的发展和不断进步的社会要求及环保要求保持一致,实现煤炭资源的可持续发展。

表 2.23　全国绿色煤炭资源量预测　　　　　（单位：亿 t）

情景	区域	2016	2020	2030	2050
情景一	晋陕蒙宁甘区	3697.61	3725.98	3119.13	2244.45
	华东区	418.32	417.17	343.94	266.93
	东北区	46.1	44.89	31.74	0
	华南区	253.15	253.99	217.1	171.98
	新青区	633.77	644.47	532.34	322.04
	合计	5048.95	5086.5	4244.25	3005.4
情景二	晋陕蒙宁甘区	3697.61	3642.3	3454.8	2923.05
	华东区	418.32	427.82	416.8	392.62
	东北区	46.1	44.89	38.66	8.81
	华南区	253.15	265.26	265.77	252.4
	新青区	633.77	628.91	586.7	433.32
	合计	5048.95	5009.18	4762.73	4010.2
情景三	晋陕蒙宁甘区	3697.61	3781.77	4139.82	4145.73
	华东区	418.32	427.82	442.09	416.65
	东北区	46.1	44.89	35.29	13.43
	华南区	253.15	265.26	292.54	277.83
	新青区	633.77	628.91	638.56	632.96
	合计	5048.95	5148.65	5548.3	5486.6

三种情景下的绿色煤炭资源量预测如图 2.14 所示。

晋陕蒙宁甘区的绿色煤炭资源量最为丰富,是我国未来 30~40 年重点开发区域,但在开采中要注意解决生态问题和煤炭开采中的矛盾,力争实现情景三的情形,而不是情景一。

华东区目前煤炭资源还算丰富,但后续发展潜力不足。如果开采环境能达到情景三的情况,还可以延长服务年限,在煤炭开采过程中要坚持科学开采和绿色开采的原则。

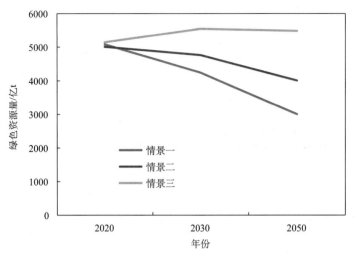

图 2.14　全国绿色煤炭资源量预测

华南区绿色煤炭资源量较少，在资源开发过程中，应限制其无序大规模的开采。

东北区作为老工业区，煤炭资源基本已所剩无几，基本在 2050 年前退出煤炭开采市场。

新青区作为国家后备储备能源基地，但是由于该区生态环境脆弱，暂时还不能进行大规模开采，2050 年前还不作为主力煤炭开发地区。2050 年后逐步代替华东成为煤炭的主要开采区。

四、小结

（1）从安全度、赋存度、生态恢复度三方面对我国绿色煤炭资源未来存量进行情景分析预测，限制全国绿色煤炭资源量的主要因素是生态恢复度，未来绿色煤炭资源的存量并不富裕。若按企业自律投入和现有发展模式和技术发展速度的情况考虑，全国绿色煤炭资源在 2020 年、2030 年和 2050 年分别为 5086.5 亿 t、4244.25 亿 t 和 3005.4 亿 t。生态环境会遭到严重破坏，煤炭资源作为不可再生资源将会很快消耗殆尽。

（2）根据绿色煤炭资源量的情景分析与预测，可为我国煤炭资源精准开采布局在不同时期的开发阶段提供参考。未来几十年中，晋陕蒙宁甘区仍可作为国家的重点开发区域，华东区、华南区绿色资源量已显现出日渐枯竭的现象，未来应有限制的进行科学开采，东北区应迅速退出煤炭开采市场，新青区由于其特殊性，应作为战略储备区进行进一步规划。

（3）解决限制绿色煤炭资源量转化、开发的因素，通过技术升级改造、国家政策扶持，对还未开发资源做出合理的规划与安排，尽早实现资源与环境协调开发，逐步完善煤炭资源精准开发布局。

第四节　本章主要结论

一、煤炭资源分布与特征

我国煤炭资源总量丰富，但资源保障程度并不乐观。可供建井的勘探储量仅占尚未利用资源量的 16%，详查资源量占 19%，尚未利用量中普查资源量和预查资源量占了大部分，勘探程度低。

煤炭资源赋存特征为资源勘查程度低、开采条件复杂、生产与消费区域不匹配、煤炭资源与水资源呈逆向分布、生态环境严重制约煤炭资源开发等。

二、绿色煤炭资源量的分布

提出绿色煤炭资源量和绿色煤炭资源指数的概念，建立绿色煤炭资源量评价体系。对全国绿色煤炭资源量进行评估，绿色煤炭资源量为 5048.95 亿 t。绿色煤炭资源量主要分布在晋陕蒙宁甘区域 3697.61 亿 t，约占 73.23%；新青区为 633.77 亿 t，约占 12.55%；华东、华南、东北绿色煤炭资源量分别为 418.32 亿 t、253.15 亿 t 和 46.1 亿 t，三区合计仅占 14.22%。

三、绿色煤炭资源变化的情景预测

从安全度、赋存度、生态恢复度三方面对我国绿色煤炭资源未来存量进行情景分析预测，限制全国绿色煤炭资源量的主要因素是生态恢复度，未来我国绿色煤炭资源的存量并不富裕。根据绿色煤炭资源量的情景分析与预测，可为我国煤炭资源精准开采布局在不同时期的开发阶段提供参考。未来几十年中，晋陕蒙宁甘区仍可作为国家的重点开发区域。

第三章
我国煤炭精准开采布局战略研究

第一节　我国煤炭开发布局现状和问题

　　煤炭是我国的主体能源，煤炭工业健康发展关系国家能源安全和经济安全，其开发布局和产能建设的科学规划对煤炭产业的健康发展至关重要，是维系我国能源安全、促进国民经济持续发展的重要保障[34,35]。经过近十年的快速发展，我国煤炭生产方式不断升级，生产能力迅速提高，机械化开采比重快速上升，自主创新能力显著增强，技术装备水平显著提高。同时我们还要看到，我国煤炭产业精细化程度不够，特别是还存在大量中小煤矿，生产自动化程度低，生态环境负效应仍然较大。虽然我国煤炭科技在一些基础理论、核心关键技术等方面取得新的进展，但行业科技创新体制机制尚不完善，原始性创新能力比较薄弱，大型装备、关键设备和元器件国产化能力不足，国产装备的可靠性和稳定性与国外相比还有较大差距，煤炭安全高效绿色智能化开采和清洁高效低碳集约化利用理论和技术亟待突破[2]。

　　近年来，受经济增速放缓、能源结构调整等因素影响，煤炭需求大幅下降，供给能力持续过剩，供求关系严重失衡，导致企业效益普遍下滑，市场竞争秩序混乱，安全生产隐患加大，对经济发展、职工就业和社会稳定造成了不利影响。目前我国现有煤炭产能约 46.74 亿 t，2014 年生产煤炭 38.7 亿 t（图 3.1），煤炭产能严重过剩。

　　与国外主要采煤国家相比，中国煤炭资源开采条件属中等偏下水平，绿色煤炭资源量较少，除晋陕蒙宁和新疆等省区部分矿井开采条件稍好外，其他煤田开采条件均较为复杂。在煤炭工业深度调整的大背景下，加速行业转型升级是必然选择。因此，按照煤炭绿色资源量分布，科学进行煤炭资源开发布局，实现精准开采，是贯彻落实党中央、国务院关于推进结构性改革、抓好去产能任务的决策部署，进一步化解煤炭行业过剩产能、推动煤炭企业实现脱困发展的必要手段，也是促进煤炭可持续发展的重要战略之一[36]。

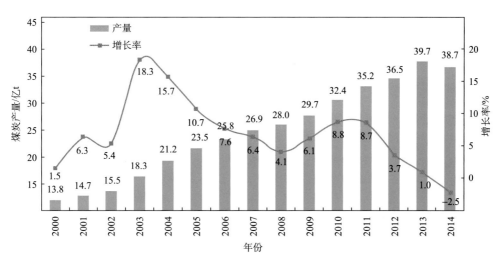

图 3.1 2000~2014 年煤炭产量和增长率曲线图

2009~2012 年数量尚未按经济普查数据进行调整

一、开发布局现状

2015 年初，国家能源局和国家煤矿安全监察局联合召开了煤炭行业淘汰落后产能工作进展汇报会，对全国煤矿基本数据进行了调查摸底，至 2014 年年底，全国共有煤矿 10683 处；年产 30 万 t 以下的煤矿为 7825 处，占全国煤矿总数的 73.25%；年产 9 万 t 以下的煤矿为 5726 处，占全国小煤矿总数的 73.18%（表 3.1）。

表 3.1 各省煤矿数量和产能情况表

序号	区域	煤矿数量	9 万~30 万 t	小于 9 万 t	小于 9 万 t，突出	总产能 /万 t	单井产能 /万 t	采煤机械化程度/%	掘进机械化程度/%
1	山西	1077	0	0	0	127678	118.5	98	98
2	内蒙古	586	0	0	0	108563	185.3	98	99
3	安徽	62	0	0	0	17309	279.2	94	95
4	江苏	19	0	0	0	2250	118.4	90	75
5	陕西	522	27	32	0	59865	114.7	79	68
6	山东	185	56	0	0	16947	91.6	86	90
7	宁夏	100	25	0	0	1046	10.5	95	90
8	河南	480	280	0	0	14619	146.19	70	72
9	青海	50	5	21	0	1437	28.7	73	69
10	广西	117	43	74	0	2049	17.5	41	45
11	甘肃	160	59	82	0	5201	32.5	67	48
12	吉林	168	42	87	0	4918	29.3	70	47
13	河北	198	27	107	0	7809	39.4	93	82
14	新疆	344	28	227	0	7846	22.8	88	94
15	四川	739	239	420	17	12703	8.3	45	30
16	辽宁	299	24	234	1	8185	27.4	79	61

续表

序号	区域	煤矿数量	9万~30万t	小于9万t	小于9万t,突出	总产能/万t	单井产能/万t	采煤机械化程度/%	掘进机械化程度/%
17	贵州	1409	957	475	38	32706	7.2	18	10
18	江西	548	17	519	4	2760	17.2	31	27
19	黑龙江	832	61	700	0	5043	23.2	60	61
20	重庆	630	42	547	48	4681	5.0	21	25
21	云南	912	66	735	26	6366	7.4	15	20
22	湖北	319	5	314	29	2304	9.4	0	15
23	福建	270	30	230	0	2228	6.1	0	20
24	湖南	657	66	581	178	6175	7.0	10	18
合计		10683	2099	5385	341	467386	—	—	—

（一）晋陕蒙宁甘区

山西、陕西、内蒙古、宁夏、甘肃五省区资源丰富，煤种齐全、煤炭产能高，是我国煤炭资源的富集区，也是煤炭资源主要生产区和调出区。大多数煤层赋存稳定，结构简单，倾角缓。主要以厚煤层为主，局部赋存中厚-薄煤层。煤层自燃现象严重，瓦斯、油气等多种资源共存，压力大，易于造成突出。开采条件相对简单，基本属全国最优之列，但生态环境相对脆弱，区域水资源匮乏，煤矿生产必须注重环境保护工作。

1. 开发现状

该区煤炭资源丰富、煤炭开采条件较好，煤矿生产工艺和技术装备比较先进，机械化程度高，采煤机械化、掘进机械化程度分别到达95%、84%。

1) 山西

截至2014年年底，山西省共有煤矿1077处，没有生产能力小于30万t/a的矿井。山西省煤矿主要采用壁式采煤法，采煤工艺主要是综采和高档普采。全省煤矿采煤机械化水平达到98%。该地区部分矿井因主体变更和被整合，对原矿井巷道布置情况、采空区和破坏区情况、积水和积气等情况掌握不清，给矿井下一步巷道布置、生产组织及水和瓦斯重大隐患治理带来很多困难。

2) 陕西

截至2014年年底，陕西省共有煤矿522处，采煤机械化、掘进机械化程度分别为79%、68%。生产矿井中综合机械化采煤工作面占50%、高档普采占17.21%、炮采占32.79%。薄煤层、急倾斜煤层的矿井主要分布在陕南三市地区，这些煤矿占的比例约为10.36%，其回采工艺主要为炮采。各类煤矿构成比较复杂，装备水平参差不齐，因地域和煤层赋存条件差异较大，乡镇煤矿的装备水平呈现出多元化的态势，较好的乡镇煤矿装备水平和管理水平与国有地方煤矿接近。

3）内蒙古

截至 2014 年年底，内蒙古共有煤矿 586 处。内蒙古全自治区井工煤矿均采用壁式采煤法，全部垮落法管理顶板，其中，采用综采工艺煤矿 244 处，普采工艺的煤矿 15 处，炮采工艺的煤矿 77 处，炮采、普采、综采所占比例分别为 23%、4%、73%。全自治区采煤机械化和掘进机械化程度分别为 98%、99%。

4）宁夏

截至 2014 年年底，宁夏共有煤矿 100 处，其中露天矿 13 处。现有井工开采矿井全部采用走向长壁垮落法。全自治区采煤机械化和掘进机械化程度分别为 95%、90%。其中，采用综采工艺 21 处，占井工开采的比例为 63.3%；单体配合金属梁工艺 9 处，占井工开采的比例为 27.3%；柔性掩护支架工艺 3 处，占井工开采的比例为 9%，此类煤矿在客观的煤层赋存条件下推广机械化方面存在的装备技术困难较大。

5）甘肃

截至 2014 年年底，甘肃共有煤矿 160 处。井工开采的煤矿主要采用长壁式采煤方法，各煤矿的采煤工艺主要有综合机械化采煤工艺、普通机械化采煤工艺和爆破采煤工艺三种，其中国有重点煤矿以综采为主，地方国营煤矿以普采和炮采为主，乡镇煤矿则以炮采为主，全省采煤机械化、掘进机械化程度分别为 67%、48%。因辖区内乡镇煤矿占总煤矿数量的 69.6%，所以炮采方式在采煤工艺中占有较大比重。小型矿井占辖区煤矿数量的比例为 87.9%，其中开采急倾斜煤层的小型煤矿主要采用滑移支架放顶煤开采、炮采等。中小型煤矿开采装备主要是单体液压支柱炮采、滑移支架炮采。掘进装备主要是风煤钻、装岩机等。井下运输装备主要是架线电机车、蓄电池机车、提升绞车（调度绞车）、胶带运输机、刮板输送机等。

2. 生态保护

我国西部煤炭资源丰富，但水资源较为缺乏。晋陕蒙宁甘地区属于干旱-半干旱气候，水资源缺乏，生态环境条件较为脆弱，近年来经过一系列的自然环境演变和人类的行为干预后，大部分地区的森林覆盖率很低，水土流失严重，大量的河道淤积，河床升高，1997 年，黄河曾断流达 226 天，为历时最长的断流。随着煤炭资源的大规模开采，研究和开发保水采煤方法，保护大规模煤炭开发中地区生态环境尤其是水资源，是西部煤炭开发前所未遇到而且是必须解决的科技难题。目前，主要结合相关矿区具体地质采矿条件，从矿区水文地质结构分析、采动覆岩导水裂隙通道发育规律与隔水关键层稳定性、有隔水层区上覆含水层保水采煤方法、无隔水层区上覆含水层预疏放转移存贮等多个方面，展开了对干旱-半干旱矿区水资源保护性采煤的基础与应用研究工作。近年来，神华集团有限责任公司（以下简称神华集团）提出了煤矿采空区地下水资源开采、储存及综合利用技术，对开采形成的采空区加以改造形成的地下储水空间，将同一水平、不同水平，甚至矿区的多个煤矿地下储水空间通过人工通道连通，根据采煤生产接续计划，对矿井水进行分时分地储存，形成分布式的地下储水空间，也即煤矿分布式地下水库[37]。

晋陕蒙宁甘区开采主要集中在浅部，地表沉陷具有突发性、破坏严重、地表裂缝发育的特点，但目前该区域沉陷控制技术研究较少，浅埋煤层长壁开采条件下覆岩破坏规律掌握不清。同时，大量小煤矿为减少地表沉陷往往采用房柱式或刀柱式的部分开采方法，造成煤炭资源大量损失，并在地下留下大量顶板悬空的采空区，成为安全隐患。作为我国较新开发的煤炭基地，近年来正在逐步加大在绿色开采方面的投入，取得了一系列成果，其中山西省作为较早开采煤炭资源的省份，在煤与煤层气协调开发等绿色开采技术方面有较深入的研究，形成了煤层气资源评价、煤层气钻井、完井、水力压裂增产改造、排采、地面集输等煤层气勘探开发主体技术系列，在全国应用和推广；试验并成功掌握了欠平衡钻井和完井技术、多分支水平井钻井和完井技术、水力加砂压裂技术、N_2泡沫压裂技术、清洁压裂液压裂技术、注 CO_2 提高煤层气采收率技术、分散集输一级增压气田集输技术、稳控精细排采技术等国际领先的煤层气开发技术。

（二）华东区

1. 开发现状

华东区拥有较大的煤炭生产能力，主要集中在河南、河北、山东、安徽。区内主要赋存石炭系—二叠系含煤地层，上组煤为主采煤层，厚煤层为主，局部中厚煤层；下组煤为辅助开采煤层，薄煤层赋存。但该区主要煤田煤层埋深大、表土层厚、开采条件日益困难。目前开采条件好的矿区都已开发，主力矿区已进入开发中后期，均转入深部开采。区内安徽省保有资源最多，河南省次之，山东省、河北省、江苏省分别列后三位。

江苏基本取缔小煤矿，现有煤矿基本都是国有煤矿；河北、河南、山东、安徽省煤矿产业集中度和管理水平相对较高。这五省煤矿生产工艺和技术装备水平正逐步提高。该区域采煤机械化、掘进机械化程度为 87%、80%。

1）河北

截至 2014 年年底，全省共有各类煤矿 198 处，煤矿总生产能力 7809 万 t[①]。开滦（集团）有限责任公司蔚州矿业公司、兴隆矿业公司，冀中能源集团有限责任公司张矿集团、井矿集团，肥城矿业集团有限责任公司张家口能源公司部分矿井由于煤层倾角大、赋存不稳定，地质条件复杂，采用炮采工艺。全省采煤机械化、掘进机械化程度分别为 93%、82%，其中生产矿井采用机械化采煤的有 48 处，占生产矿井 63.1%，采用炮采工艺的有26 处，占生产矿井 36.9%。全省 90 万 t 以下的生产矿井现有 47 处，其中采用综采 12 处、高档普采 4 处、炮采工艺 31 处。炮采装备一是采用单体液压支柱配合金属铰接顶梁支护，爆破落煤，刮板机运输；二是采用悬移支架或整体组合顶梁悬移支架支护，爆破落煤，刮板机运输。普掘装备采用耙斗装岩机、挖掘式装载机、煤电钻；炮掘装备多数矿采用炮掘，工字钢架棚支护，使用耙斗装岩机、刮板机、带式输送机装运，少数使用锚网支护。

---

① 数据来源：国家安全生产监督管理局，2015 年。

2）山东

截至 2014 年年底，全省共有各类煤矿 185 处，30 万 t/a 以下矿井 56 处，煤矿总生产能力 16947 万 t[①]。全省煤矿井深平均超过 600m；生产及在建矿井井深超过千米的有 16 处。生产矿井中，瓦斯突出矿井 2 处，高瓦斯矿井 3 处。其余均为瓦斯矿井。全省采煤机械化、掘进机械化程度分别为 86%、90%。采用全部垮落法、充填法、条带开采法管理顶板。全省中小煤矿在采煤方面使用的主要装备是采煤机、综采支架、刮板运输机、转载机、破碎机、外注式单体液压支柱、长工字钢梁、乳化液泵站，工作面供电方式有采区变电所供电、移动变电站供电。在掘进中使用的主要装备是综掘机、耙装机、绞车、矿车、风钻、煤电钻、喷浆机、锚杆钻机、锚杆、锚网、锚索。

3）江苏

截至 2014 年年底，江苏全省有生产矿井 19 处，总生产能力 2250 万 t[②]。江苏省煤矿生产能力均大于 30 万 t/a，均为国有煤矿，并集中分布在徐州地区。全省煤矿基本上采用走向长壁综合机械化采煤方法，顶板管理采用全部垮落法，回采工艺以采用综采、综放回采工艺为主。全省采煤机械化、掘进机械化程度分别为 90%、75%。开采装备主要有 MG 系列采煤机（部分 EL2000 型进口采煤机）、SG 系列刮板运输机（部分 PF6/1142 型进口运输机）、ZY 系列支架（有部分 WS 系列进口支架）、掘进机、带式输送机、刮板机、装载机、耙斗装岩机等。

4）河南

截至 2014 年年底，河南全省有生产矿井 480 处，总生产能力 21317 万 t[③]。全省国有重点煤矿采用走向长壁后退式采煤方法，全部垮落法管理顶板，采煤工艺以综合机械化采煤为主，悬移支架支护炮采采煤工艺为辅。全省采煤机械化、掘进机械化程度分别为 70%、72%。全省地方煤矿中，采用走向长壁采煤方法的矿井 100 处，占 85.47%；采用倾斜长壁采煤方法的矿井 17 处，占 14.53%。采用综合机械化采煤工艺的有 40 处，占 34.19%；高档普采采煤工艺的有 5 处，占 4.27%；采用炮采采煤工艺的矿井 60 处，占 51.28%；采用其他采煤工艺（手稿）等的矿井 12 处，占 10.26%。开采急倾斜煤层的矿井 2 处（采用综采 1 处、采用手镐落煤 1 处），开采薄煤层矿井 15 处（高档普采 14 处、炮采 1 处），开采极薄煤层的矿井 3 处（采用综采），均采用走向长壁采煤方法。受瓦斯突出因素影响，煤巷综掘机不能在顶层突出掘进工作面和全层放掘进工作面内使用；资源整合后，一些矿井基础地质资料丢失，矿井范围内废弃井筒、老巷道、采空区分布不清，积水情况不明，受水害威胁严重。

5）安徽

截至 2014 年年底，安徽全省有生产矿井 62 处，总生产能力 17309 万 t[④]。全省大、中型国有煤矿采煤机械化、掘进机械化程度分别为 94%、95%，部分边角块段采用炮采

①～④ 数据来源：国家安全生产监督管理局，2015 年。

落煤方式。

2. 生态保护

华东区多为平原地区，是我国的粮食生产基地和工业基地，地面城镇建筑多，交通设施发达，地面环境的约束对产能有一定影响。在煤炭开采活动中，对环境影响最大的因素是地表沉陷。地表沉陷对生态环境和景观、对浅部含水层及民用井泉、对地面河流水系、对公路、耕地等均产生一定负面影响。因而，"三下"压煤（铁路、水体和建筑物下压煤）是华东地区环境约束中最为主要的因素。

该区是我国煤矿生产的老区，也是我国绿色开采技术研究和应用最多的区域，在瓦斯抽采、充填开采、矿井水处理利用等方面处于国内领先地位。在煤矿瓦斯抽采方面，淮南等高瓦斯矿区进行了煤与瓦斯共采技术的研究，主要研究了瓦斯抽放规律与抽放的工艺、材料和设备；在土地沉陷治理技术上也有较丰富的积累，掌握了常规开采情况下地表移动规律，提出了部分开采、协调开采和充填开采等技术。近年来，开发了矸石巷式充填技术和综采工作面膏体、超高水材料充填技术，并研制了抛矸机、充填用刮板输送机、新型反四连杆充填液压支架和直线式充填液压支架等充填装备。在近水体开采方面有较丰富的技术积累，主要从安全开采的角度，依据覆岩破坏理论为基础的松散层下开采防水安全煤岩柱的留设，即实现了水体下的安全生产，同时也保护了上覆水资源。"十一五"期间，在山东龙口北皂煤矿成功进行了海下煤炭资源的开采，世界上首次在海下采用综采放顶煤工艺进行开采[38]。

（三）东北区

1. 开发现状

东北区域的煤矿开采历史悠久，开采深度大，是 20 世纪中叶以前我国主要煤炭生产区。目前，煤炭资源量、产量占全国的比例不断下降。厚煤层已被建设利用，不具备新建大型矿井条件，只能对现有矿井进行改造。其中，黑龙江省尚未利用资源相对较多，可建设一些大中型煤矿，同时还可以加强现有矿区的深部资源勘探，增加接续资源，延长服务年限，稳定生产规模。吉林省和辽宁省经过多年来开采后煤炭资源量日益萎缩，尚未利用资源少，后续资源严重不足，矿井接续十分困难，未来煤炭生产能力将逐年下降。

黑龙江、吉林、辽宁三省煤矿开采深度大、储量少，灾害较严重，煤矿生产系统复杂。该区域采煤机械化、掘进机械化程度分别为68%、58%。

1）黑龙江

截至 2014 年年底，全省共有各类煤矿 832 处。黑龙江龙煤矿业控股集团有限责任公司七台河分公司所属煤矿全部采用走向长壁采煤法。其中综采工作面 7 个，占 6.7%；高档普采工作面 35 个，占 33.7%；炮采工作面 37 个，占 35.6%；走向长壁分带仰斜工作面 20 个，占 19.2%；柔掩工作面 5 个，占 4.8%。牡丹江、鹤岗、双鸭山市地方煤矿主要采用走向长壁采煤法，回采工艺主要采用炮采。全省采煤机械化、掘进机械化程度分别为 60%、61%。中小煤矿回采工艺主要采用炮采，使用单体液压支柱和金属铰接顶梁或 π 型钢支护。部分条件适宜的煤层采用采煤机，工作面配备刮板运输机。部分高瓦斯区域、煤与瓦斯突出危险区域掘进工作面使用耙装机，其他掘进工作面使用 PB-30 型耙斗机等；个别矿井使用综掘机。

2）吉林

截至 2014 年年底，全省共有各类煤矿 168 处，规模都在 9 万 t/a 及以上，总生产能力为 4918 万 t/a。国有重点煤矿现有 60 多个采煤工作面，除通化矿业（集团）有限责任公司采用水采外其余全部布置综采工作面，采用走向长壁后退式采煤方法或水平分层后退式采煤方法。145 对非国有重点煤矿中约 10% 的煤矿实现了综采，其余多实行走向长壁后退式采煤方法，落煤方式为炮采，非国有重点煤矿中约 5% 的煤矿实现了综掘。全省采煤机械化、掘进机械化程度分别为 70%、47%。

中小型乡镇煤矿中落煤方式绝大多数为炮采，支护方式为 π 型钢支护，只有 10% 左右的矿井实行机械化采煤。中小煤矿掘进只有 5% 左右的矿井实行机械化掘进，使用综掘机、耙装机等。掘进工作面均采用钢铁支护，运输多采用蓄电池机车、内燃机车、矿车等。大部分乡镇煤矿的核定生产能力和现状限定在 9 万 t 生产能力，采用落后的人工作业。

3）辽宁

截至 2014 年年底，全省共有各类煤矿 299 处，煤矿总生产能力 8185 万 t。国有煤矿全部采用壁式开采，综合机械化回采工艺。乡镇中小煤矿开采急倾斜、薄和急薄煤层采用非正规采煤方法，占比在 30% 左右。全省采煤机械化、掘进机械化程度分别为 79%、61%。

中小型煤矿经过技术改造，70% 以上煤矿装备了正规开采工作面，采用放炮落煤，V型溜子运煤。掘进工作面采用风动钻机打眼放炮，井下平巷采用 0.7t 或 1t 矿车运输，斜井采用串车提升。中小型矿井资源储量少，生产规模小，以炮采、炮掘为主，生产工艺和掘进工艺比较落后，采掘装备比较落后。

2. 生态保护

东北地区位于我国东北部，地处东北亚的核心位置，东、北两面与朝鲜及俄罗斯为邻，西接内蒙古自治区，南连河北省，与山东半岛隔海相望。属温带季风气候，冬季寒冷漫长，夏季温暖短暂，降水多集中在夏季，冬季降雪较多，地表积雪时间长，是我国降雪较多的地区。地形以平原、丘陵和山地为主。

东北地区煤炭资源开发利用较早，是我国最早进行瓦斯抽放的地区。1938 年抚顺龙凤矿就进行了具有工业规模的机械抽放瓦斯试验。近年来，北票试验成功穿层网格式布孔大面积抽放突出煤层，鸡西城子河矿采用钻孔法多区段集中抽放上邻近层和采空区瓦斯，铁法晓南矿利用水平岩石长钻孔抽放邻近层瓦斯等技术。东北地区在土地沉陷治理方面主要是有针对性地进行建筑物、铁路下压煤开采，多采用较为成熟的条带开采和限厚开采等技术。在充填开采领域，东北地区在 20 世纪六七十年代进行过水砂充填、风力充填技术的研究和应用。

（四）华南区

1. 开发现状

该区域煤炭资源主要赋存于贵州、云南、四川三省，特别是贵州西部、四川南部和云南东部地区是我国南方煤炭资源最为丰富的地区，其他地区均为贫煤地区，小而散。主要赋存二叠系上统含煤地层，以薄-中厚煤层为主，局部（贵州省局部）赋存厚煤层。该区煤层不稳定、构造复杂、产状变化剧烈，区域差异大，多元地质灾害威胁严重。煤矿机械化程度整体偏低，该区域采煤机械化、掘进机械化程度为 14%、13%。

1）云南

截至 2014 年年底，云南全省有生产矿井 912 处，总生产能力 6366 万 t/a。大部分矿井实现了壁式采煤，还有少量矿井采用水平分层、斜坡采煤等方法；多数井工矿井采用放炮落煤，少数矿井采用机械化采煤。开采急倾斜、薄和极薄煤层的矿井约占矿井总数的 30%。由于地质构造复杂，机械化装备水平较低，煤炭资源赋存条件差，虽经多次整顿关闭和资源整合，目前仍未能全部关闭。

2）贵州

截至 2014 年年底，贵州全省有生产矿井 1409 处，总生产能力 32706 万 t/a。全省煤矿采煤方法以走向长壁后退式开采为主，回采工艺以炮采为主，高档普采和综合机械化采煤率不足 20%。全省采煤机械化、掘进机械化程度分别为 18%、10%。林东片区采煤机械化程度特别低，无掘进机械化。盘江片区有 9 家采用倒台阶式开采急倾斜煤层，综采和高档普采占 15%。水城片区国有煤矿基本实现综合机械化，综采和高档普采约占 10%。毕节片区大多数大中型煤实现了综合机械化采掘。

全省中小型煤矿均实现了机械通风、排水，控制顶板的装备主要为单体液压支柱与铰接顶梁，极少数矿井采用综合支架。林东片区大部分煤矿使用单体液压支护配合铰接顶梁管理顶板，少数使用木支柱支护。部分矿井地质条件复杂，煤层赋存不稳定，煤层倾角较大，难以布置大储量、高效率的采煤工作面，少数煤矿仍然使用淘汰的工艺和设备，煤矿重采煤轻掘进，不愿投入掘进的技术装备。

3）四川

截至 2014 年年底，四川全省有生产矿井 739 处，总生产能力 12703 万 t/a。全省采煤机械化、掘进机械化程度分别为 45%、30%。

大部分中小型煤矿采用爆破采煤工艺，少数采用滚筒式割煤机落煤，支护方式大多为单体液压支柱加铰接顶梁，全部垮落法管理顶板。四川省开采急倾斜的中小型煤矿约占四川省煤矿总数的 15% 左右，主要采用伪斜走向长壁后退式采煤法，爆破或人工风镐落煤，柔性掩护支架支护。开采薄和极薄煤层的中小型煤矿约占四川省煤矿总数的 60%

左右，其主要采用走向长壁后退式采煤法，爆破落煤或截煤机加爆破落煤工艺，采用单体液压支柱加铰接顶梁联合支护。煤层地质结构复杂，煤层较薄，且倾角和厚度变化较大，储量不够丰富，使用机械化开采难度较大。

4）重庆

截至 2014 年年底，重庆全市有生产矿井 630 处，总生产能力 4681 万 t/a。全市采煤机械化、掘进机械化程度分别为 21%、25%。

煤层较薄、急倾斜、产能较小的煤矿主要采用倒（正）台阶采煤法、伪倾斜柔性掩护支架采煤法、俯伪斜多短壁采煤法。部分煤矿由于开采煤层厚度和倾角变化较大，使用了多种采煤方法。只有少数煤矿采用采煤机割煤、刮板输送机运煤，其余均为炮采或风镐、手镐落煤，多数采煤工作面使用搪瓷溜槽溜煤。中小型煤矿岩石巷道掘进多使用钢丝绳牵引耙装机，中小型煤矿平巷运输主要为防爆内燃机车和蓄电池机车牵引厢式矿车和翻斗式矿车运输。乡镇小煤矿特别是 15 万 t/a 以下的小煤矿，绝大部分使用炮采炮掘，甚至风镐、手镐等落后的采煤方式。

5）湖南

截至 2014 年年底，湖南全省有生产矿井 657 处，总生产能力 6175 万 t/a。全省煤矿全部为中小型矿井，且大部分为年产 9 万 t 以下的小煤矿，主要采用壁式采煤法和非正规的巷道式采煤法，主要采用打眼放炮或手镐落煤、人工装煤、电溜子运煤的回采工艺，少数矿井实现了综合机械化开采或普通机械化开采、机械化装载。全省采煤机械化、掘进机械化程度分别为 10%、18%。

开采急倾斜煤层的采煤方法主要有水平分层壁式采煤法和斜切分层壁式采煤法，约占 50%；非正规的水平分层巷道式采煤方法，约占 40%；采用掩护支架采煤法，约占 10%。开采薄和极薄煤层采煤方法主要有壁式采煤法，约占 50%；非正规的巷道式采煤法，约占 50%。

大部分矿井回采工作面、煤巷掘进使用风煤钻或电煤钻打眼炮采落煤，岩巷采用风动凿岩机打眼放炮出矸，主要大巷基本采用金属支护或锚喷、锚网、锚杆等支护方式。小型耙岩机正在逐步普及，机装率达到了 30% 以上，部分矿井使用钻装一体机，平巷人力或电瓶车运输。由于构造复杂，大部分煤矿煤层厚度、走向、倾向变化大，相当一部分煤矿开采的是鸡窝煤，机械化开采适应性差。

6）湖北

截至 2014 年年底，湖北全省有生产矿井 319 处，总生产能力 2304 万 t/a。全省煤矿全部为中小型矿井，且大部分为年产 9 万 t 以下的小煤矿。全省开采煤层主要为薄和极薄煤层，缓倾斜煤层一般采用走向壁式采煤法开采，爆破落煤，全部垮落法管理顶板，急倾斜煤层采用倒台阶采煤法采煤。经过技术改造和扩能的矿井已经全部采用了正规采煤法采煤。全省采煤机械化、掘进机械化程度分别为 0%、15%。

目前，全省大多数采煤工作面淘汰了木支护，改用单体液压支柱，并使用了刮板运输机，部分采煤工作面使用了采（截）煤机；掘进巷道配备了 200 多台套装岩机，岩巷锚网喷联合支护率达到 50%；斜井使用了 150 台（套）载人装置。

煤矿普遍安全欠账多，生产系统不完善，部分矿井存在串联通风、剃头下山开采等问题，安全隐患较大。相当一部分煤矿采用非正规的采煤方法，机械化程度低，工作效率低。掘进巷道工程质量较差，采煤工作面支护方式落后，少数矿井还有木支护。部分矿井还存在使用国家明令禁止使用或淘汰使用的设备。

7）广西

截至 2014 年年底，广西全区有生产矿井 117 处，总生产能力 2049 万 t/a。采急倾斜煤层矿井采煤方法多采用伪倾斜柔性金属掩护支架采煤法，回采工艺为炮采。矿井的煤层赋存条件差，开采自然条件不好，投入不足，大部分矿井实现机械化采煤难度大，机械化程度不高。

8）江西

截至 2014 年年底，江西全省有生产矿井 548 处，总生产能力 2760 万 t/a。国有重点煤矿主要使用走向长壁炮采采煤，仅丰城矿务局使用长壁综合机械化采煤。掘进采用分段爆破，自动侧卸装煤机装煤，省属国有煤矿采用悬移支架、滑移支架及柔性掩护支架回采。大部分乡镇煤矿采用非正规开采，主要采煤方法有小阶段爆破落煤、水平分层、短壁式、巷道式采煤，仅少数矿井使用走向长（短）壁采煤法、掩护支架采煤法等，主要回采工艺为炮采。中小型煤矿目前主要采用煤电钻、风钻加炮采落煤掘进。部分煤矿采用单体液压支柱配合金属铰接顶梁管理工作面顶板，仍有煤矿在使用木支护进行顶板管理，大部分煤矿仍采用人工装岩。大多数煤矿采用人力推车的方式运输，其余为电机车、防爆柴油机普轨机车等，井下上下山运输都采用提升绞车，个别煤矿采用刮板运输机运输。人员运输多为斜井人车（架空乘人装置）或防坠罐笼。受煤层赋存条件的影响，部分乡镇煤矿很难形成正规采煤工作面，采取了巷道式采煤，正规采煤所占比例不高，机械化程度不高。

9）福建

全省共有各类煤矿 284 处（含新建煤矿 5 处），其中，省属国有煤矿 36 处，地方乡镇煤矿 248 处。煤矿中核定生产能力 2228 万 t/a。

生产矿井现主要采用斜坡短壁式采煤法或走向长、中、短壁后退式采煤法。个别矿井开采边角块段或三角煤、残留煤时，采用残采方式。省属国有煤矿中，开采急倾斜煤层的工作面约占 60%，以中深孔爆破采煤法为主；开采倾斜及缓倾斜煤层的工作面约占 40%，以壁式采煤法为主。乡镇煤矿在开采急倾斜、薄和极薄煤层时采用分段斜坡、残采法等开采。全省采煤机械化、掘进机械化程度分别为 0%、20%。

龙岩、三明市乡镇煤矿采用煤电钻打眼，切眼及顺槽敷设搪瓷溜槽将煤炭溜入矿车装煤。泉州市乡镇煤矿采用 YT24 凿岩机打眼。采面、切眼及顺槽以木支护控顶为主，有条件的采面采用单体液压支柱支护。

中小型煤矿开拓掘进面时采用气腿式凿岩机湿式打眼、全断面一次爆破落岩,大部分煤矿采用人工装碴,部分矿井采用耙斗装岩机或铲斗装岩机装岩,三明市煤矿有46.05%的作业点使用耙斗装岩机装岩。煤运巷及回风巷采用木支架控顶,部分矿井采用金属支架控顶;主要石门、主要回风巷采用金属支架控顶或砌碹支护。开拓巷道需架设支架的,严格执行前探梁超前支护。中小型煤矿在区段运巷及石门运输时,采用人力推矿车或轨道蓄电式电瓶车、架线电机车牵引矿车运输,轨道下山采用绞车串车提升煤、矸。受地质构造和煤层赋存条件的影响,煤炭资源赋存条件差,难以采用长壁式的正规开采,大部分煤矿采用残采工作面开采。

2. 生态保护

该区地域辽阔、人口众多、资源丰富,但又存在地形地貌复杂、交通不便等特点。海拔 500～2000m 不等气候炎热多雨,植物生长茂盛。由于煤田地质构造和地形复杂,因此煤矿开采技术的发展受到诸多限制,在绿色开采方面研究较少。受特殊的山地地表和复杂的地质构造等影响,目前未能充分掌握煤层开采后地表移动规律,虽然有个别矿区进行了观测,但由于复杂地形的限制,尚没有研究出合适的地表移动计算方法。目前在土地沉陷治理方面主要是有针对性地进行村庄等建筑物下压煤开采,采用条带开采等技术。该区瓦斯、顶板、水害等灾害也很严重,机械化程度低,该地区煤炭产量占全国的 10%左右,煤炭开发死亡人数占全国近 40%。开发复杂地质条件精细探测,低透气性煤层增透,井下综合立体瓦斯抽采,大倾角、急倾斜煤层高产高效开采,小尺寸、大功率薄煤层自动化等技术及装备,对提高复杂地质条件下安全开采具有重要意义。

（五）新青区

1. 开发现状

该区煤炭资源非常丰富,主要集中在新疆,但勘探程度较低,是国家中长期规划的储备开发区。新疆作为我国煤炭资源储量最大的省份,是我国十四个煤炭基地之一。青海只在黄河上游祁连山地区、冻土地区等特定区域有煤炭资源。

新青区内主要赋存下侏罗统、上二叠统含煤地层,以中厚-厚煤层为主,局部赋存特厚煤层。该区煤质优良,煤类齐全,以不黏煤、长焰煤为主,局部矿区含气煤、1/3 煤、焦煤、肥煤、瘦煤、贫煤等煤种。

1）新疆

截至 2014 年年底,新疆全区有生产矿井 344 处,总生产能力 7846 万 t。新疆正在建设大型煤炭基地,国有大型煤矿实现综合机械化开采,但地方煤矿生产工艺和技术装备水平比较落后。该区域采煤机械化、掘进机械化程度为 88%、94%。

生产矿井主要采用走向长壁式综合机械化放顶煤、轻型支架炮采放顶煤、整体组合顶梁悬移支架放顶煤、单一走向长壁单体液压支柱配合金属铰接顶梁采全高炮采、倾斜柔性掩护支架、短壁悬移顶梁水平分段放顶煤、水平分段悬移顶梁液压支架放顶煤采煤法等。国有重点及地方国有煤矿全部采用走向长壁综合机械化采煤法；小型煤矿采煤工艺以壁式放炮落煤工艺为主。

10m 以上的急倾斜煤层基本采用壁式综合机械化放顶煤开采，10m 以下的基本采用小阶段液压支架放顶煤炮采，4m 以下的急倾斜煤层用小阶段液压支架放顶煤炮采。炮采工作面支护材料采用悬移顶梁配合单体液压支柱、金属铰接顶梁配合单体液压支柱或者采用柔性掩护支架等。小阶段液压支架放顶煤、柔性掩护支架工艺炮采主要以 600、800 带式输送机为主，掘进以轨道矿车运输为主，辅助运输以轨道绞车运输为主，集中运输以箕斗、串车运输为主。柔性掩护支架工人劳动强度大，通风质量差，效率低，安全性不高。

2）青海

截至 2014 年年底，青海全省有生产矿井 50 处，总生产能力 1437 万 t/a。各矿井均采用壁式采煤法，其中有两处（均为中型矿井）采用综采放顶煤采煤法，其他矿井均采用炮采落煤方式（占生产矿井总数的 90%）。炮采工作面一般采用整体顶梁悬疑支架进行支护，少部分中小型煤矿回采面采用柔性掩护支架（占生产矿井总数的 14%）或单体柱支护（占生产矿井总数的 10%）。炮掘采用耙斗机装岩等。受煤层赋存条件限制，采掘机械化程度低，缺乏适合各矿井煤层特点的先进的回采工艺。急倾斜煤层矿井中，目前采用的柔性掩护支架在使用过程中存在隅角支架不稳定、移动技术不成熟等问题。

2. 生态保护

新青地区因位于亚欧大陆内部，地表大部分为荒漠，少部分为草原。土壤主要是在荒漠植被和草原植被下发育的土壤，有机质含量较低，可溶性盐分含量较高。生物种类远比东部季风区少。大部分地区属内流区，河流短小，平地径流主要来源于暴雨形成的暂时性水流；山地径流主要由雨水和冰雪融水补给。湖泊较多，但多为咸水湖。新甘青地区为我国新兴的煤炭资源开发区域，绿色开采技术研究和应用的较少。该区生态环境极为脆弱，亟待开发相应的煤矿绿色开采技术，也可以在研究掌握煤层开采的基本规律的基础上，推广应用其他区成熟的技术。

二、存在问题

1. 资源分布不均，缺乏科学开发规划布局

我国煤炭资源分布不均，具有"北多南少，西多东少"的特点，西北部地区煤炭资源储量超过 60%，煤炭资源的分布与消费区分布极不协调。从各大行政区内部看，煤炭资源分布也不平衡，如华东地区的煤炭资源储量的 87% 集中在安徽、山东，而工业主要在以上海为中心的长江三角洲地区。西南煤炭资源的 67% 集中在贵州，而工业主要在四川；东北地区相对好一些，但也有 52% 的煤炭资源集中在北部黑龙江，而工业集中在辽宁[39]。

由于地方经济发展和运输成本等原因，各地不论资源赋存条件，均对本地区的煤炭

资源进行大力开发。许多资源少、开采条件差的地区存在大量小煤矿。特别是四川、云南、重庆、湖南等地区的小煤矿煤层地质结构复杂，煤层较薄，且煤层倾角和厚度变化较大。如在坡度大、弯度多、断层多等复杂地质条件的巷道掘进时，综掘进度慢，设备故障率高。黑龙江、吉林等地区一些小煤矿开采的多是大矿的边角煤。小煤矿的企业管理水平整体不高。一些小煤矿企业生产管理能力、安全管理能力、技术管理能力、调度管理能力、人力资源管理能力、应急救援管理能力等相对较低，企业各项管理工作还很薄弱。

2. 开采技术参差不齐，还没有实现精准开采

我国煤炭开采技术部分处于世界先进水平，最大开采深度已达 1501m，但产业集中度、全员工效等指标还落后于国外主要产煤国。

经过多年努力，我国井工煤矿采煤机械化、掘进机械化程度已经分别到达 75%、56% 左右，大型煤矿（国有重点煤矿）基本实现了机械化开采，目前主要是小型煤矿机械化程度很低，仅为 13% 左右（图 3.2）。

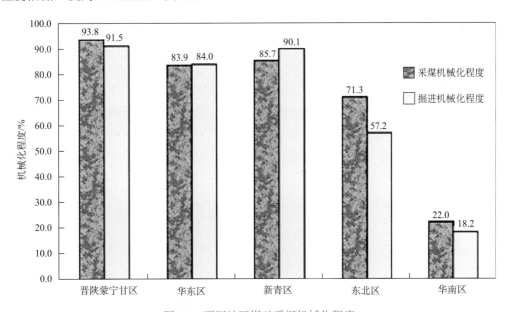

图 3.2　不同地区煤矿采掘机械化程度

适用的采煤方法、回采工艺少。小煤矿煤炭资源少、煤层地质结构复杂，特别是西南地区的小煤矿大多开采薄、极薄煤层，现有的壁式采煤法和综合机械化采煤工艺虽在部分小煤矿成功推行，但不能完全适用于所有小煤矿。适用的技术装备少。小型煤矿采掘设备小、利润少，煤机制造企业研发和制造积极性不高，因此，适合开采急倾斜、薄和极薄等复杂条件的采掘装备不足[40]。

中国工程院院士袁亮指出："我国采深超千米的矿井有 50 座，现有煤矿采深正以平均每年 10～25m 的速度增加。随着煤炭开采向深部延伸，将会遇到一系列新的技术难题，必须持续推动煤炭工业科技创新,实现以智能、无人、安全开采为核心的煤炭精准开采。"

3. 环境负效应显著,生态环境约束不断加强

煤炭开发对土地、水资源和自然生态环境有巨大影响,生态环境约束不断加强,主要包括如下方面。

1)水资源区域分布不均衡且受到破坏

我国水资源与煤炭资源逆向分布。我国水资源总量 2.8 万亿 m^3,比较贫乏,且地域分布不均衡,南北差异很大。以昆仑山—秦岭—大别山一线为界,该界线以南水资源较丰富,以北水资源短缺。根据水资源紧缺程度指标,宁夏、山西均属于极度缺水地区;陕西属于重度缺水地区;安徽、黑龙江属于中度缺水地区;内蒙古属于轻度缺水地区;新疆、贵州、云南则属于水资源相对丰富地区。如晋陕蒙煤炭资源富集区探明煤炭资源保有储量占全国的 64%,但水资源总量仅为 451 亿 m^3,占全国水资源的 1.6%;东部经济发达地区查明煤炭资源仅占全国的 7%,而水资源总量高达 20224 亿 m^3,占全国的 72.2%。

目前,内蒙古、山西、陕西、宁夏、新疆等西北部的富煤地区占全国已探明煤炭资源量的 70% 以上,煤炭资源开发的重点已逐渐西移,但除新疆外,上述各省份的淡水资源极度贫乏,作为最重要的煤炭主产区和调出区,极其短缺的水资源将严重制约煤炭资源加工转化的布局选择,并限制开发利用的规模。

同时,煤炭开发与加工必定对矿区周边水土资源造成一定的破坏性影响。如果在煤炭开采过程中不对水资源加以有效保护和利用,将进一步加剧水资源短缺,甚至有可能将中远期煤炭发展规划变为无法实施的空想。近年来,煤炭资源大规模的开采与加工活动造成地表挖损、塌陷、压占等,致使地形地貌发生改变,同时对地下水、地表植被、地上建筑等造成一定的破坏,水土流失和土地荒漠化日益加剧。

2)土地与地面建筑物塌陷

煤炭开采造成矿区土地塌陷,占用耕地,诱发滑坡、垮塌等地质灾害和水土流失,迁村移民等一系列生态与社会问题。到 2014 年年底,全国采煤塌陷面积累计达 110 万 ha。在我国每生产 1 亿 t 煤炭将造成 0.185 万 ha 地表塌陷[41]。因采煤沉陷需要搬迁的村庄越来越多,已经并将继续严重影响煤矿经济效益和区域经济发展。在地下潜水位较高的矿区(如华东矿区),地表沉陷会引起塌陷区积水,从而淹没土地资源。在地下潜水位较低或干旱半干旱矿区(如华北、西北矿区),尽管地表沉陷不会引起塌陷区积水,但地表沉陷引起土地裂缝、水土流失与沙漠化,从而破坏土地资源。

据不完全统计,我国"三下"压煤总量约为 150 亿 t,其中建筑物下压煤量 87.6 亿 t。人口密集的河北、河南、山东、山西、辽宁、黑龙江、陕西、安徽、江苏九省建筑物下压煤量均超过亿吨,九省建筑物下压煤总量达 50.92 亿 t,占全国建筑物下压煤总量的 60%。同时,建筑物下压煤开采已成为许多矿区面临的主要问题,特别是一些老矿区,煤炭资源正在逐步枯竭,矿井储量逐步减少,剩余储量 50% 以上属于建筑物下压煤,资源枯竭与经济发展之间的矛盾日益突出。根据华东某矿区统计结果,村庄稠密的平原矿区，每采出 1000 万 t 煤炭需迁移约 2000 人，采煤塌陷土地破坏赔偿费及村庄搬迁费随着时间发展呈递增趋势，使生产企业负担逐年沉重[42]。

3）瓦斯排放造成大气污染

瓦斯（甲烷）的温室效应是二氧化碳的 21 倍，矿井瓦斯排放可加剧温室效应，严重破坏环境。我国煤矿大多是瓦斯矿井，2015 年排放的瓦斯超过 200 亿 m^3。随着采深增加，开采强度的加大和煤炭产量的持续增长，瓦斯的排放量将进一步增大[43]。

2015 年，煤矿瓦斯抽采量 136 亿 m^3、利用量 48 亿 m^3，分别比 2010 年增长 78.9%、100%，年均分别增长 12.3%、14.9%；煤矿瓦斯利用率 35.3%，比 2010 年提高了 3.7%。与新增储量及抽采利用数据对比，瓦斯抽采量和抽采率提升空间很大。由于我国煤层赋存条件的特殊性，目前单纯采用采前地面钻井煤层气开发的方法还不能有效地解决煤矿生产中的瓦斯问题，必须采用井下和井上相结合的多种技术途径进行抽采和利用，更好地进行煤与瓦斯共采，尽可能降低排入大气中的瓦斯量，保护人类环境。

4）矸石露天排放造成环境污染

煤矸石是采煤和洗煤过程中排放的低碳含量固体废物，每年排放量占当年煤炭产量的 10%~15%。初步统计，我国现有煤矸石山 1600 余座。我国历年堆积量已达 60 亿 t，占地 7 万 ha 左右，至今仍以每年超过 3.0 亿 t 的速度继续增加，压占土地面积 300~400ha以上，形势相当严峻。以山西省为例，目前煤矸石堆积量高达 10 多亿吨，形成了 300 多座矸石山。

煤矸石堆积占用大量土地，侵蚀大片良田；煤矸石风化后扬尘危及周边大气环境；煤矸石淋溶水经地面径流和下渗，所含的硫化物和重金属元素严重污染地表水体、土壤和地下水源；煤矸石长期堆存时，经空气、水的综合作用，产生一系列物理、化学和生物变化，发生自燃而释放包括 SO_2 在内的大量有害有毒气体，破坏矿区生态，诱发附近居民呼吸道疾病；矸石山的不稳定极易导致滑坡和喷爆，引发地质灾害，酿成重大灾害，造成人员伤亡，毁坏财产和地面设施。

4. 安全事故数和死亡人数逐年下降，但绝对数量依然较多，安全生产形势依然严峻

我国大部分煤矿属于井工煤矿，瓦斯、水、火、冲击地压、煤尘、高应力、高地温等各种类型的灾害严重。近年来，我国煤矿安全事故数和死亡人数逐年下降，但绝对数量依然较多。2015 年全国煤矿生产事故死亡 598 人，比 2014 年下降 35.77%，百万吨死亡率为 0.16，但依然高于美国、澳大利亚和德国等世界主要产煤国家。2001~2014 年我国煤炭生产百万吨死亡率变化趋势如图 3.3 所示。

我国在世界各主要产煤国家中开采条件差、灾害多，主要包括瓦斯、顶板、矿井火灾、水害、冲击地压、尘害、热害。

从地区看，高突矿井地域分布相对集中于中南和西南的贵州、山西、四川、云南、江西、湖南、重庆、河南八省市。其中安徽、山西、河南和重庆四个省市的煤矿瓦斯灾害尤为严重，具有瓦斯含量高、瓦斯含量大等特点。贵州、湖南、云南和四川高突矿井

多，且大部分中小型煤矿，瓦斯防治能力差，产能分散，瓦斯防治形势严峻。

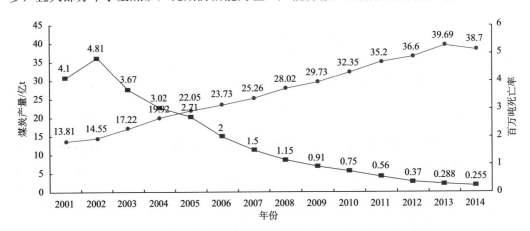

图 3.3　我国煤炭生产百万吨死亡率变化趋势

水文地质类型复杂及以上矿井相对集中在中部和西南的河北、山西、安徽、山东、河南、四川、贵州、云南、陕西和新疆十省市。河北、安徽和陕西省三省水文地质类型复杂和极复杂矿井产能超过其各自总产能的 30%。

煤尘具有爆炸性的矿井相对集中在中部、东北和西南部，位于山西、黑龙江、河南、重庆、贵州、云南、陕西七个省市，黑龙江、山西、重庆、山西四省份大部分煤矿煤尘具有爆炸性。

自燃灾害矿井，主要集中分布于西北地区的新疆（包括兵团）、陕西、内蒙古、山西等省区和西南地区的云南、贵州两省区。江苏、新疆（包括兵团）、山东三省自燃灾害矿井比重高。

冲击地压灾害矿井相对集中在中东部和东北，位于山西、黑龙江、江苏、山东、河南、甘肃六省市，山东和江苏深部矿井多，冲击地压灾害尤为严重。

严峻的煤炭安全生产形势不仅严重威胁着人民群众的生命安全和身体健康，也与"以人为本，构建社会主义和谐社会"的科学发展观极不相符，产生了较为恶劣的社会影响。

5. 生产环境恶劣，职工健康难以保障

煤炭开采过程中存在粉尘、噪声、高温、振动、高湿、中毒等职业危害因素，对职工健康与安全造成较大威胁。据中华人民共和国卫生部《2014 年职业病防治工作情况通报》，当年我国新发各类职业病 29972 例，煤炭行业 11396 例，占 38.02%，居于首位。共报告职业性尘肺病新病例 26873 例，较 2013 年增加 3721 例，其中，94.21% 的病例为煤工尘肺和矽肺，分别为 13846 例和 11471 例。尘肺病报告病例数占 2014 年职业病报告总例数的 89.66%。初步统计，全国一半以上的矿井生产环境达不到国家规定的指标。

随着开采深度增加、围岩温度提高，矿井热害问题越发突出。煤炭热害现已成为矿井深部开采一个不可忽视的新不安全因素，我国国有重点煤矿有 70 多处矿井采掘工作面气温超过 26℃，最高达到 37℃。如此恶劣的工作环境严重影响井下工作人员的身体健康。

煤矿建设及生产过程中的噪声污染非常突出，如井筒建设时的环境噪声高达120dB，长达几年的施工周期会使施工人员听力严重受损。

在有效遏制重大人员伤亡事故的同时，如何预防和控制职业危害，做到从业人员的"早诊断、早发现、早治疗"已成为煤矿职业危害防治工作的重中之重。只有这样，才能充分体现对广大煤矿工人生命权和健康权的充分尊重。

6. 资源总量大，但绿色资源量只占总量的10%

我国煤炭资源总量丰富，但绿色资源量较少。根据计算，绿色煤炭资源量为5048.95亿t，仅占预测煤炭资源总量的1/10左右。我国很多生产矿井面临着资源枯竭。特别是在1000m以下深部煤炭资源约占资源总量49%的情况下，我国面临煤炭资源枯竭和产能提高的巨大压力，煤炭可持续发展的形势不容乐观。

此外，大型煤炭基地开发过程中出现了诸多问题。原定每个大基地由一个主体开发的原则未能坚持；优良的整装矿区被分割批复；大量存在"批小建大、未批先建"等违法、违规行为。大型煤炭基地被无序开发，不仅造成大规模产能过剩，严重危害了煤炭行业当前的经济效益。同时，也造成我国优质资源被过快占用、消耗、浪费（表3.2）。全国有10处大型煤炭基地查明资源量占用比率超过50%。其中，鲁西基地高达104%。查明资源量占用比例较低的新疆、云贵两大基地，受制于自然地理条件，短期难以大规模开发。蒙东（东北）基地中，东北地区煤炭资源近于枯竭，内蒙古东部虽然尚有大量未占用资源，但以褐煤为主，且处于呼伦贝尔草原地区，大规模开发利用的负外部性极大。

表3.2 大型煤炭基地资源占用情况表

序号	基地名称	查明资源量/万t	已占用资源储量/万t	查明资源量占用比率/%
1	蒙东	2872.89	514.124	18
2	鲁西	196.59	204.16	104
3	两淮	383.94	233.52	61
4	冀中	167.182	114.3	68
5	河南	254.3	195.63	77
6	晋北	833.519	470.081	56
7	晋中	1094.673	774.554	71
8	晋东	663.954	333.317	50
9	神东	2224.824	1271.275	57
10	陕北	1150.842	513.418	45
11	黄陇	645.788	325.925	50
12	宁东	286.96	229.082	80
13	云贵	797.154	185.305	23
14	新疆	3745.95	468.91	13
	总计	15318.57	5833.6	38

第二节　我国煤炭运销格局及需求预测

一、煤炭消费及区域分布

（一）消费总量

新中国成立以来，由于经济社会不断发展，我国煤炭消费量长期基本保持了上升趋势[44]。特别是 2000～2013 年，煤炭消费量由 13 亿 t 快速增加到 42.4 亿 t，增长超两倍。2013 年后，受经济结构调整等多因素的影响，我国煤炭消费总量不断下降。2014 年，全国消费煤炭 41.2 亿 t。2000 年以来，我国煤炭消费量及消费增速变化如图 3.4 所示。

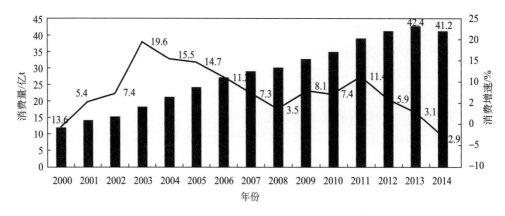

图 3.4　2000～2014 年我国煤炭消费量及消费增速变化

电力、钢铁、建材、化工是我国四大主要耗煤行业，2014 年，其煤炭消费量之和占全国总消费量的比重超过 90%。电力行业是我国最主要耗煤行业，发电耗煤占全国总消费量的比重长期保持在 50% 以上。

（二）消费分布

长期以来，我国煤炭消费与生产存在空间"逆向分布"问题，即我国煤炭消费大都集中在经济较为发达的东部沿海地区和南方地区，尤以环渤海经济圈、长江三角洲和珠江三角洲地区最为集中，而主要调出区则分布于山西、内蒙古、陕西等区域。

全国五大区中，华东、华南地区由于经济发达，属于我国传统的高耗能区域；东北、新青区经济发展相对滞后，煤炭消费比重相对较低；晋陕蒙宁甘区作为我国煤炭主产区，在国家大力建设煤电基地、变输煤为输电等相关政策支持下，煤炭消费比重不断上升（图 3.5）[45]。

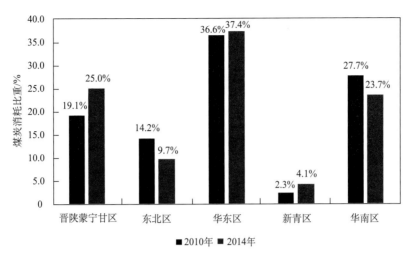

图 3.5　2010 年、2014 年五大区煤炭消耗比重对比

数据来源：国家统计局

2014 年，华东区消费煤炭 16.2 亿 t，占全国总耗煤量的 37.4%，较 2010 年增加 0.8%；晋陕蒙宁甘区消费煤炭 10.8 亿 t，占全国总耗煤量的 25%，较 2010 年增加 5.9%；华南区消费煤炭 10.2 亿 t，占全国总耗煤量的 23.7%，较 2010 年减少 4%；东北区消费煤炭 4.2 亿 t，占全国总耗煤量的 9.7%，较 2010 年下降 4.5%；新青区消费煤炭 1.8 亿 t，仅占全国总耗煤量的 4.1%，较 2010 年增加 1.8%。整体来看，我国煤炭消费重心在不断由东南部向晋陕蒙宁甘区域转移。

二、煤炭运输格局

（一）现有格局

受煤炭资源地理分布和区域经济发展布局影响，长期以来煤炭生产和消费逆向分布，形成了"西煤东调、北煤南运"的调运格局，运输方式主要有铁路、水运和公路三种。从我国煤炭消费分布发展趋势看[46,47]，随着产业转移步伐加快和大气污染治理力度加大，未来新增煤炭需求将主要集中在中西部资源富集地区，东部地区煤炭需求增速下降甚至负增长，但目前的调运格局在相当长时期内不会发生根本性改变[48]。我国煤炭整体流向如图 3.6 所示。

经过多年建设，我国基本形成了晋陕蒙宁甘能源基地西煤东运、北煤南运、出关及进出西南四大运输通道。东西横向铁路、公路与沿海运输相衔接形成供应华东和华南的水陆联运通道；南北纵向铁路与长江干线、京杭运河相沟通形成供应沿江地区的水陆联运通道[48]。

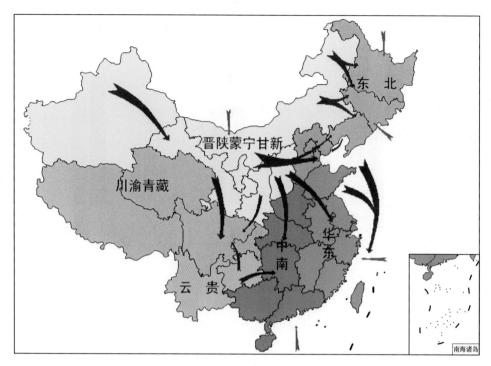

图 3.6　我国煤炭流向示意图

图片来源：《煤炭工业发展"十二五"规划》

（二）主要煤炭铁路运输路线

长期以来，铁路以其"运力大、速度快、成本低、能耗小"等优势，一直是煤炭的主要运输方式（图 3.7）。同时，结合我国海运特点，将铁路与海运结合，形成了目前的"西煤下海、路港结合、联合转运"的煤炭长距离输送方式。我国铁路煤炭运量一直占全国煤炭运输总量的 60% 以上，煤炭运输量占铁路货运总量的 40% 以上。

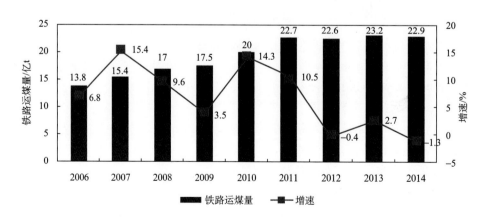

图 3.7　2006～2014 年全国铁路煤炭运量增长趋势

2014 年，全国铁路累计发运煤炭 22.9 亿 t，同比下降 1.3%。我国经济已进入新常态，煤炭需求量大幅下降是煤炭铁路运量下降的主要原因。受环境承载能力的制约，东部经济发达地区纷纷出台控煤政策使东部地区实现煤炭消费减量，西煤东运铁路运输需求将可能进一步降低。

我国的主要煤炭铁路通道是指"三西"煤外运通道、出关运煤通道和向华东地区调运煤炭的铁路运输通道（图 3.8）。

1）"三西"煤炭外运通道[49]

"三西"主要包括山西、陕西和内蒙古西部，煤炭外运铁路分为北通路、中通路和南通路三个主要通道。"三西"能源基地煤炭外运通路的建设一直是铁路建设的重点。经过多年的发展，"三西"煤炭外运能力（含宁夏），已从 1995 年的约 2 亿 t 增加到 2014 年的 12 亿 t 左右（表 3.3）。

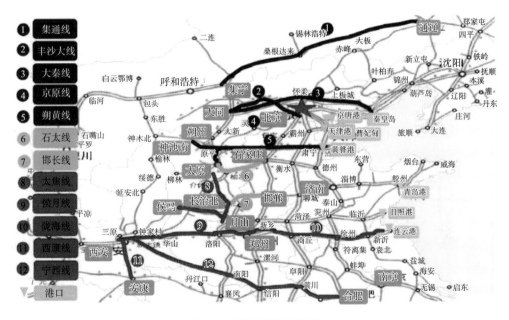

图 3.8　我国主要运煤通道

北通路：主要运输晋北、陕北和神东煤炭生产基地至京津冀、东北、华东地区及至秦皇岛、京唐、天津、黄骅等港口的煤炭。其中，大秦、丰沙大、京原、集通、朔黄等煤炭铁路干线，是"三西"煤炭外运的主要通路。

中通路：主要包括石太和邯长线，以焦煤和无烟煤外运为主，主要运输晋东、晋中煤炭生产基地至华东、华南地区及至青岛港的煤炭。

南通路：主要包括太焦、侯月、陇海、西康和宁西线，以焦煤、肥煤和无烟煤外运为主，主要运输陕北、晋中、神东、黄陇和宁东煤炭生产基地至中南、华东地区及至日照、连云港等港口的煤炭。

表 3.3　"三西"外运通道运力表　　　　（单位：万 t）

铁路通道名称	2013 年能力	2020 年能力	增量
大秦线	45000	45000	0
丰沙大	5700	7000	1300
京原线	1900	1900	0
集通线	3500	5000	1500
朔黄线	30000	50000	20000
蒙冀线	—	8000	8000
一、北通路合计	86100	116900	30800
石太线	7000	8000	1000
邯长线	1500	8000	6500
和邢线	—	2600	2600
二、中通路合计	8500	18600	10100
太焦线	6000	7000	1000
侯月线	12000	17000	5000
晋中南通道	—	11000	11000
陇海线	3500	5000	1500
西康线	1500	5000	3500
宁西线	2000	7500	5500
三、南通路合计	25000	52500	27500
总　计	119600	188000	68400

2）出关运煤通道

出关煤炭铁路运输通道主要包括京沈、京通和京承（锦承）三条线路。1985～1997 年出关煤运量一直保持在 2000 万 t 以上，之后由于经济结构调整等因素的影响，呈下降趋势，2002 年仅为 1217 万 t。近几年，随着东北地区煤炭需求增长，出关煤运量逐渐回升（表 3.4）。

表 3.4　出关运煤通道运力表　　　　（单位：万 t）

名称	2015 年能力		2020 年能力	
	货运总能力	煤运能力	货运总能力	煤运能力
出关煤运通道	13650	7950	15000	8800
京沈	10000	7000	10000	7000
京通	2150	700	3500	1500
京承	1500	250	1500	300

3）向华东地区调运煤炭的铁路运输通道

向华东地区调运煤炭的铁路运输通道主要有京九铁路、陇海铁路、邯济铁路等多条通道，货运能力强，覆盖范围较广，2015 年合计货运能力达到 7.07 亿 t，煤炭运输能力达到 4.765 亿 t（表 3.5）。

表 3.5 向华东地区调运煤炭通道运力表 （单位：万 t）

通路	2015 年能力		2020 年能力	
	货运总能力	煤运能力	货运总能力	煤运能力
津浦	7000	5000	7000	5000
京九	7000	3500	7000	3500
邯济	7000	6500	10000	9000
新菏兖日	13000	10000	15000	11500
陇海	7000	4000	7000	4000
宁西	6000	4000	7000	5000
浙赣	7000	5500	7000	5500
武九	3500	2500	5000	3500
麻武	5000	2500	5000	2500
赣龙	3000	500	3000	500
汤台	500	250	500	250
螺阜	1200	600	1200	600
黄大铁路	1700	1300	2500	2000
德龙烟线	1800	1500	3000	2500
总计	70700	47650	80200	55350

（三）主要煤炭水路运输路线

煤炭水路运输是我国煤炭由北向南的主要运输方式，因其运力强，运费低而具有很强竞争力。随着我国港口建设进程的加快，以及航运船舶的不断增多，我国煤炭水路运输量大幅攀升。2014 年，全国规模以上港口完成煤炭及制品吞吐量 21.89 亿 t，较上年减少 6.2%。

山西、内蒙古、陕西的煤炭主要通过北方的天津、秦皇岛、黄骅港下水，其中，山西和内蒙古的煤炭主要通过天津港和秦皇岛港下水，陕西的煤炭主要通过天津港和黄骅港下水。另外，山东的煤炭主要通过日照港下水转运。承担我国煤炭海运的主要下水港包括：秦皇岛港、天津港、黄骅港、京津港、青岛港、日照港、连云港，即北方七港。北方七港年煤炭下水量占沿海煤炭总下水量的一半以上。内河煤炭下水港主要有长江四港，即南京港、武汉港、芜湖港、枝江港，还有京杭运河上的徐州港和珠江水系的贵州港。煤炭主要接卸港包括：华东地区的上海港、宁波港，华南地区的广州港。内河有长江和运河上江阴港、南通港、镇江港、杭州港和马鞍山港。

我国内河煤炭运输通道主要包括长江和京杭运河，主要是将来自晋、冀、豫、皖、鲁、苏及海进江（河）的煤炭经过长江或运河的煤炭中转港或主要支流港中转后，用轮驳船运往华东和沿江（河）用户，从而形成了我国水上煤炭运输"北煤南运、西煤东运"的水上运输格局。

（四）煤炭物流发展规划

2013 年 12 月，国家发展和改革委员会（以下简称发改委）、国家能源局发布了《煤炭物流发展规划》（以下简称"《规划》"）。《规划》明确提到：到 2020 年，铁路煤运通道年运输能力将达到 3000 百万 t；重点建设 11 个大型煤炭储配基地和 30 个年流通规模 20 百万 t 级物流园区；培育一批大型现代煤炭物流企业，其中年综合物流营业收入达到 500 亿元的企业 10 个；建设若干个煤炭交易市场。提出完善煤炭运输通道，建设一批煤炭物流节点，形成"九纵六横"的煤炭物流网络。我国煤炭运输能力将得到极大提升。

"九纵"通道包括焦柳铁路、京九铁路、京广铁路、蒙西至华中铁路、包西铁路、兰新铁路、兰渝铁路、沿海纵向水运通道、京杭运河纵向通道。"九纵"通道中大部分线路处于建成和运营状态，其余线路中兰渝铁路于 2017 年全线开通，蒙西至华中铁路于 2014 年 7 月获得国家发展改革委的可行性研究批复，2014 年年底开始施工，预计 2020 年能建设完成。

"六横"通道包括北通路、中通路、南通路、锡乌通路、沪昆通路和长江通道。北通道主要是大秦线、京包线、京原线、朔黄线和集通线，除了集通线是一条连接蒙西和蒙东的内陆线外，剩下的铁路大部分去往环渤海港口，主要是秦皇岛港、唐山港、天津港和黄骅港。北通道运输的主要是动力煤，所运输的煤炭中 75% 要经过港口运往南方，是铁海联运的运煤通道。中通道主要是石太线和邯长线，大部分煤炭运往山东半岛，直达运输特征相对明显，是煤炭外运核心区向东运输比较便捷的通道。南通道主要是太焦线、侯月线、陇海线、宁西线和安康线，相对比较分散，衔接的其他路线比较多。

《规划》要求加快建设蒙西至华中地区、张家口至唐山、山西中南部、锡林浩特至乌兰浩特、巴彦乌拉至新邱、锡林浩特至多伦至丰宁等煤运通道，进一步提高晋陕蒙宁甘地区煤炭外运能力。加强集通、朔黄、宁西、邯长、邯济、京广、京九、京沪、沪昆等既有通道改造或点线能力配套工程建设。加快兰渝铁路建设，实施兰新线电气化改造，提高新疆煤炭外运能力。加快推进沿边铁路等基础设施建设，为进口煤炭提供便捷通道。推进北方主要下水港口煤炭装船码头建设，相应建设沿海、沿江（河）公用接卸、中转码头。加快长江中下游、京杭大运河和西江航运干线等航道建设，推进内河船型标准化，提高内河水运能力。

此次，《规划》还要求重点建设 11 个大型煤炭储配基地和 30 个年流通规模 20 百万吨级物流园区。我国正逐步构建以铁路运输、水路运输为线，煤炭储配基地和物流园区为节点的煤炭物流网。

新规划的煤炭储配基地和物流园区主要位于渤海湾和东南沿海地区，便于煤炭从北方港口装船运往南方及方便南方口岸进口煤炭，内陆的物流园区主要包括甘肃省武威、宁夏回族自治区中卫、四川省广元、重庆市万州等。

（五）运力对我国煤炭布局的影响

根据我国《煤炭物流发展规划》，我国煤炭运输能力将得到更进一步提升，煤炭运力将由紧张转为相对宽松状态，长期制约我国晋陕蒙宁甘区域煤炭产业发展的运输问题将得到根本解决，为我国将煤炭开发布局重心向晋陕蒙宁甘区域进一步倾斜提供了运力保障。

三、煤炭需求预测

1. 国务院发展研究中心

国务院发展研究中心资源与环境政策研究所"中国气体清洁能源发展前景与政策展望"课题组基于计量经济学理论，针对改革开放后（1978～2013 年）的样本数据，构建了基于煤炭需求的多因素协整模型（CM）、误差修正模型（ECM）和向量误差修正模型（VECM），比较发现，ECM 的模型性能和拟合效果更佳。随后，基于 ECM 对未来我国煤炭的需求峰值进行了预测和分析。结果表明，我国煤炭需求峰值预计出现在 2020 年，峰值水平为 45 亿 t，2020 年前，煤炭需求量年均增幅为 3.9%，2020 年后开始出现下降，年均降幅为 0.76%，到 2030 年降至 42 亿 t[41]。

2. 中国煤炭工业协会

煤炭峰值即将到来，供大于求将是长期趋势。2020 年煤炭需求量为 45 亿～48 亿 t[53]。

3. 中国能源研究会

中国能源研究会发布的《中国能源展望 2030》报告预计，经济增速放缓，结构优化升级，增长动力从要素驱动、投资驱动转向创新驱动，环境承载能力已达到或接近上限等因素，都将深度改变我国能源需求总量及结构。在较大的资源环境约束和碳减排压力下，一次能源消费结构持续优化。煤炭消费比重将有较大幅度下降，到 2020 年、2030 年煤炭占比分别为 60%、49%。清洁能源快速发展，非化石能源于 2020 年、2030 年的占比将达到 15%、22%。我国煤炭消费峰值已经过去，预计到 2030 年消费量回落至 36 亿 t 左右，占能源需求总量的比重降至 50% 以下。

4. 自然资源保护协会（NRDC）[50,51]

煤控课题研究了 2015～2050 年基准、节能和碳排放温控 2℃下的煤炭需求，在节能和 2℃情景下，煤炭的峰期出现在 2014 年，消费量为 28.12 亿 t 标煤，然后逐年下降（图 3.9）。

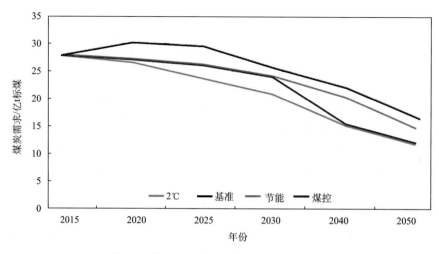

图 3.9　基准、节能和温控 2℃下的煤炭需求

5. 煤炭需求总量预测

综合各权威机构成果，2020 年，我国煤炭需求量预测为 38 亿～43 亿 t；2030 年，受科技进步影响，替代能源应有较大发展，我国煤炭需求量预计降下降到 35 亿～40 亿 t；2050 年，预计煤炭需求将进一步降低到 30 亿～33 亿 t。

第三节　绿色煤炭资源开发布局战略

一、指导思想

以邓小平理论、"三个代表"重要思想和科学发展观为指导，深入贯彻党的十八大、十八届三中、四中、五中、六中全会和习近平总书记系列重要讲话精神，落实中央经济工作会议总体部署，坚持"创新、协调、绿色、开放、共享"发展理念，以绿色煤炭资源为基础，以精准开采为支撑，控制总量、优化存量，全面提高煤炭资源开发布局的科学化水平，建立安全、高效、绿色、经济等社会全面协调的可持续的现代化煤炭工业生产体系，支持和保障国民经济和社会发展的能源需求。

二、战略目标

（一）总体目标

建成以绿色煤炭资源为基础，以精准开采为支撑，以总量控制为导向，与煤炭消费相适应的安全、高效、绿色、经济等社会全面协调发展的现代化煤炭工业生产体系，支撑和保障国民经济和社会发展的能源需求。

（二）阶段目标

2020 年：重点开发晋陕蒙宁甘地区绿色煤炭资源，限制其他区域煤炭资源开发，全国煤炭产能压缩为 44 亿 t，其中绿色煤炭资源开发比重达到 70%。

2030 年：在重点开发晋陕蒙宁甘地区绿色煤炭资源的同时，加大新青区绿色煤炭资源开采，全国煤炭产能为 40 亿 t，其中绿色煤炭资源开发比重达到 80%。

2050 年：以晋陕蒙宁甘地区和新青区绿色煤炭资源开采为主，全国煤炭产能为 34 亿 t，其中绿色煤炭资源开发比重达到 90%。

三、开发布局原则

（一）以绿色资源为基础

以能够满足现阶段煤矿安全、技术、经济、环境等约束条件，能够支撑煤炭科学开发的煤炭绿色资源为基础，绿色资源量丰富的区域保持或适当增加开发规模，绿色资源量不足的区域控制或减少开发规模。树立基于安全、技术、经济、环境四重效应的绿色煤炭资源安全高效开发及节能新观念，推进煤炭资源高效回收及节能战略。

1. 基于绿色资源量的安全效益

煤矿安全关系到矿工的生命安全，关系改革发展和社会稳定大局。搞好煤矿安全生产工作，切实保障人民群众的生命财产安全，体现了最广大人民群众的根本利益，反映了先进生产力的发展要求和先进文化的前进方向。安全是以追求人的生命安全与健康、保障人民生活与社会安定为目的，安全对生产经营单位的经济效益的取得具有确定的作用。全面实现安全生产应与煤炭经济建设、产业结构调整优化、企业规模效益和市场竞争能力等同步发展。

2. 基于绿色资源量的经济效益

随着我国经济结构的持续调整，能源结构也在不断优化，未来煤炭需求的增长会逐步放缓，煤炭市场空间会进一步缩小，因此，煤炭行业的外部环境和内在动力，均要求煤炭开发由产量速度型向质量效益型转变，创新发展模式、转变发展思路、提高发展能力，实现从"量的崛起"到"质的繁荣"。

3. 基于绿色资源量的技术效益

为实现以高新技术为支撑的煤炭安全高效绿色开采，必须消除行业技术落后的不利因素，应切实加大煤炭行业重大基础理论和关键性技术研究，推动煤矿由传统的生产方式向大型化、现代化、自动化、信息化的方向转变，使煤炭企业管理由经验决策转移到信息化、系统化、科学化决策上来，推动传统的煤炭产业向安全高效生产、清洁高效利用方向发展。

4. 基于绿色资源量的环境效益

鉴于以往煤炭开发过程中引起的环境与生态破坏严重等问题，如何在煤炭开发与环境友好之间建立平衡、和谐的关系是行业健康发展、转变发展方式的主要任务。从长远看，煤炭行业应坚持循环经济发展理念，推进节能减排工作，加快科技创新和新技术研发，推进煤矿向绿色矿山模式发展。

（二）以精准开采为支撑

目前，我国 80%以上重特大事故存在地质情况不清、灾害升级、威胁不明、安全投入欠账、人才匮乏严重、现场管理不到位等重大问题。煤矿动力灾害是非线性复杂问题，涉及多场耦合、煤岩破坏、过程瞬态、动力响应等多个方面，机理尚不清楚，监控预警没有解决，缺乏专业技术装备，灾后应急救援效率低。

面对煤炭行业的发展现状，面对国民经济和社会发展煤炭资源的需求，煤炭行业要转变发展模式，促进和引导经济发展方式的转变，从根本上改变"以需定产"的粗放式发展方式，通过精准开采，实现煤炭行业科学发展、安全发展和可持续发展。

"煤炭精准开采"是将煤炭开采扰动影响、致灾因素等统筹考虑的煤炭无人（少人）智能开采与灾害防控一体化的未来采矿技术。其科学内涵是基于透明空间地球物理，以多物理场耦合、智能感知、智能控制、物联网等无人开采技术和以大数据、风险智能判识、防控、监控预警等安全开采技术为支撑的智能无人安全开采[52]。

传统煤炭开采一个矿动辄需要 3000～4000 人，矿工长期在阴暗潮湿的井下作业，是公认的高危劳动密集型艰苦行业，而煤炭精准开采能将每个矿的工作人数控制在 100 人以内，90%地面作业，10%井下巡检工作，井下几乎无人。

实现煤炭精准开采的第一步是地面和井下相结合的远程控制无人开采，操作人员在监控中心远程干预遥控设备运行，采掘工作面落煤区域无人操作；第二步则是智能化无人精准开采，实现地面远程控制的智能化、自动化、信息化、可视化，煤炭无人、精确、智能感知，灾害智能监控预警与防治技术。

精准开采的关键是采场及开采扰动区多源信息采集、矿井复杂环境下多源信息多网融合传输、人机环参数全面采集、共网传输。其次是基于大数据云技术的多源海量动态信息评估与筛选机制，基于大数据的灾害多相多场耦合灾变理论，深度感知灾害前兆信息智能仿真与控制。

因此，将地理空间服务技术、互联网技术、CT 扫描技术、VR 技术等积极推向矿山可视化建设，打造具有透视功能的地球物理科学支撑下的"互联网+矿山"，对煤层赋存进行真实反演，实现对断层、陷落柱、矿井水、瓦斯等致灾因素进行精确定位是煤矿精准开采未来的主要研究方向。

其他研究方向还包括创新地下、地面、空中一体化多方位综合探测新手段；研制磁、核、声、光、电等物理参数综合成像探测新仪器；构建探测数据三维可视化重构等数据融合处理方法；研发海量地质信息全方位透明显示技术，构建透明矿山，实现瓦斯、水、陷落柱、资源禀赋等1∶1高清显示，地质构造、瓦斯层、矿井水等矿井致灾因素高清透视。

（三）以总量控制为导向

引导非绿色资源的煤炭产能有序退出，总量上严控新增产能，结构性新增产能与退出产能总体平衡。

近年来，国家层面针对煤炭消费总量控制提出了政策要求，即合理控制能源消费总量，在大气联防联控重点区域开展煤炭消费总量控制试点，国家节能减排"十二五"规划提出要在大气联防联控重点区域开展煤炭消费总量控制试点，从严控制京津唐、长三角、珠三角地区新建燃煤火电机组，这是国家政策文件中，首次将煤炭消费总量控制试点与燃煤火电建设相挂钩。此外，国家重点区域大气污染防治"十二五"规划要求实施煤炭消费总量控制，包括：综合考虑各地社会经济发展水平、能源消费特征、大气污染现状等因素，根据国家能源消费总量控制目标，研究制定煤炭消费总量中长期控制目标，严格控制区域煤炭消费总量，并探索在京津冀、长三角、珠三角区域与山东城市群积极开展煤炭消费总量控制试点。在能源发展"十二五"规划中除了提出能源消费总量控制之外，还明确了"十二五"期间，将煤炭消费比重降低到65%左右。京津冀、长三角、珠三角等区域力争实现煤炭消费总量负增长。这是国家首次提出在三大重点区域实现煤炭消费总量负增长的时间表。

目前，我国煤炭产销量均出现下滑，主要是国家"缓增长、调结构"、大力实施供给侧结构性改革，使得发电、钢铁等主要耗煤产业能耗降低导致。我国正在逐步推动国家竞争力由资源驱动转型为科技驱动，国家将大幅提升先进制造业、现代服务业、战略性新兴产业比重，结构调整将从能源密集型的工业驱动转型为服务业驱动，经济增长对能源投入的依赖将不断减弱。除非国家有更大规模的基础建设投资需求，或者对已有的建设项目再实施大拆大建，否则不会对煤炭产生更高的需求，这就需要对煤炭产能实行总量控制，考虑到各地区、各行业均衡需求及能源安全，国家宏观层面可按照预测需求量布置产能。

四、开发布局路线

我国煤炭资源分布不均，绿色煤炭资源分布也不均。各区域煤炭产能的布局将结合现有产能和生产情况，逐步增加绿色资源开发比重的原则进行布局。

2014年全国生产和在建产能为53.68亿t，产量为38.7亿t，受经济增速放缓、能源结构调整等因素影响，煤炭需求大幅下降，供给能力持续过剩，供求关系严重失衡，加速行业转型升级是必然选择。按照需求预测，2020年我国煤炭需求量预测将在38亿～43亿t，取预测的平均值的1.1倍进行布局，则2020年产能总量布局44亿t。因此，到2020年期间，主要是对各区现有开采非绿色资源的产能进行淘汰和置换。

2030年，预计我国煤炭需求量将下降到35亿～40亿t，取预测的平均值的1.1倍

表 3.6　开发布局规划表

五大区	资源情况			2014年产能/亿t	布局思路	产能布局		
	绿色资源量/亿t	绿色资源量指数	占全国百分比/%			2015~2020年	2020~2030年	2030~2050年
晋陕蒙宁甘	3697.61	0.57	73.2	32.78	重点开发	至2020年产能应该达到32亿t	至2030年预计为29.5亿t	至2050年达到25亿t
华东区	418.32	0.44	8.3	7.65	限制开发	限制煤炭资源开采强度，至2020年产能5.2亿t	限制煤炭资源开采强度至2030年产能4.0亿t	至2050年产能控制在2.8亿t
东北区	46.10	0.21	0.9	2.65	收缩退出	大幅降低开采强度，2020年产能压缩到0.8亿t	至2030年将产能压缩到0.5亿t	至2050年彻底退出煤炭产业
华南区	253.15	0.31	5.0	6.80	限制开发	限制煤炭资源开采强度，2020年产能4.4亿t	部分老矿区退出煤炭产业，产能3.0亿t	仅保留局部，为保证运输不畅地区用煤，产能控制在1.8亿t
新青区	633.77	0.55	12.6	3.80	资源储备	限制煤炭资源开采强度，至2020年产能控制在1.6亿t	至2030年产能控制在3.0亿t	2050年产能达到4.4亿t
合计	5048.95	0.53（平均）	100	53.68		44亿t	40亿t	34亿t

进行布局，则产能总量布局 40 亿 t。将进一步淘汰落后产能，并适量增加绿色煤炭资源开发量。

2050 年，预计煤炭需求将进一步降低到 30 亿～33 亿 t，则产能总量布局 34 亿 t。这些产能全部按照各区绿色资源量在全国占比来布置（表 3.6）。

第四节　分区开发布局

一、晋陕蒙宁甘区——重点开发区

晋陕蒙宁甘区域煤炭资源具有三大优势——数量多、质量好、条件优，煤炭资源非常丰富，煤种齐全，煤炭产能高，是我国煤炭资源的富集区、主要生产区和调出区。该区查明绿色煤炭资源量 3697.61 亿 t，绿色资源量指数 0.57，占全国绿色资源量的 73.2%，资源禀赋最为优异。

（一）安全约束

晋陕蒙宁甘区的安全条件较好，灾害程度较小，但局部存在高瓦斯双突煤层、露头火等灾害。

晋城、潞安、阳泉、西山、离柳、渭北、乌达、石嘴山、石炭井、汝箕沟、靖远、窑街等矿区高瓦斯矿井多，少数矿井具有煤与瓦斯突出危险，部分中生代盆地煤、油气共（伴）生，煤系砂岩的油气容易进入巷道（如黄陇地区），成为煤矿安全生产的隐患。

许多矿区煤层易自燃，煤尘具有爆炸危险性，煤层自然发火和煤矿井下火灾是煤矿安全生产的重要威胁。

（二）技术约束

晋陕蒙宁甘区的煤炭资源的开采地质条件优越，其主要表现在：煤层稳定，构造简单，煤层厚度以特厚、厚和中厚为主，适于建设大型、特大型矿井的一、二、三等的资源储量丰富。其中侏罗系延安组适于建设大型、特大型矿井的一、二、三等的资源储量约占该组总资源储量的 89%。石炭系—二叠系山西组、太原组之一、二、三等资源储量约占该组总资源储量的 78%。晋陕蒙宁甘区具有明显的开采地质条件优势[53]。

晋陕蒙宁甘区煤层条件好，有利于采用大型煤机装备实现精准开采，煤矿生产工艺和技术装备比较先进，机械化程度高，采煤机械化、掘进机械化程度分别到达 95%、84%[54,55]。

（三）经济约束

1. 煤炭开采及环境成本

我国煤炭开采成本——包括物耗成本和环境成本，也是由东至西呈逐步下降的趋势。

以 2015 年国有重点煤矿吨煤开采成本为例：华东地区 163 元/t，冀豫地区 144 元/t，山西 134 元/t，陕蒙地区 121 元/t，新疆乌鲁木齐 115 元/t。环境成本含生态环境成本和社会环境成本。一般说来，社会环境成本——村镇搬迁、土地青苗赔偿等黄淮平原等东部地区高，晋陕蒙宁甘等西部地区则低；生态环境成本则反之，是西部高而东部低。综合各种因素，晋陕蒙宁甘地区煤炭开发成本相对处于低位。

2. 运输通道

依据中国煤炭资源"井"字形分布格局，晋陕蒙地区位于"井"字形的地理中心。我国北方煤炭东西向运输大动脉——大秦铁路，其全长 653km，朔黄铁路 594km，神朔铁路 270km。即晋陕蒙地区的大同、准格尔、东胜、神木等主要煤产地，其距京津及沿海港口的距离 500～1000km。南北向的宝成铁路全长 669km，焦枝铁路 720km，西安—太康—重庆铁路及西安—合肥—南京铁路全长或不足 1000km，或 1000km 左右。故晋陕煤炭铁路南运至川、渝、鄂、苏等地，其运距亦在 1000km 左右。晋陕蒙之煤炭资源，在地理空间也处于有利位置。

3. 煤炭销售价格

我国煤炭价格由东至西呈递降的趋势。以 2015 年国有重点煤矿商品煤坑口价格为例，太行山以东的煤炭价格大于 250 元/t，而山西省的价格为 150～250 元/t，黄河以西则小于 150 元/t，新疆地区的煤价仅在 100 元/t 上下。晋陕蒙宁甘地区煤炭售价低于东部沿海地区，但高于大西北的新疆地区，煤炭售价亦处于中位。

（四）环境约束

1. 黄土沟壑纵横、水土流失严重

沟壑纵横的黄土高原、沙丘连绵的鄂尔多斯高原，构成了晋陕蒙地区之最具特色的两大区域地理自然景观，构成了生态环境脆弱的自然底色。

由于长期以来的不当开发，黄土高原广大的耕地、草场遭到破坏，裸露的黄土受雨水和径流的冲刷，导致严重的水土流失从而形成密如蛛网的黄土冲沟和黄土残垣、黄土梁、黄土峁等各种侵蚀沟壑地貌类型。

2. 降水少、蒸发量大、水资源短缺

黄土高原和鄂尔多斯高原地区一般年降水量为 300～600mm，而年蒸发量一般为 1000～2000mm，部分地区达到 2500mm。降水量小而蒸发量大，干旱问题十分突出。降水存在的问题是季节分配不均，夏季降水量约占全年的 70%，易形成降雨成涝灾，无雨成旱灾。年降水变率大，多雨年比最少雨年的降水量可差 2～4 倍。

晋陕蒙宁甘地区人均水资源量不足全国平均值的 1/4，而山西省人均水资源量仅为 381m³。水资源短缺，使该地区的生态环境十分脆弱。

3. 生态环境脆弱

晋陕蒙宁甘地区的生态灾害，主要是由于森林草地遭到破坏，土地失去了生态屏障，导致河川水源枯竭，水土流失日益严重，风沙尘暴日益加剧，旱涝灾害日益频繁。多年来，煤炭开发地域的不恰当选择，不顾生态环境的开发方式，使该地区的地质灾害频频发生，生态环境进一步恶化。生态环境约束：为保护生态环境、保护水源地，必须放弃部分地域的煤炭资源开发；开发煤炭资源的同时，必须进行生态环境治理。由于该地区生态环境十分脆弱，开发区块的限制性、开发生态环境成本高昂。

（五）精准开发布局

该区域煤炭资源丰富，地质构造简单，煤层倾角较平缓，赋存稳定，所有煤矿采用壁式采煤方法，大部分煤矿采用综合机械化开采工艺，部分煤矿采用高档普采，其中山西省杜绝炮采工艺。目前陕西陕煤黄陵矿业集团有限公司1001综采工作面于近日在全国范围内首次实现地面远程监控无人采煤。该区域煤矿总体上看，采煤方法、回采工艺先进，技术装备水平优良。

晋陕蒙宁甘地区的煤炭资源具有数量多、质量优、开采条件好的优势，水资源短缺、生态环境脆弱限制了开发规模；水资源短缺限制了煤炭就地转化的能力；再加之该区是国家最大的煤炭输出基地，必须将煤炭通过铁路、公路、海运输送到东部及南部缺煤地区，而现有高铁释放了一部分铁路运力，海运方面一些煤炭专用码头相继建成，煤炭外运能力不再是制约因素。生态环境约束是目前晋陕蒙宁甘地区煤炭资源开发的一大瓶颈。

布局思路为当前至2050年该区域保持既有开发规模和强度，区域煤炭以调出为主，满足国内市场需要，同时确保实现可持续发展，达到既充分利用资源又保护环境目的。

2014年该区产能为32.78亿t，2015年产量为26.1亿t。该区绿色资源量在全国占比73.2%，2020年该区产能压缩为32亿t，2030年产能约为29.5亿t，2050年保持为20亿～25亿t。

二、华东区——限制开采区

华东区多为平原地区，是我国的粮食生产基地和工业基地，地面城镇建筑多，交通设施发达。华东区各省之间煤炭资源分布极不均衡，煤炭资源主要集中于冀、鲁、豫、皖（北）四省区，北京、天津几乎没有煤炭资源分布，江苏有少量煤炭资源，但仅分布于省内唯一的产煤地徐州地区。该区保有资源量和剩余资源量均以河南省最多，分别达到600亿t和500亿t以上，占该区保有量和剩余量的38.4%和46.1%，其次为河北、安徽、山东三省，分别为345.6亿t和229.04亿t、353.77亿t和163.17亿t、227.96亿t和170.86亿t，所占比例分别为21.48%和20.96%、21.99%和14.93%、14.17%和15.64%。华东区绿色煤炭资源量418.32亿t，绿色资源量指数0.44。华东区内主要赋存石炭系—

二叠系含煤地层，上组煤为主采煤层，厚煤层为主，局部中厚煤层；下组煤为辅助开采煤层，薄煤层赋存。由于华东区煤炭开发时间长，区内浅部资源已剩余较少，主力矿区已进入开发中后期，转入深部开采。

由于近几十年来的大规模开采，华东地区的浅部煤炭资源已接近枯竭，煤炭开采逐渐向深部延伸，许多大型矿区的开采或开拓延伸的深度目前均已超过 800m，有的甚至超过 1000m。根据 2015 年统计，我国目前采深超过 800m 的深部煤矿集中分布在华东、华北和东北地区的江苏、河南、山东、黑龙江、吉林、辽宁、安徽、河北八个省，现有深部矿 111 对，其中华东区占 82 对（表 3.7）。

表 3.7 2015 年及预计 2020 年华东区深部矿井数量统计

省份	年份	矿井数量/个			小计
		800～1000m	1000～1200m	>1200m	
江苏	2015	3	5	3	11
	2020	3	3	7	13
河南	2015	12	2	0	14
	2020	20	8	0	28
山东	2015	17	9	1	27
	2020	10	12	11	33
安徽	2015	14	1	0	15
	2020	14	0	0	14
河北	2015	13	1	1	15
	2020	15	3	2	20
合计	2015	59	18	5	82
	2020	62	26	20	108

（一）安全约束

当前，华东区煤炭资源的开发强度极高，浅部煤炭资源基本被动用，所剩无几。部分矿区已经进行或尝试进行了 1000m 以深的煤炭资源的开发工作。虽然深部煤炭资源的开发实践证明现阶段技术能够满足深部开发的技术需求，但投入的经济成本过大，面临严重的"三高"问题，安全生产隐患突出。同时，华东区含煤盆地虽然在晚古生代为稳定的古华北克拉通，但在中生代中晚期发生了大规模的伸展断陷而转化为中新生代断陷型含煤盆地，并在后期准平原化。中新生代期间的大规模断陷作用使煤层断块变形强烈，断裂构造普遍发育，且由于断陷作用沉积了巨厚的中新生代盖层，工程地质条件相对复杂，并由于逐渐转向深部开采而面临越来越突出的底板灰岩岩溶水害的威胁。

（二）技术约束

华东区主要矿区有开滦、峰峰、新汶、枣庄、平顶山、郑州、徐州、淮北、淮南等，现有矿井机械化程度较高，主力矿区已进入开发中后期。

该地区浅部及部分深部煤田基本已经动用，超深部煤炭开采的许多地质问题目前还没有研究清楚，更重要的是这些煤田深部延伸地区范围也有限，即使全部查清，能够获得的储量也很有限。还有大面积平原区松散覆盖较厚，矿井建设成本高（由于人口稠密，矿区内村庄较多，搬迁成本也高昂），采煤塌陷影响严重，多数已开采多年，开采条件渐趋困难，将限制开发规模和强度[56]。深部巷道地应力高、采动影响强烈，围岩大变形、持续流变，冲击地压、煤与瓦斯突出等动力现象频发[57]。

（三）经济约束

华东地区作为我国经济发展的主要带动力量，其经济发展速度很快，对能源的需求总量不断增加。而同时，一方面由于随着产业结构的不断调整，国民经济中第三产业比重的不断增加，华东地区对能源的需求结构也发生了相应的变化，对煤炭的需求相对变小，对油气和电力的需求则相对变大；另一方面，由于华东地区的能源供给明显不足，能源的供需矛盾日益增大，因此我国启动了西气东输和西电东送工程。两方面的因素带来了对能源结构的调整，这些无疑都将对传统的煤炭的运输造成很大的影响。

华东地区煤炭生产主要是在山东和安徽的两淮产煤区，其主要发送方向是安徽和江苏两省，也有一部分发往浙江和福建，具有较强的经济优势。

（四）环境约束

华东区是我国传统的煤矿开采区域，目前浅部资源大多已经开采，正逐步向深部延伸。该区背靠高原，面向海洋，风向与降水均随季节而有明显的变化和更替。同时该区人口集中，人类对自然界的影响广泛而深刻，使自然面貌发生了巨大的变化。除极少数的地方以外，天然植被已不复存在，栽培植物广泛分布，是我国的主要农耕地区，村庄密集，人口稠密，因地属平原，可耕农田遍布。由于该区地表潜水位较高，多数矿区在采用垮落法管理顶板开采后地表会出现积水现象，致使良田耕地减产、绝收，村庄房屋损坏、搬迁，影响当地人民正常生活。此外，华东地区水网密集，由于采煤活动改变了矿区水文地质条件，采煤引起的塌陷地裂缝使煤层围岩中含水层发生变形和移动，含水层结构遭到破坏，地下隔水层、含水层关系发生变化，导致地下水及开采影响范围内的地表水不断涌入井下，水环境的变化导致岩石淋蚀作用加强，水中有毒有害成分增加，大量未经处理的矿井水直接外排，不仅浪费了宝贵的水资源，而且污染了矿区及周边河流、湖泊，严重影响水生生物的生存和人畜饮水安全。煤炭开采对土地的破坏造成我国东部平原矿区土地大面积积水、受淹和盐碱化，不仅使区内耕地面积急剧减少，还导致农民失去赖以生存的土地，加剧了人地矛盾。虽然华东地区对由于煤矿开采导致的破坏修复能力强于晋陕蒙宁甘地区，且采用保水开采、充填开采、土地复垦等绿色开采技术，但由于经济发达，地面建构筑物多，煤矿开采对生态环境的影响深远。

（五）精准开发布局

由于这一区域地处煤炭消费中心，煤炭资源条件也相对较好，但由于开发时间较长，目前已进入深部开采，开采难度加大，瓦斯、地热、冲击地压灾害增加。该地区煤矿基本采用壁式采煤方法、大部分煤矿采用综合机械化开采工艺，部分中小煤矿采用高档普采，少数小煤矿炮采工艺。总体上看，该区域煤矿技术装备水平良好。

该地区的煤炭资源以供应本地为主，同时承接晋陕蒙宁甘区的调出资源，该区域开发布局的调整思路为限制煤炭资源开采强度。

2014 年该区产能为 7.18 亿 t，2015 年产量为 5.76 亿 t。该区绿色资源量在全国占比 8.3%，2020 年该区产能控制为 5.2 亿 t，2030 年产能压缩为 4.0 亿 t，2050 年保留为 2.8 亿 t。

三、东北区——收缩退出区

东北地区经过一个多世纪的高强度开采，现保有煤炭资源普遍较差，开采深度大，很多矿井瓦斯、水、自然发火、冲击地压、顶板等多种灾害并存，治理难度大。该区绿色煤炭资源量仅为 46.1 亿 t，绿色资源量指数仅 0.21，仅占全国绿色资源量的 0.9%。从市场供应主体来讲，东北地区煤炭市场供应主体除了本地煤炭企业外，还有来自内蒙古东部、俄罗斯远东地区、朝鲜等外部市场的优质煤炭，并且外部市场尚处在培育期，具有很大供应潜力。从市场需求主体来讲，东北地区过去产业以重工业为主，煤炭消耗量大，在经济放缓的大背景下，粗放式经济结构正谋求产业转型，对煤炭需求量必然降低。

（一）安全约束

东北区煤田构造条件中等-复杂，高瓦斯矿井多，煤和瓦斯突出是煤矿生产的主要隐患，随着煤矿开采深度的增加，冲击地压问题日益突出。

根据资料，该区域 80% 左右的资源存在不同程度的灾害影响。共有水文地质条件复杂矿井产量 1.29 亿 t，占全区总产量的 65%；易自然矿井 647 处，产量 1.15 亿 t，占全区总产量的 58.7%；高瓦斯矿井 113 处，产量 0.85 亿 t，占全区总产量的 43.4%；煤与瓦斯突出矿井 25 处，产量 0.35 亿 t，占全区总产量的 17.9%；冲击地压矿井 21 处，产量 0.35 亿 t，占全区总产量的 17.9%。

（二）技术约束

东北区域的煤矿开采历史悠久，开采深度大，是 20 世纪中叶以前我国主要煤炭生产区。目前，煤炭资源量、产量占全国的比例不断下降。厚煤层已被建设利用，不具备新建大型矿井条件，只能对现有矿井进行改造。其中黑龙江省尚未利用资源相对较多，可建设一些大中型煤矿，同时还可以加强现有矿区的深部资源勘探，增加接续资源，延长服务年限，稳定生产规模。吉林省和辽宁省经过多年来开采后煤炭资源量日益萎缩，尚未利用资源少，后续资源严重不足，矿井接续十分困难，未来煤炭生产能力将逐年下降。

（三）经济约束

黑龙江一直是东北地区煤炭资源的主要来源地之一，但近年来，黑龙江新探煤炭资源增长缓慢，旧有煤矿资源逐渐枯竭，对该地区的供应量难以提高。吉林煤炭资源近几年开发力度不断加大，增长迅速，促进了自身自给率的提升；虽然吉林煤炭资源自给率并不高，但吉林是辽宁的接壤省份，距离优势促使双方煤炭资源交流尤其是短途输送较为频繁。辽宁省煤炭资源来源地包括山西、内蒙古等。2012 年，调入量达 12997 万 t，占铁路煤炭总调入量的 95.33％。其中，内蒙古是辽宁最大的煤炭供应源，2011 年供应量占辽宁煤炭总调入量的 66.27％；其次是黑龙江，占辽宁煤炭总调入量的 14.17％；再次为山西，占 9.22％。从近 5 年煤炭铁路调入情况看，内蒙古供应量呈上升趋势，由 2007 年的 2855 万 t 增至 2011 年的 9034 万 t，年均增长 33.37％，成为辽宁煤炭供应的主源地（图 3.10）。

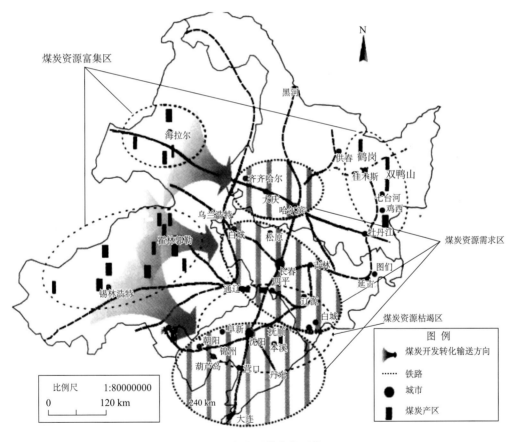

图 3.10 东北区煤炭供需格局

东北周边的山西、内蒙古是全国性煤炭基地，黑龙江、吉林、辽宁煤炭自给率近几年不断下降，目前已降到 70％以下，属煤炭基本自给型区域；而山西、内蒙古煤炭自给率高达 200% 以上，且近几年有不同程度的提高，属煤炭净支出型区域。内蒙古煤炭资源十分富裕，产量增长较快，自给率较高，可成为东北煤炭供应的主要来源地。山西煤炭自给率较高，煤炭产量较大，但晋煤开发力度已经很大，增长速度并不突出。而且目前山西煤炭主要服务于华东、华北、华中地区，东北并非其主要服务区，且相比较而言，蒙东煤炭具有资源优势、距离优势和价格优势。

蒙东输送到辽宁的煤炭主要涉及霍白平（霍林河、白音华、平庄）和胜利两大基地及额和宝力格、吉林郭勒、五间房等新兴矿区。主要运输通道有赤大白-锦赤线，锡赤-赤绥线和巴新-锦阜线。赤大白-锦赤线主要承担白音华周边矿区至辽西、辽南电厂及辽宁省的煤炭外运任务，通过在白音华地区和大板地区分别衔接锡乌线、集通线，可形成锡林郭勒盟各矿区至辽西、辽南和锦州港的能源外运及下海通路；锡赤-赤绥线主要承担胜利矿区、五间房矿区及其以西那仁保力格等矿区至绥中港的下海煤炭；巴新-锦阜线主要承担五间房、额和宝力格及吉林郭勒矿区至辽宁中、东部（含阜新）和锦州港下水煤炭外运任务。以上线路的部分路段还处于建设或规划中，但蒙辽煤运通道已逐步完善。

（四）环境约束

东北多数城市属于煤炭、火电等物资消耗高、运输量大、污染严重的资源型原材料重化工业城市，"自然资源—初级产品—废物排放"的传统粗放式生产方式占主导地位，加上长期以来重生产，轻治理，历史欠账多，对污染防治重视不够，污染治理投资不足，"三废"污染严重。这些重化工业城市消耗高、污染重、治理难，使东北城市面临着一定的生态环境压力。

东北城市的资源型工业尤其是矿产资源开采业造成的生态破坏十分严重，矿山开采造成地表植被的破坏、水土流失、地表塌陷、废矿渣占地及工业废水、废气污染等。东北地区的资源型城市，以能源加工为主的劳动密集型产业，对资源开发过于依赖，城市产业单一，城市化远远落后于工业化发展水平，城市化质量不高。并且经过几十年的大规模开采，多数城市面临着资源枯竭和紧迫的经济转型等问题（表 3.8）。

长期以来煤炭工业发展所造成的东北地区生态破坏和环境污染十分严重，一方面造成大面积地表塌陷，如目前辽宁省共有 7 处较大的采煤沉陷区，总面积 333km^2，涉及住宅面积 630 万 m^2，居民近 11 万户共计 32.8 万人，到 2002 年年底，黑龙江省鸡西矿区地下采空面积达 214km^2，地面沉陷面积 156km^2。另一方面产生的众多煤矸石带来了严重的水体和大气污染，双鸭山市年废水排放总量为 19070 万 t，由于没有城市污水处理厂，水质维持在 V-VI 级水平。市区大气总悬浮颗粒年平均值超过国家二级标准，在冬季是国家二级标准的 10 倍以上。东北地区矿产资源开采所引发的矿井水排放、煤矸石、尾矿堆放等环境污染问题已经制约着矿产资源行业的发展。因此，东北地区迫切需要快速转型，收缩煤炭产业，变粗放型经济发展模式为高效率、集约化的经济发展模式[58]。

表 3.8　东北地区煤炭资源型城市分布及发展阶段

省份	城市	发展阶段
黑龙江	鹤岗	老年
	七台河	幼年
	双鸭山	中年
	鸡西	老年
吉林	舒兰	中年
	珲春	中年
辽宁	抚顺	老年
	阜新	老年
	本溪	老年
	调兵山	幼年
	南票	老年
	北票	老年

（五）精准开发布局

近代东北煤炭资源的开发兴起于 19 世纪末 20 世纪初，经过一百多年的持续开采，我国资源型城市中东北地区数量最多，共有煤炭资源型城市 12 座，除辽宁的调兵山和黑龙江的七台河资源禀赋和开发强度尚可外，黑龙江的鹤岗、双鸭山、鸡西，吉林的舒兰、珲春，辽宁的抚顺、阜新、本溪、南票、北票等普遍进入衰退期。

东北地区是我国老工业基地，由于开发时间较长，好的煤炭资源所剩不多。许多矿区已进入残采，回收边角，开采条件较差，如黑龙江鸡西、双鸭山、鹤岗等矿区，另黑龙江小煤矿数量较多；吉林地区煤炭资源较少，且属"三软煤层"开采条件较差；辽宁略好于黑龙江、吉林，但小煤矿数量仍然较多。三省中小煤矿（乡镇煤矿）合计为 1295 处。占该区域煤矿总数的 86.9%，该区域国有重点煤矿基本采用壁式采煤方法，大部分采用机械化开采工艺。70% 左右的中小煤矿采用壁式采煤方法，30% 左右小煤矿采用非正规开采。5%～10% 的中小煤矿采用机采（综采），其余中小煤矿均采用炮采工艺。总体上看，该区域采煤工艺、技术装备水平与新青地区相当。

从资源禀赋来讲，东北地区经过一个多世纪的高强度开采，现保有煤炭资源普遍较差，开采深度大，很多矿井瓦斯、水、自然发火、冲击地压、顶板等多种灾害并存，治理难度大。该区绿色煤炭资源量仅为 46.1 亿 t，绿色煤炭资源指数为 0.21。从市场供应主体来讲，东北地区煤炭市场供应主体除了本地煤炭企业外，还有来自内蒙古东部、俄罗斯远东地区、朝鲜等外部市场的优质煤炭，并且外部市场尚处在培育期，具有很大供应潜力，俄罗斯远东天然气和石油管道铺设必然影响东北地区的煤炭市场格局。从市场需求主体来讲，东北地区过去产业以重工业为主，煤炭消耗量大，在经济放缓的大背景下，粗放式经济结构正谋求产业转型，对煤炭需求量必然降低。

综上分析，一方面宏观经济和外部环境使得东北地区对煤炭的依存度下降，另一方面东北地区本地煤炭企业作为市场竞争主体已无生存空间，也失去了作为一个大型煤炭基地存在的必要性。东北地区实行煤炭开发布局调整迫在眉睫，其调整思路为大幅降低东北地区煤炭资源开采强度，逐步退出煤炭生产。

2014 年该区产能为 2.65 亿 t，2015 年产量为 1.65 亿。该区绿色资源量在全国占比仅为 0.9%。2020 年该区产能压缩为 0.8 亿 t，2030 年产能压缩为 0.5 亿 t，2050 年彻底退出煤炭产业。

四、华南区——限制开采区

华南区保有资源量 1115.52 亿 t，绝大多数分布于川东、贵州和滇东地区，其中川东保有资源量 109.38 亿 t，占比 9.8%；贵州保有量 683.43 亿 t，占比 61.27%；滇东保有量 282.67 亿 t，占比 25.34%。其中云南省主要为褐煤，约占 55%，也有一定比例的焦煤和无烟煤，焦煤和无烟煤约占 30% 左右；贵州绝大多数为无烟煤，约占 65%，也分布一定比例的肥煤、焦煤、瘦煤和贫煤，四者所占比例约 30% 左右；川东主要为贫瘦煤、贫煤和无烟煤，三者占比 70% 左右。

除川东、贵州和滇东地区外，华南其他各省属贫煤区，保有资源和剩余资源的绝对量普遍较低，除湖南、广西保有量超过 15 亿 t 及剩余量超过 10 亿 t 外，其他省份保有量和剩余量均分别在 15 亿 t 和 10 亿 t 以下，煤炭资源开发利用前景黯淡，煤炭资源已基本枯竭。

该区绿色煤炭资源量为 253.15 亿 t，绿色资源量指数仅 0.31，仅占全国绿色资源量的 5%。

（一）安全约束

华南区煤层赋存条件不稳定，鸡窝状煤层分布广泛，急倾斜、薄煤层多，地质构造复杂，自然灾害严重。

该区域的典型特点是普遍存在高瓦斯双突煤层、突水严重等灾害。随着矿井开采深度加大，突水及煤与瓦斯突出灾害更趋严重。根据资料，该区域 90% 以上的资源存在不同程度的突水及瓦斯灾害影响。2010 年，该区共有水文地质条件复杂矿井产量 3.53 亿 t，占全区总产量的 76.7%；易自燃矿井 1759 处，产量 2.23 亿 t，占全区总产量的 48.5%；高瓦斯矿井 1733 处，产量 2.99 亿 t，占全区总产量的 35%；煤与瓦斯突出矿井 859 处，产量 1.41 亿 t，占全区总产量的 30.7%；冲击地压矿井 25 处，产量 0.08 亿 t，占全区总产量的 1.7%。

华南区是五大区域中煤矿安全形势最为困难的区域，而且随着开采范围和深度的扩大，安全形势将更加严峻。

（二）技术约束

华南贫煤分区在晚古生代聚煤作用以来由于经历了多期次多幕式的陆内造山运动，区内断裂构造、大-中型逆冲推覆构造、紧闭褶皱、倾伏褶皱等极为发育，致使煤层遭到了严重的破坏，现如今残存的煤炭资源零星分布，资源匮乏。薄煤层资源量约占总资源量的 37.5% 左右，由于厚度小，含硫高，只有很小部分实现机械化开采。倾斜及急倾斜煤层约占总资源量的 20% 左右，难以实现机械化开采。

资源丰度很低，绝大部分资源只宜建设小型矿井，年产 30 万 t 及其以上矿井少见，新发现大型矿藏的前景也并不乐观，主要矿区有涟邵、萍乡、丰城、龙永等。

复杂的开采条件大大地限制了采煤机械化发展。该区内尽管经过多年的整顿关闭，小煤矿仍然较多。该区域小煤矿（乡镇煤矿）5824 处，占煤矿总数的 6181 处的 94%。上述地区中，一些小煤矿采用短壁式、倒（正）台阶、巷道式、仓储式方法采煤；只有少数采用采煤机割煤，其余均为炮采或风镐、手镐落煤，有些地方甚至还有木支护、人力运煤等，煤矿技术装备十分落后。因此，总体来看该区域由于地质条件复杂、采煤方法、回采工艺落后、技术装备很低。

（三）经济约束

该区经济发展不平衡，四川、重庆相对发达，能源需求大，但煤资源较少，2009 年四川煤炭消费量为 12147 万 t；贵州、滇东能源需求少，但煤炭产量高，可以调出，或建设坑口电站输出电能。贵州省煤炭资源丰富，是云贵（川）大型煤炭基地的主体。四川和重庆作为人口与能源消费大省，由于用煤量很大而资源不足，煤质又差（高硫），必须依靠由贵州和陕西两省运入煤炭。滇北也部分向四川供煤或供电。总体来看，西南地区煤炭基本上形成以贵州为中心，辐射邻近省份的发展格局。

华南区煤炭资源比较匮乏，2012 年，广东省和海南省煤炭生产量为零，煤炭供需矛盾突出。在未来一定时期内，以内蒙古、山西、陕西三省为代表的北煤南运主要调出地仍将是我国煤炭生产的主产区。在北煤南运主要调入地煤炭产量逐步降低的情况下，华南区对煤炭资源的外部依赖性将进一步提高，为满足地区经济发展的需要，北煤南运将是我国煤炭运输的长期格局。

华南区是我国主要的煤炭消费地区，2012 年煤炭消费量约占全国总量的 1/4。2000～2012 年，华南区煤炭消费弹性系数的均值均远远高于全国平均水平 0.54，对煤炭能源的依赖度相当高。未来上述地区若要保持 GDP 增速领先于全国的发展速度，其煤炭消费量也必须高于全国煤炭消费量的增长速度。

目前华南区的绝大多数煤田已经充分开发，查明的保有煤炭资源储量利用率近 70%，比全国水平高 30%。华南区尚未查明的预测资源量多为零星区块，村庄占压，且埋藏较深，多数难以单独建井。由于超强度开采导致现有煤矿提前进入衰老报废期，据估计，如果按目前开采速度，2006～2050 年，现有煤矿报废关闭的生产能力将占现有生产能力的 80% 以上；到 2030 年前后，广东、浙江、湖北、湖南、广西第八个省（区）将陆续退出煤炭生产领域。全区由于煤炭消费远大于生产量，越来越多依靠北方调入。但华南地区具有一定的区位优势，煤炭需求一方面靠周边省份调入，另一方面也靠海运进口。

（四）环境约束

华南区不仅雨量充沛，同时也分布极为丰富的灰岩岩溶水，地下岩溶水道发育，煤矿生产面临严重的水害威胁，同时华南区因聚煤环境因素，该区煤炭资源硫、磷含量远较我国其他分区高，面临一定的环保压力。除两广、两湖地区外，地形以山地为主，地形切割剧烈，形成高山峡谷，悬崖陡壁，矿区内开阔地形少，矿区铁路进线比较困难，地面运输比较复杂，矿区地貌对矿区规划实施有一定的制约作用。

但由于华南地区靠近海洋，受季风影响甚大，雨量十分丰富，年雨量多在 1500mm 以上，属亚热带-热带湿润季风气候。矿区环境的自修复能力较强，具有一定的生态优势。

（五）精准开发布局

华南区以山区和丘陵较多，其煤层赋存典型特点是普遍存在高瓦斯双突煤层、突水等严重灾害。随着矿井开采深度加大，突水及煤与瓦斯突出灾害更趋严重，据统计，该区域 90%以上的资源存在不同程度的突水及瓦斯灾害影响。考虑部分矿井同时受多种灾害影响的情况，全区目前达到安全生产基本要求的矿井产能约占 1.2%左右。华南区矿井生产规模总体较小，矿井地质条件复杂，薄煤层、急倾斜煤矿分布较为广泛，瓦斯含量高，只有很小部分实现机械化开采。该区内尽管经过多年的整顿关闭，小煤矿仍然较多，绝大多数矿井无法达到安全生产机械化开采程度要求。由于该地区严重缺煤，为煤炭资源净输入地区，其煤炭开发布局的调整思路为限制煤炭资源开采强度，保留部分产能供给当地。

2014 年该区产能为 6.8 亿 t，2015 年产量为 1.85 亿 t，2020 年该区产能压缩为 4.4 亿 t，2030 年产能压缩为 3.0 亿 t，2050 年保留产能 1.8 亿 t。

五、新青区——资源储备区

新青区煤炭资源极为丰富，新疆在"十二五"期间更是被确定为我国第十四个集煤炭、煤电、煤化工为一体的大型综合化煤炭基地。该区煤炭资源保有量 2356.42 亿 t，绝大多数煤炭资源分布在北疆地区，北疆煤炭保有量 2097.85 亿 t，占比 83.33%；青海保有量 63.40 亿 t，占比 2.5%；南疆保有量 197.47 亿 t，占比 7.8%。其中新疆地区绝大多数为长焰煤、不黏煤和弱黏煤，三者占比 84.26%，也分布一定比例的气煤，约占 3.2%；青海也以长焰煤和不黏煤占绝大比例。

该区绿色煤炭资源量为 633.77 亿 t，绿色资源量指数 0.55，占全国绿色资源量的 12.6%。

（一）安全约束

新青区均以早-中侏罗世煤炭资源为主，且均为中-大型的拗陷型含煤盆地，除了盆缘造山带发育高角度断层、紧闭褶皱及逆冲推覆构造等强烈挤压构造外，盆地内部基本上均为宽缓的箕状斜坡构造，且煤层埋藏浅，工程地质条件相对简单。在东部煤矿区资源量大幅减少的背景下，新疆北疆已成为我国重要的能源接替区和战略能源储备区。北疆煤炭区资源储量巨大，煤质较为优良。主要矿区有哈密、吐鲁番、准东、准北、准南、伊犁等。

新青区煤矿开采地质条件和煤矿灾害的主要特征是：煤系地层一般埋藏浅，部分含煤盆地（煤田）（如塔里木、准噶尔、伊犁等盆地）上覆地层厚度较大，局部地区煤层具有一定的突出危险性。大多数矿井属容易自燃和自燃煤层矿井，自然发火期一般为3～5个月，最短为15～20天。厚及特厚煤层储量大，煤层层数多。

（二）技术约束

目前新青区国有重点煤矿以长壁采煤法为主，综合机械化采煤工艺、技术装备水平较高。小煤矿（乡镇煤矿）采煤以短壁式采煤方法为主，炮采工艺，滑移支架放顶，技术装备水平较差。总体来看，该区域采煤工艺、技术装备水平一般。

新青区煤层赋存条件较优越，储量丰富，是我国形成新的安全高效开采能力的重要区域，该区正在新建的大型超大型现代化矿井具有技术后发优势和资源优势，超大采高综采装备和特厚煤层放顶煤工艺装备在该地区都有用武之地。

从新青区各省煤层厚度所占的比例来看，新疆6.40%的煤厚不大于1.3m，21.20%的煤厚为1.3～3.5m，19.10%的煤厚大于3.5m，53.30%的煤厚大于8m；青海1.70%的煤厚不大于3m，18.50%的煤厚为1.3～3.5m，21.70%的煤厚大于3.5m，58.10%的煤厚大于8m。可见该区绝大多数煤层均为厚-特厚煤层。超厚煤层开采没有先例，受自然发火、开采效率、煤层回收率等各条件制约，目前开采存在一定的难度，今后可重点研发大采高、高工作阻力的两柱式放顶煤液压支架，综放工作面支架自动化控制等。在工作面自动化控制技术方面，安全智能工作面和无人工作面的要求配套设备监测、监控系统，实现矿井智能化管理。

（三）经济约束

新青区地处内陆，远离经济发达地区。新疆远离煤炭主要消费地，铁路运量小，煤炭外运通道瓶颈严重，并且疆煤外运铁路运输通道经过的兰州和西安两大铁路枢纽能力目前已经饱和。

我国将逐步降低煤炭消费比重，提出到2020年煤炭消费总量控制在42亿t左右，煤炭消费比重控制在62%以内。这对煤炭资源富集的新青区是很大的挑战。另外，从全国煤炭产销市场结构看，目前由山西、内蒙古、宁夏、陕西、甘肃构成的区域和华东区域的煤炭产量占我国煤炭总产量的70%以上，这两个区域是当前我国主要煤炭供给区，而新疆2013年的煤炭产量仅占全国的约4%。从全国电力供需市场结构看，发电能力总体富裕，目前由内蒙古、宁夏等地向外输送的电力可基本满足国内市场的需求，这使得"疆电外送"外于十分不利的局面。尽管国家把新疆列为全国第14个大型煤炭基地，但在目前国内煤炭产能出现过剩、发电能力总体富裕、煤炭市场需求下降和煤化工产能严重过剩的情势下，国家对新疆煤炭、电力、煤化工产品需求增长也会有新的调整变化。与此同时，新青区煤炭、煤电、煤化工产业的发展，一方面受到国内总体产能过剩、市场需求下降的影响；另一方面也受到外输运力不足和运费成本升高、水资源和生态环境承载力、煤化工技术等因素的影响。目前该区煤炭消费市场有限，外运通道能力不足。

目前，新青区是我国唯一的煤炭资源后备矿区，当地工业基础薄弱，煤炭资源就地利用难度大，外运则运输距离长、成本高。在目前我国煤炭产能已经过剩的背景下，可暂缓开发新青区煤田。

（四）环境约束

新疆地处西北边陲，干旱少雨，是全国生态环境脆弱省份的典型代表，煤炭资源的大规模开发势必会导致地形地貌改变、地表植被破坏、土壤多样性减少、水资源枯竭、水土流失加剧等一系列问题，加剧生态环境保护的压力。

新疆煤炭开采包括露天开采和地下开采两种方式，露天开采过程中，对矿区生态环境必将产生一定的不良影响；地下开采过程中，由于地表变形会造成地表塌陷、裂缝、滑坡、地裂缝等地质灾害，从而引发各种环境问题据统计，在重点煤矿，平均采空塌陷面积约占矿区含煤面积的 1/10。新疆煤炭矿区主要位于戈壁荒漠，占用土地对荒漠生态系统的破坏极为严重。据统计，1950～2015 年，新疆煤炭开采累计排放矸石量约为 1.01亿 t，占用土地面积约为 5032km^2。此外，煤炭开采活动必将会铲除和挤压地表植被，造成矿区植被覆盖率急剧下降，从而减少动植物的种类和数量，甚至破坏野生动物的栖息地。新疆作为干旱区的典型代表，水资源可利用总量远低于全国平均水平，且大部分煤化工产品耗水量较大，大规模的开发可能会打破局部地区水平衡，给水资源带来较大压力。

青海省境内山脉高耸，地形多样，河流纵横，湖泊棋布。长江、黄河、澜沧江之源头在青海，因域内有中国最大的内陆高原咸水湖——青海湖，而得名"青海"。青海的地形大势是盆地、高山和河谷相间分布的高原。它是"世界屋脊"青藏高原的一部分，称为青南高原。青海全省地形差异显著，大部分土地都是戈壁和雪山，不适合人类居住。境内除黄河湟水谷地及柴达木盆地等部分地区外，其余地区都在海拔 3000m 以上，是世界屋脊的重要组成部分。

青海矿区位于青藏高原，高寒冻土层形成要成千上万年，对于整个地区的水源涵养和生态功能影响很大，而煤矿开采对冻土层的破坏是毁灭性的。为了保护青海的环境，以目前的技术水平不应对青海煤炭资源进行开发。

基于以上分析判断，今后一段时期，煤炭作为我国主体能源的地位不会改变，"控制东部、稳定中部、发展西部"的开发布局将逐步形成，新青区煤炭行业未来发展仍然具有较大的发展空间。但目前煤炭生产结构将进入一个新的发展阶段，煤炭消费需求增长趋缓，煤炭产能出现过剩，可以以此为契机，暂缓开发新青地区的重点大煤田，作为资源战略储备。

（五）精准开发布局

新青区资源禀赋较好，是我国唯一的煤炭资源后备矿区。该区域特别是新疆地区煤炭储量极为丰富，但由于远离煤炭消费市场，目前作为国家后备开发区。该区域国有重点煤矿以长壁采煤法为主，综合机械化采煤工艺、技术装备水平较高。小煤矿（乡镇煤矿）以短壁式采煤方法为主，炮采工艺，滑移支架放顶，技术装备水平较差。因此总体来看，该区域采煤工艺、技术装备水平一般。

从资源开采社会经济环境来讲，新青区当地工业基础薄弱，煤炭资源就地利用难度大，外运则运输距离长、成本高，在目前我国煤炭产能已经过剩的背景下，可暂缓开发新青煤田。从资源开发难度来讲，新疆地区的准东、三塘湖、淖毛湖、大南湖、沙尔湖、野马泉等大煤田多为巨厚煤层赋存条件，青海地区煤田多赋存于青藏高原冻土环境，部分煤田还和三江源、湿地等保护区重叠，新青地区煤田缺乏成熟的技术予以开发。所以无论是从资源赋存和开发技术角度来看，新青区煤田均不具备规模化开发的条件。其开发布局的思路为当前至 2030 年施行限制开采强度，到 2050 年可作为华东区的资源接续区，实现规模化开采。

2014 年该区产能为 3.8 亿 t，2015 年产量为 1.44 亿 t，2020 年该区产能压缩为 1.6 亿 t，2030 年产能增加为 3.3 亿 t，2050 年产能达到 4.4 亿 t。

第五节　本章主要结论

通过对我国煤炭资源开发现状和存在问题进行调研，分析了我国煤炭消费分布特点和运输格局并对煤炭需求进行了预测，提出以绿色煤炭资源为基础，以精准开采为支撑，以总量控制为导向，科学进行煤炭资源开发布局，将晋陕蒙宁甘区划为重点开发区、华东和华南区为限制开采区、新青区为资源储备区、东北区为收缩退出区。2020 年全国煤炭产能压缩为 44 亿 t，其中绿色煤炭资源开发比重达到 70%；2030 年全国煤炭产能为 40 亿 t，其中绿色煤炭资源开发比重达到 80%；2050 年全国煤炭产能为 25 亿～30 亿 t，其中绿色煤炭资源开发比重达到 90%。主要结论如下。

一、开发布局现状

晋陕蒙宁甘五省区资源丰富，煤种齐全，煤炭开采条件较好，煤矿生产工艺和技术装备比较先进，机械化程度高，煤炭产能高，是煤炭资源主要生产区和调出区。

华东区拥有较大的煤炭生产能力，煤矿生产工艺和技术装备水平正逐步提高，但开采条件好的矿区都已开发，主力矿区已进入开发中后期，均转入深部开采。

东北区的煤矿开采历史悠久，开采深度大，灾害较严重，煤矿生产系统复杂，煤炭资源量、产量占全国的比例不断下降，厚煤层已被建设利用，不具备新建大型矿井条件。

华南区煤层不稳定，构造复杂，产状变化剧烈，区域差异大，多元地质灾害威胁严重，煤矿机械化程度整体偏低。

新青区煤炭资源非常丰富、煤质优良、煤类齐全，但勘探程度较低，是国家中长期规划的储备开发区。

二、现有开发布局存在诸多问题

我国煤炭资源分布范围较广，除极少数省区外，各地区为保障本地能源供应，均布局有煤炭产业，缺乏全国煤炭产业科学开发规划布局。精准开采比例低，开采技术参差不齐，缺乏适应西南地区复杂地质条件的安全高效采煤工艺及成套装备。两淮、云贵川等安全威胁大，生产条件复杂地区布局了大量煤矿，生产环境恶劣，职工安全与健康难以保障，安全事故数和死亡人数逐年下降，但绝对数量依然较多，安全生产形势依然严峻。环境负效应显著，生态环境约束不断加强。我国水资源与煤炭资源逆向分布，煤炭资源开发重心所在的内蒙古、山西、陕西、宁夏等西北部富煤地区，淡水资源极度贫乏，严重制约煤炭资源加工转化的布局选择，并限制开发利用的规模。煤炭开采布局于人类生产、生活区域，造成矿区土地塌陷，矸石山污染，占用耕地，诱发滑坡、垮塌等地质灾害和水土流失，迁村移民等一系列生态与社会问题。

三、我国煤炭消费重心正在逐步向生产重心靠近

我国煤炭消费大都集中在经济较为发达的东部沿海地区和南方地区，尤以环渤海经济圈、长江三角洲和珠江三角洲地区最为集中。随着特高压输电线路建设，新增煤电装机布局向西部晋陕甘宁新转移，煤化工项目主要集中在西部富煤产煤区，晋陕蒙宁甘域煤炭消费量增长较快，华南、东北地区煤炭消费量占全国比重下降。随着环境保护措施力度的不断加强，大气污染防治标准的不断提高，以及受益于西部输气、输电，未来华东、华南、东北等地区煤炭消费量占比应逐渐减少。

四、运输能力支持煤炭生产重心进一步向晋陕蒙宁甘区域集中

2014 年，国家发改委、国家能源局发布《煤炭物流发展规划》，明确到 2020 年，铁路煤运通道年运输能力将达到 3000 百万 t；重点建设 11 个大型煤炭储配基地和 30 个年流通规模 20 百万吨级物流园区；培育一批大型现代煤炭物流企业，其中年综合物流营业收入达到 500 亿元的企业 10 个；建设若干个煤炭交易市场；提出完善煤炭运输通道，建设一批煤炭物流节点，形成"九纵六横"的煤炭物流网络。我国煤炭运输能力将得到极大提升，能够为煤炭生产重心进一步向晋陕蒙宁甘区域集中提供有力的运力支撑。

五、我国煤炭资源开发布局优化目标

整体目标是建成以绿色煤炭资源为基础，以精准开采为支撑，以总量控制为导向，与煤炭消费相适应的，安全、高效、绿色、经济等社会全面协调发展的现代化煤炭工业

生产体系，支撑和保障国民经济和社会发展的能源需求。

2020 年，重点开发晋陕蒙宁甘区绿色煤炭资源，限制其他区域煤炭资源开发，全国煤炭产能压缩为 44 亿 t，其中绿色煤炭资源开发比重达到 70%。

2030 年，在重点开发晋陕蒙宁甘区绿色煤炭资源的同时，加大新青区绿色煤炭资源开采，全国煤炭产能为 40 亿 t，其中绿色煤炭资源开发比重达到 80%。

2050 年，以晋陕蒙宁甘区和新青区绿色煤炭资源开采为主，全国煤炭产能为 34 亿 t，其中绿色煤炭资源开发比重达到 90%。

六、分区煤炭开发布局思路

晋陕蒙宁甘地区的煤炭资源具有数量多、质量优、开采条件好的优势，由于水资源短缺，生态环境脆弱，限制了开发规模。布局思路为当前至 2050 年该区域保持既有开发规模和强度，区域煤炭以调出为主，满足国内市场需要，同时确保实现可持续发展，达到既充分利用资源又保护环境目的[59,60]。

华东区由于开发时间较长，目前已进入深部开采，开采难度加大，安全威胁不断增强。煤炭资源以供应本地为主，同时承接晋陕蒙宁甘区的调出资源，该区域开发布局的调整思路为限制煤炭资源开采强度。

东北区经过一个多世纪的高强度开采，优质煤炭资源已接近枯竭，现保有煤炭资源开采条件普遍较差，多种灾害并存，缺乏市场空间与竞争力。东北地区实行煤炭开发布局调整迫在眉睫，其调整思路为大幅降低东北地区煤炭资源开采强度，并逐步退出煤炭生产。

华南区以山区和丘陵为主，其煤层赋存典型特点是普遍存在高瓦斯双突煤层、突水等严重灾害。矿井地质条件复杂，绝大多数矿井无法达到安全生产机械化开采程度要求。由于该地区严重缺煤，为煤炭资源净输入地区，其煤炭开发布局的调整思路为限制煤炭资源开采强度，保留部分产能供给当地。

新青区资源禀赋较好，是我国唯一的煤炭资源后备矿区。但当地工业基础薄弱，煤炭资源就地利用难度大，外运则运输距离长、成本高，且生态环境脆弱，新青区煤田均不具备规模化开发的条件。其开发布局的思路为当前至 2030 年施行限制开采强度，到 2050 年可作为华东区的资源接续区，实现规模化开采。

第四章
我国煤炭资源高效回收战略研究

第一节 我国煤炭资源高效回收现状分析

一、基本概念及指标体系

（一）基本概念

煤炭资源高效回收是指选择合适的煤炭资源（绿色煤炭资源）布局煤矿，采用先进适用的采煤方法和技术装备，保证安全生产，提高生产效率和资源回收率，并最大限度地降低对生态环境的扰动，实现资源、环境的协调发展。

（二）指标体系

结合绿色资源量及高效回收的概念，本书提出高效回收指标体系主要包含安全指标（百万吨死亡率）、效率指标（采煤机械化程度、原煤生产效率）、回收指标（井工矿采区回采率或露天矿资源回收率）、环保指标（井工矿沉陷区治理率或露天矿复垦率、"三废"达标排放率）4个方面，8个指标，以具体评价我国煤炭资源高效回收水平，为提出我国煤炭资源高效回收战略目标奠定基础。

1. 指标体系的构建原则[61]

（1）代表性原则。
指标体系要具有代表性，集中反映高效回收的内涵。
（2）独立性原则。
各指标之间要具有独立性，尽量避免重复性、相关性。
（3）可量化原则。
选取的指标要尽量可以量化。

2. 指标体系的构建

结合绿色资源量及高效回收的内涵，高效回收指标体系主要包含安全指标、效率指标、回收指标和环保指标四个方面。

（1）安全指标。

安全指标主要包括百万吨死亡率。

（2）效率指标。

效率指标包括采煤机械化程度、原煤工效两个指标。

（3）回收指标。

回收指标包括井工矿采区回采率和露天矿资源回收率两个指标。

（4）环保指标。

环保指标包括井工矿沉陷区治理率、露天矿排土场复垦率及"三废"达标排放率（主要指废水、废气、煤矸石）。

3. 指标解释

（1）百万吨死亡率。

原煤百万吨死亡率是指报告期内每生产 100 万 t 煤炭原煤死亡的人数比例，单位是"人/百万 t"。该指标是反映煤炭生产安全和矿区和谐发展的重要指标。

煤炭原煤百万吨死亡率=报告期内死亡人数/同期煤炭原煤产量×100%。

（2）原煤效率。

原煤效率是指报告期内的原煤产量与原煤生产相关人员实际工作工日数的比值，单位是"t/工"或"t/年"。

原煤效率=报告期内原煤产量/原煤生产人员实际工作工日。

（3）采区回采率。

采区回采率是指采区采出煤量与动用储量的比值。采区采出煤量是指采区内所有工作面采出煤量与掘进煤量之和，采区动用储量是指采区采出煤量与损失煤量之和。

采区回采率=采区采出煤量/采区动用储量×100%。

（4）井工矿沉陷区治理率。

沉陷土地治理是指对被井工开采破坏的沉陷土地，通过采取综合整治措施，使其恢复到可供利用的状态或达到原貌水准。沉陷土地治理率是矿区已经治理土地面积与总沉陷土地面积之比。

沉陷土地治理率=已经治理土地面积/总沉陷土地面积×100%。

（5）露天矿排土场复垦率。

露天矿排土场复垦是指对露天矿建设和生产过程中因挖损、塌陷等造成破坏的土地，采取整治措施，使其恢复到可供利用的状态，或达到原貌水准。露天矿排土场复垦率是矿区已经复垦土地面积占露天矿排土场面积之比。

露天矿排土场复垦率=已经复垦土地面积/露天矿排土场面积×100%。

（6）"三废"达标排放率。

"三废"是指工业废水、废气和固体废物。"三废"排放达标是指工业生产中所产生的废水、废气和固体废物按照相应的污染排放和控制标准应排放达标。

二、现状与分析

（一）全国

1. 煤炭资源现状

（1）资源储量。

根据全国第三次煤炭资源预测，全国垂深 2000m 以浅煤炭资源总量为 5.57 万亿 t，垂深 1000m 以浅煤炭资源总量为 2.86 万亿 t。据国土资源部统计，截至 2014 年年底全国保有查明资源储量 1.53 万亿 t。按照国际可比量，估计我国探明煤炭可采储量约 1680 亿 t[①]，排在美国之后位居世界第二位，但人均占有量仅为世界平均值的 1/2 左右。我国煤类齐全，从褐煤到无烟煤均有分布。在全国保有查明资源储量中，炼焦煤 3014 亿 t，占 19.7%，总量不少，但优质炼焦煤短缺，需要进口。

（2）资源分布。

昆仑山—秦岭—大别山以北保有查明资源储量占全国的 92%，且集中分布在晋陕蒙宁新五省区（约占北方地区的 87%）；昆仑山—秦岭—大别山以南仅全国的占 8%，且主要分布在贵州和云南两省（占南方地区的 78%）。经济较发达的东部地区仅占全国的不足 6%。相对落后的西部地区占 94%。煤炭资源与经济的逆向分布，使得煤炭开发西移步伐加快，西煤东输、北煤南运量大。2014 年全国保有查明资源储量如图 4.1 所示。

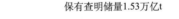

保有查明储量1.53万亿t

■ 晋陕蒙宁甘区　■ 华东区　■ 东北区　■ 华南区　■ 新青区

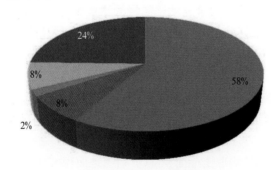

图 4.1　2014 年全国保有查明资源储量

（3）开采条件。

我国煤炭资源煤层埋藏较深、构造较复杂、矿井灾害较重，开采技术条件在世界上属于中等偏下水平。在保有查明资源储量中，大部分适合井工开采，适合露天矿开采的资源约占 15%。除晋陕蒙宁甘、新疆地区开采技术条件相对简单外，大部分地区开采技

[①] 该数据为课题组分析数据，依据国土资源部统计的 2014 年全国保有查明基础储量×0.7 得出。

术条件复杂。

2. 生产现状

（1）产能及结构。

截至 2014 年年末，我国约有煤矿 10764 处，煤炭生产、建设能力约 54 亿 t/a。在 54t/a 产能构成中，大型煤矿约 1100 处、产能 33 亿 t/a，中型煤矿约 1800 处、产能 12 亿 t/a，小型煤矿约 8000 处、产能 9 亿 t/a。2014 年全国煤矿数量结构和产能结构分别如图 4.3 和图 4.4 所示。

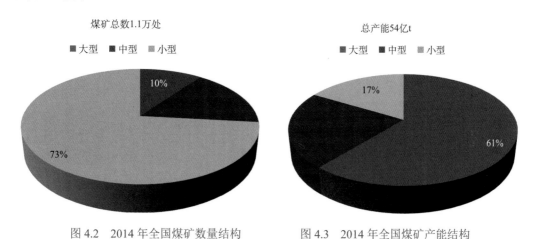

图 4.2　2014 年全国煤矿数量结构　　　　图 4.3　2014 年全国煤矿产能结构

（2）产量及结构。

2014 年，我国原煤产量 38.74 亿 t，煤炭消费 41.16 亿 t，煤炭净进口 2.85 亿 t。年产 120 万 t 以上的大型煤矿 970 多处，产量比重 66.5%，其中年产千万吨级煤矿 53 处，产量占全国的 18% 左右。晋陕蒙宁甘原煤产量占全国的 2/3。

（3）装备及效率。

2014 年，我国煤炭生产人员约 435 万人，人均年生产煤炭 890t。大型企业采煤机械化程度为 95.53%，人均年生产煤炭 2600t（7.533t/工）；中小型企业采煤机械化程度为 30%，人均年生产煤炭 500t 左右。大型煤矿采区回采率 75% 以上，中小型煤矿 40% 左右。2014 年煤矿机械化水平及采区回采率如图 4.4 所示，原煤效率如图 4.5 所示。

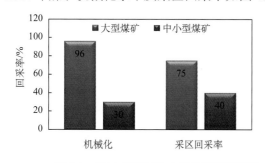

图 4.4　2014 年机械化水平及采区回采率

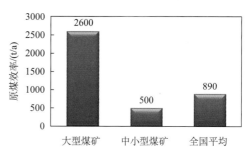

图 4.5　2014 年原煤效率

（4）企业数量及产业集中度。

2014 年，规模以上煤炭企业达到 7098 家。前 4 家煤炭企业产量占总产量的 25%，前 10 家煤炭企业产量占 44%。52 家企业产量超过千万吨，其中 9 家企业产量超过亿吨。

（5）安全生产。

2014 年，全国煤矿企业生产事故 509 起，死亡 931 人，同比下降 12.7%，全国百万吨死亡率为 0.255，同比下降 11.4%。晋陕蒙宁鲁皖等省份安全生产水平较高，但东北、华南区等地事故较多，安全生产压力较大。小煤矿安全事故占全国的 70% 以上。

（6）环境保护。

截至 2014 年，煤矿采空区土地塌陷累计达 100 万 ha，每年新增采空区塌陷 6 万 ha 左右；煤矸石堆积占用大量土地，造成严重土壤污染；煤炭资源开发快速向西部生态环境脆弱地区转移，高强度开发使富煤地区环境承载能力面临挑战。

3. 存在的主要问题

（1）产能严重过剩。

生产煤矿过剩产能 7.5 亿 t/a（含违规煤矿），过剩 20%；另有在建产能 9 亿 t/a（含违规的新建、扩建煤矿），超前建设严重。全球经济一体化在我国煤炭贸易方面充分体现。在全球煤炭过剩的背景下，澳大利亚、印度尼西亚等国家凭借煤炭低成本优势，向我国大量出口煤炭[62]。煤炭过剩导致绝大多数煤矿企业亏损，全行业经济运行陷入前所未有的困境。

（2）资源开采条件总体较差。

25%～30% 的煤矿开采条件属于好和较好，其余 70%～75% 的煤矿开采条件属于差和较差。晋陕蒙宁甘新的大部分煤矿属于开采条件较好，其他产煤地区多数煤矿属于开采条件差和较差。主要受开采条件制约，我国非机械化采煤的煤矿占 5000 多处，占全国煤矿数量的 1/2，产能 9 亿 t/a 以上，其中大部分是小煤矿。

（3）人员众多，效率偏低。

受资源条件限制，我国煤炭开采以井工矿为主，美国、澳大利亚以露天矿为主。从整体上看，我国煤炭从业人员人数超过 400 万，而美国仅 10 万，澳大利亚更少。美、澳两国人均年产煤均超过 1 万 t，是我国平均水平的 10 倍，是我国大型煤炭企业的近 4 倍，是我国效率最高的内蒙古的 2 倍，是效率最高的神东煤炭集团的 1.8 倍。国有老煤炭企业历史负担重，不同程度承担企业办社会功能。

（4）部分煤矿资源回收率较低。

部分煤矿追求短期利益，采肥丢瘦，特别是开采厚和特厚煤层的部分煤矿资源回收率低，一些煤矿还存在弃采薄煤层现象。

（5）安全生产和环境保护压力大。

相当一部分煤矿灾害严重，基础管理有待加强，安全生产形势依然严峻。煤矿采空区土地塌陷累计达 100 万 ha，每年新增采空区塌陷 6 万 ha 左右，特别在东中部河北、河南、山东、安徽、江苏、辽宁等平原地区，人口密度大且多为农田，开采塌陷与耗地保护之间矛盾突出。

4. 高效回收现状评价

与美国、澳大利亚等发达国家相比，在采煤机械化程度、原煤效率、百万吨死亡率、产业集中度及环境保护等方面落后较多，整体上来看，我国煤炭高效回收水平仍有较大差距。我国煤炭高效回收指标现状如表 4.1 所示。

表 4.1　我国煤炭高效回收指标现状

指标	中国	美国、澳大利亚
采煤机械化	大型企业 95%，中小型 30%	100%
原煤效率/（t/a）	大型企业 2600，中小型 500	10000
百万吨死亡率	0.255	0.04～0.005
产业集中度	前 4 占 25%，前 10 占 44%	前 4 占 50%，前 10 占 75%
环境保护	大型企业部分达标，中小企业普遍不达标	普遍达标

（二）五大区

我国 27 个省（市、区）、1264 个县均有煤炭分布。为便于有针对性地提出战略对策建议，按照开采地质条件相似性、煤炭供需市场及行政区划等原则，将全国划分成晋陕宁蒙甘区、华东区、东北区、华南区和新青区五大产煤区域（图 4.6）。

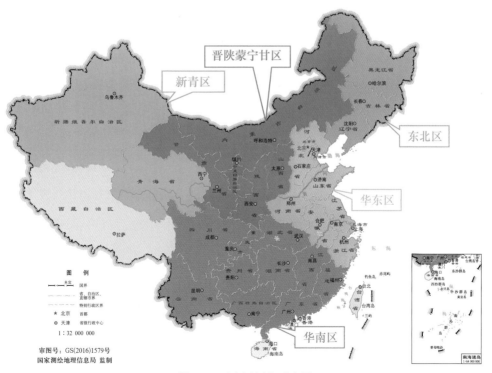

图 4.6　五大区划分示意图

1. 晋陕蒙宁甘区

该区包含山西、陕西、内蒙古、宁夏、甘肃五个省（区），7 个大型煤炭基地分布在区内。

1）基本情况

（1）资源。

截至 2014 年年底，该区内保有查明资源储量约 8947.74 亿 t，占全国的 58.4%。其中，内蒙古 4062.38 亿 t，山西 2689.68 亿 t，陕西 1642.7 亿 t，宁夏 325.3 亿 t，甘肃 227.68 亿 t。晋陕蒙宁甘区保有查明资源储量情况如图 4.7 所示。

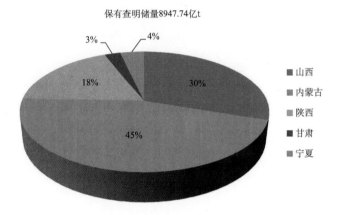

图 4.7　晋陕蒙宁甘区保有查明资源储量情况

（2）产能。

2014 年年末，该区约有煤矿 2461 处，其中大型 754 处，中型 1193 处，小型 468 处，大中型煤矿数量占比 80%；区内煤矿总产能 32.69 亿 t，大中型煤矿产能 31.57 亿 t，占比 97%。其中山西、内蒙古，全部为大中型煤矿。晋陕蒙宁甘区煤矿数量结构和产能结构如图 4.8 和图 4.9 所示。

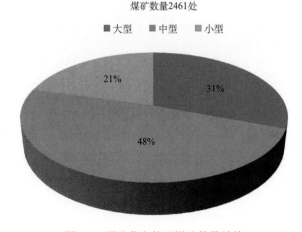

图 4.8　晋陕蒙宁甘区煤矿数量结构

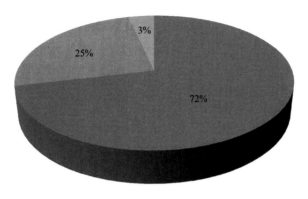

图 4.9　晋陕蒙宁甘区煤矿产能结构

（3）产量和消费量。

2014 年，该区煤炭产量 25.8 亿 t，占全国的 67%，是我国煤炭主产区；煤炭消费 10.8
亿 t，净调出 15 亿 t，是煤炭主要调出区，主要调往华东、华南、东北。

晋陕蒙宁甘区各省 2014 年煤炭产能如表 4.2 所示。

表 4.2　2014 年晋陕蒙宁甘区煤炭产能

晋陕蒙宁甘区	规模类型/万 t	数量结构		产能结构	
		煤矿数量	占比/%	产能/万 t	占比/%
山西	≥120	402	—	93395	—
	30~120	643	—	47370	—
	≤30	32	—	960	—
	小计	1077	43.8	141725	43.4
内蒙古	≥120	173	—	73451	—
	30~120	321	—	19219	—
	≤30	90	—	2667	—
	小计	584	23.7	95337	29.2
陕西	≥120	124	—	48450	—
	30~120	186	—	11898	—
	≤30	212	—	4852	—
	小计	522	21.2	65200	19.9
甘肃	≥120	25	—	6550	—
	30~120	19	—	1130	—
	≤30	134	—	1633	—
	小计	178	7.2	9313	2.8

晋陕蒙宁甘区	规模类型/万 t	数量结构		产能结构	
		煤矿数量	占比/%	产能/万 t	占比/%
宁夏	≥120	30	—	12325	—
	30～120	24	—	1877	—
	≤30	46	—	1101	—
	小计	100	4.1	15303	4.7
合计		2461	100.0	326878	100.0

2）煤炭高效回收特点及主要问题

（1）煤炭资源以绿色煤炭资源量为主。区内煤种齐全，以大型整装矿区为主，大部分煤炭资源开采条件较好，以厚煤层为主，局部赋存中厚-薄煤层煤层，适合建设大型和特大型煤矿；区内煤炭勘查程度相对较高，目前开发的煤层基本处于埋藏较浅地段，尚有大量可供建设新井的煤炭资源。

（2）以大型矿区和大型企业为主。内蒙古形成 2 个亿吨级、5 个五千万吨级、7 个千万吨级煤炭矿区；山西形成亿吨级企业 4 个，5000 万吨级以上企业 3 个，1000 万吨级以上 10 个。

（3）煤矿高效回收水平较高。特别是内蒙古、山西、陕西，煤矿以大型和特大型煤矿为主，机械化程度高，生产效率和回采率均较高。平均单井规模：内蒙古 200 万 t/a 以上，山西、陕西在 120 万 t 以上；内蒙古煤炭工业发展质量处于全国领先，世界先进水平，全员效率接近 20t/工，采煤机械化程度 100%，百万吨死亡率 0.027，内蒙古前 4 家企业产量占比 40%。

（4）区内煤炭产能严重过剩，主要是违规建设煤矿，规模批小建大。

（5）煤炭资源压覆问题十分突出。特别是内蒙古西部，油气资源等资源及地面公路、铁路、高压线、城市等基础设施压覆大量优质煤炭资源，浪费严重。

（6）部分矿区安全生产压力较大。特别是山西等地的重组整合矿井，资料不清、灾害不明等问题突出，水、火、瓦斯等灾害和隐患较严重；甘肃、宁夏多数矿区煤层赋存条件较差，影响安全生产及高效回收。陕西、甘肃、宁夏尚有近 400 处小煤矿，占到区内煤矿总量的 16%，是今后升级改造和淘汰关闭的重点。

（7）政府监管体制机制有待理顺。矿区生态环境治理监管职能分散，存在交叉收费、权责不清等问题，看似多头管理，实则存在管理缺位和不到位问题，体制机制尚需完善。

3）高效回收现状评价

晋陕蒙宁甘区内煤炭资源赋存条件较好，绿色资源量占比较高。煤矿规模以大型为主，内蒙古单井生产能力在 200 万 t/a 以上，山西、陕西在 120 万 t 以上。机械化程度高，生产效率和回采率均较高，特别是内蒙古，煤炭工业发展质量较高，全员效率接近 20t/工，采煤机械化程度 100%，百万吨死亡率 0.027，总体来看高效回收水平处于全国领先水平，除环境保护稍显欠缺外，其他方面基本处于世界先进水平。晋陕蒙宁甘区内代表省份主要高效回收指标情况如表 4.3 所示。

表 4.3 晋陕蒙宁甘区煤炭高效回收指标现状

晋陕蒙宁甘区	规模类型/万 t	采区回采率/%	采煤机械化程度/%	原煤效率/（t/工）	百万吨死亡率	沉陷区治理率/%	露天矿排土场复垦率/%	三废达标排放率/%
山西	≥120	85	100	8.7	0.036	36	85	未统计
	30~120	80	100	3.2				
	≤30	87	99	—				
内蒙古	≥120	85.2	100	30.2	0.027	未统计	未统计	95
	30~120	86.1	100	18.5				
	≤30	82.5	100	8.6				
陕西	≥120	81.6	98	14.2	0.101	55	未统计	100
	30~120	80.1	95	10				
	≤30	80.7	—	4.7				
宁夏	≥120	80.2	98	9.8	0.119	90	未统计	未统计
	30~120	89	—	3.1				
	≤30	87	—	2.4				

2. 华东区

华东区主要包含北京、河北、江苏、安徽、山东、河南六个产煤省（市）。国家大型煤炭基地中的冀中基地、鲁西基地、两淮基地、河南基地都在该区内。

1）基本情况

（1）资源。

截至 2014 年年底，华东区保有查明资源储量约 1160.89 亿 t，占全国的 8%。华东区保有查明资源储量情况如图 4.10 所示。

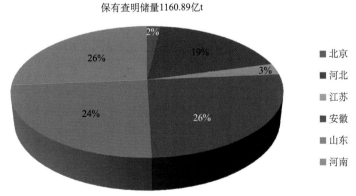

图 4.10 华东区保有查明资源储量情况

（2）产能。

2014 年年末，华东区约有煤矿 947 处，其中大型 172 处，中型 225 处，其余为小型煤矿，小型煤矿数量占比 58%；华东区煤矿总产能 7.18 亿 t，其中小型煤矿产能 1.1 亿 t，占比 20%。小煤矿主要分布在河南、河北等省，占全区的小煤矿总数的 86%。华东区煤矿数量结构和产能结构如图 4.11 和图 4.12 所示。

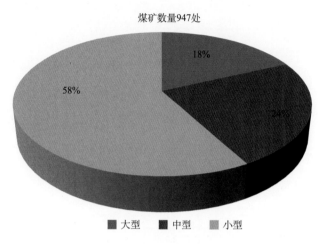

图 4.11　华东区煤矿数量结构

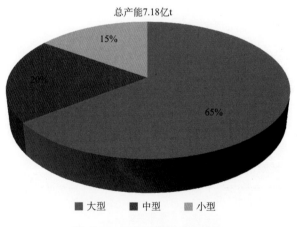

图 4.12　华东区煤矿产能结构

（3）产量和消费量。

2014 年，华东区原煤产量 51931 万 t，煤炭消费 161630 万 t，是我国最大的煤炭主要调入区，主要晋陕蒙和国外调入。

华东区主要省份 2014 年煤炭产能如表 4.4 所示。

表 4.4 2014 年华东区煤炭产能

华东区	规模类型/万 t	数量结构		产能结构	
		煤矿数量	占比/%	产能/万 t	占比/%
北京	≥120	2	—	320	—
	30~120	2	—	200	—
	≤30	0	—	0	—
	小计	4	0.42	520	0.72
河北	≥120	28	—	6685	—
	30~120	37	—	2314	—
	≤30	133	—	1935	—
	小计	198	20.91	10934	15.23
江苏	≥120	9	—	1720	—
	30~120	4	—	285	—
	≤30	5	—	117	—
	小计	18	1.90	2122	2.96
安徽	≥120	47	—	16504	—
	30~120	10	—	660	—
	≤30	5	—	91	—
	小计	62	6.55	17255	24.03
山东	≥120	40	—	11080	—
	30~120	77	—	5204	—
	≤30	68	—	1436	—
	小计	185	19.54	17720	24.68
河南	≥120	46	—	10038	—
	30~120	95	—	5793	—
	≤30	339	—	7424	—
	小计	480	50.69	23255	32.39
合 计		947	100	71806	100

数据来源：国家安全生产监督管理局，2014 年。

2）煤炭高效回收特点及主要问题

（1）由于多年超强度的开发，易采资源逐步枯竭，基本没有可布局新井的经济可采储量，大部分生产矿井进入深部开采，剩余可采储量地质构造复杂，煤层埋藏深，地温、地压、瓦斯灾害较严重，绿色资源量比例较小。华东区地面城镇、村庄密集，建筑物压煤量量大。截至 2014 年年底，山东省存下压煤量约 20.24 亿 t，占可采储量的 40.9%，其他地区也很严重。江西、福建煤炭资源呈零星分布，薄煤层较多。北京尚有 500 万 t 左右产能，预计 5~10 年内将退出煤炭开采。

（2）区内煤矿两极分化明显。山东、安徽等地有最先进的特大型煤矿，大中型煤矿数量占比较大，山东为63%，安徽为99%，采区回采率、机械化程度、原煤效率等指标较好；河南、河北等地还近500处较为落后的小煤矿。

（3）采深日益加大，安全生产形势严峻。山东省现有生产及在建千米深井16处，安徽省54处煤矿中，有23处采深超过1000m。

（4）矿区环境治理任务逐步加重。华东的河北、河南、山东、安徽、江苏矿区处于平原地区农田，人口密度大，采煤沉陷对地面损坏，煤矸石占地和污染环境。以山东省为例，2014年，全省采煤塌陷区面积达到13532ha，按现有生产规模，每年将新增塌陷区2500ha左右；煤矸石产生量约2491万t，占地约264ha，污染矿区环境。

3）高效回收现状评价

华东区开采历史较长，剩余资源中深部资源和"三下"压煤较多，绿色资源量比例较小；区内煤炭高效回收水平两极分化，山东、安徽等地的大型煤炭企业采区回采率、机械化程度、原煤效率、百万吨死亡率、环境保护等指标较好，在国内属于中等偏上的水平；而河南、河北两省仍存在近500处小型煤矿，仅少数采用机械化开采，效率低，安全无保障，高效回收水平较低。华东区主要代表省份高效回收指标情况如表4.5所示。

表4.5　华东区高效回收指标现状

华东区	规模类型/万t	采区回采率/%	采煤机械化程度/%	原煤效率/(t/工)	百万吨死亡率	沉陷区治理率/%	露天矿复垦率/%	三废达标排放率/%
安徽	≥120	84.0	96.0	3.63	0.326	未统计	未统计	未统计
	30~120	85.0	65.0	1.86				
	≤30	未统计	未统计	未统计				
山东	≥120	85.4	99.6	8.1	0.09	未统计	未统计	未统计
	30~120	88.2	81.8	3.1				
	≤30	86.7	23.8	1.7				

3. 东北区

东北区包含辽宁、吉林、黑龙江三省，辽宁和黑龙江的煤炭矿区在蒙东（东北）大型煤炭基地内。

1）基本情况

（1）资源。

截至2014年年底，区内三省保有查明资源储量约285.09亿t，其中，辽宁55.5亿t，吉林26.7亿t，黑龙江202.9亿t。东北区保有查明资源储量情况如图4.13所示。

保有查明储量285.09亿t

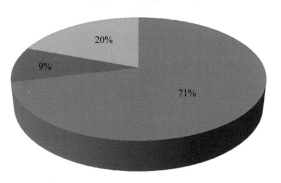

图 4.13　东北保有查明资源储量情况

（2）产能。

2014 年年末，东北区约有煤矿 1300 处，其中大型 60 处，中型 55 处，其余为小型煤矿，小型煤矿数量占比 91%。东北区煤矿总产能 2.65 亿 t，其中小型煤矿产能 9009 万 t，占比 34%。东北区煤矿数量结构和产能结构如图 4.14 和图 4.15 所示。

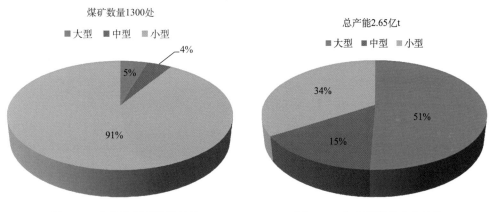

图 4.14　东北区煤矿数量结构　　　　　图 4.15　东北区煤矿产能结构

（3）产量和消费量。

2014 年，东北区原煤产量 15160 万 t，煤炭消费 41977 万 t，煤炭净调入 26817 万 t，主要从蒙东和关内调入。

东北区各省 2014 年煤炭产能如表 4.6 所示。

2）煤炭高效回收特点及主要问题

（1）绿色资源量少。该区是我国东北老工业基地，煤层赋存条件复杂，瓦斯含量高，且矿区开发历史较长，保有储量中绿色资源量比例较低。基本没有可供建设新井的资源，多数生产矿井已进入深部开采，条件变得复杂。

表 4.6　2014 年东北区煤炭产能

东北区	规模类型/万 t	数量结构		产能结构	
		煤矿数量	占比/%	产能/万 t	占比/%
辽宁	≥120	22	—	4995	—
	30～120	11	—	890	—
	≤30	266	—	1902	—
	小计	299	23.0	7787	29.4
吉林	≥120	10	—	2275	—
	30～120	16	—	1108	—
	≤30	143	—	1714	—
	小计	169	13.0	5097	19.2
黑龙江	≥120	28	—	6140	—
	30～120	28	—	2093	—
	≤30	776	—	5393	—
	小计	832	64.0	13626	51.4
合计		1300	100.0	26510	100.0

（2）小煤矿数量多，单井规模较低。全区 1300 处煤矿，产能约 2.65 亿 t，大型煤矿数量不到 5%，产能占一半，小型煤矿数量占 78%，产能仅占 34%，单井规模不足 8 万 t/a。

（3）人员众多、效率偏低。大中型煤矿多为国有煤矿，开发历史普遍长，人口多，历史负担重，生产效率低。尽管大中型煤矿采煤机械化程度较高，但原煤生产效率一般在 2t/工左右，小型煤矿采煤机械化程度不足 10%，原煤生产效率不到 1t/工。

（4）安全生产水平低。黑龙江 2014 年百万度死亡率为 0.93，约为全国平均水平 0.255 的 4 倍；吉林百万吨死亡率为 1.566，是全国平均水平的 6 倍，特别是小型煤矿，百万吨死亡率达到了 4.632。

（5）共伴生资源综合利用率较低。黑龙江省煤矸石利用率为 60%，矿井水利用率为 65%，瓦斯抽采率为 50%，利用率为 20%。

（6）矿区生态环境治理难度大。由于时间长，地表沉陷区充水面积大，土地恢复难度大、成本高。

3）高效回收现状评价

东北区基本无绿色资源量；单井规模小，不足 8 万 t；机械化程度低，小型煤矿采煤机械化程度不足 10%；效率低，原煤生产效率不到 1t/工；安全生产水平低，百万吨死亡率是全国平均水平的 4～10 倍；矿区生态环境治理难度大。总体来看高效回收水平处于较低的水平。东北区代表省份黑龙江主要高效回收指标情况如表 4.7 所示。

表 4.7　东北区煤矿高效回收现状

东北区	规模类型/万 t	采区回采率/%	采煤机械化程度/%	原煤效率/(t/工)	百万吨死亡率	沉陷区治理率/%	露天矿复垦率/%	三废达标排放率/%
黑龙江	≥120	86.2	94.8	2.76	0.93	未统计	13	未统计
	30～120	88.4	71.2	1.55				
	≤30	85	9	0.69				

4. 华南区

华南区主要包括湖北、湖南、广西、贵州、重庆、四川、云南、福建、江西九个产煤省（市、区）。该区的国家大型煤炭基地包括云南、贵州和四川的古叙和筠涟矿区。

1）基本情况

（1）资源。

截至 2014 年年底，华南区保有查明资源储量约 1160.27 亿 t，占全国的 8%。区内资源主要分布在贵州、云南、四川，三省占全区的 89%。华南区保有查明资源储量情况如图 4.16 所示。

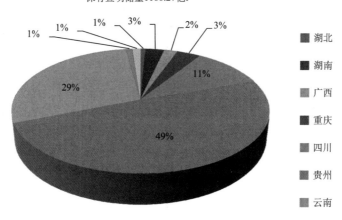

保有查明储量1160.27亿t

图 4.16　华南区保有查明资源储量情况

（2）产能。

2014 年年末，华南区约有煤矿 5601 处，其中大型 42 处，中型 212 处，其余为小型煤矿，小型煤矿数量占比约为 95%。煤矿总产能 7.3 亿 t，其中小型煤矿产能 5.2 亿 t，占比 71%。特别是湖北、湖南、福建和江西等省，几乎全部为小型煤矿。华南区煤矿数量结构和产能结构如图 4.17 和图 4.18 所示。

（3）产量和消费量。

2014 年，华南区原煤产量 46425 万 t，煤炭消费 102387 万 t，是我国煤炭主要调入区，主要晋陕蒙和国外调入。

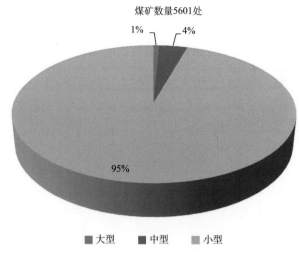

图4.17　华南区煤矿数量结构

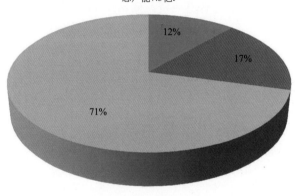

图4.18　华南区煤矿产能结构

华南区各省2014年煤炭产能如表4.8所示。

表4.8　2014年华南区煤炭产能

华南区	规模类型/万t	数量结构		产能结构	
		煤矿数量	占比/%	产能/万t	占比/%
湖北	≥120	0	—	0	—
	30～120	0	—	0	—
	≤30	319	—	2109	—
	小计	319	5.70	2109	2.90
湖南	≥120	0	—	0	—
	30～120	2	—	135	—

续表

华南区	规模类型/万 t	数量结构		产能结构	
		煤矿数量	占比/%	产能/万 t	占比/%
湖南	≤30	655	—	4124	—
	小计	657	11.73	4259	5.86
广西	≥120	1	—	150	—
	30~120	13	—	752	—
	≤30	103	—	983	—
	小计	117	2.09	1885	2.59
重庆	≥120	3	—	430	—
	30~120	19	—	1144	—
	≤30	608	—	3445	—
	小计	630	11.25	5019	6.90
四川	≥120	12	—	1654	—
	30~120	32	—	1722	—
	≤30	695	—	8213	—
	小计	739	13.19	11589	15.93
贵州	≥120	23	—	4120	—
	30~120	101	—	5815	—
	≤30	1285	—	20772	—
	小计	1409	25.16	30707	42.21
云南	≥120	3	—	2090	—
	30~120	31	—	2412	—
	≤30	878	—	7931	—
	小计	912	16.28	12433	17.09
福建	≥120	0	—	0	—
	30~120	3	—	135	—
	≤30	267	—	1776	—
	小计	270	4.82	1911	2.63
江西	≥120	0	—	0	—
	30~120	11	—	636	—
	≤30	537	—	2193	—
	小计	548	9.78	2829	3.89
合　计		5601	100	72741	100

2）煤炭高效回收特点及主要问题

（1）该区煤炭资源赋存条件较差，瓦斯含量高，多为高瓦斯或煤与瓦斯突出矿井，保有储量中绿色资源量占比很少。湖北、湖南、广西、四川、重庆煤炭零星分布，以薄煤层居多，且倾角大，瓦斯含量高。贵州、云南尚未开发资源储量还比较多，但开采条件普遍较差，其他地区基本没有可供建设新井的经济可采储量。

（2）区内煤矿数量众多，是全国的小型煤矿集中分布区。全区平均单井规模不足15万t，区内产能最大的省份是贵州省，其平均单井规模亦不足20万t，远低于其他主要产煤区域，湖北、湖南、重庆单井规模平均不足9万t。部分小煤矿存在假整合、假重组、假关停的现象。福建、江西两省几乎均是小煤矿。

（3）煤矿总体机械化水平低，生产效率低。以产量较大的贵州省为例，截至2014年年底，平均采掘机械化率为28%，多数小型煤矿为非机械化开采，只有以大型煤矿为主的盘江煤电（集团）有限公司、贵州水城矿业（集团）有限责任公司、兖矿贵州能化有限公司等企业采煤机械化为100%。其他省区情况类似。

（4）煤矿安全生产形势严峻。区内安全事故偏多，湖北、湖南、重庆、四川百万吨死亡率是同期全国平均水平的10倍以上。

（5）生态环境保护欠账较多。贵州省盘江、水城、六枝等老矿区对水土保持、沉陷区治理等历史欠账多，环境保护任务重，占比较大的小煤矿对生态环境保护及治理投入不足。

3）高效回收现状评价

华南区煤炭资源赋存条件较差，保有储量中绿色资源量较少；95%为小型煤矿，平均单井规模不足9万t；煤矿机械化水平低，生产效率低，湖北、湖南、重庆、四川百万吨死亡率是全国平均水平的10倍以上；生态环境保护欠账较多。总体来看高效回收水平处于较低的水平。华南区主要代表省份高效回收指标情况如表4.9所示。

表4.9　华南区高效回收指标现状

华南区	规模类型/万t	采区回采率/%	采煤机械化程度/%	原煤效率/(t/工)	百万吨死亡率	沉陷区治理率/%	露天矿复垦率/%	三废达标排放率/%
广西	≥120	88.73	100	7.6	2.44	未统计	未统计	未统计
	30～120	88.35	80	4.38				
	≤30	89.56	49.21	5.41				
重庆	≥120	未统计	90	2.1	2.6	12.6	未统计	未统计
	30～120	85.2	58	1.2				
	≤30	90.2	未统计	0.4				
贵州	≥120	未统计	100	6.1	0.32	未统计	未统计	未统计
	30～120	82.7	50	3.82				
	≤30	84.2	未统计	3.12				
福建	≥120	未统计	未统计	未统计	0.42	65	未统计	未统计
	30～120	89.1	0	1.13	未统计	未统计	未统计	未统计
	≤30	86.8	0	0.93	未统计	未统计	未统计	未统计
江西	≥120	未统计	未统计	未统计	1.925	未统计	未统计	未统计
	30～120	93.0	75.4	1.60	未统计	未统计	未统计	未统计
	≤30	89.0	12.3	1.77	未统计	未统计	未统计	未统计

5. 新青区

新青区包括新疆和青海省，新疆为十四个国家大型煤炭基地之一。

1）基本情况

（1）资源。

截至 2014 年年底，该区保有查明资源储量约 3749.69 亿 t，占全国的 24.5%。其中，新疆 3678.15 亿 t，青海 71.54 亿 t。新青区保有查明资源储量情况如图 4.19 所示。

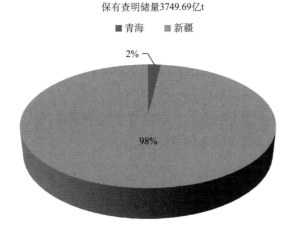

图 4.19 新青区保有查明资源储量情况

（2）产能。

2014 年年末，区内约有煤矿 395 处，其中大型 37 处，中型 84 处，其余为小型煤矿，小型煤矿数量占比 70%。新青区煤矿总产能 3.53 亿 t，其中，大型煤矿占 69.5%，中型煤矿占 21.4%，小型煤矿占 9.1%。新青区煤矿数量结构和产能结构如图 4.20 和图 4.21 所示。

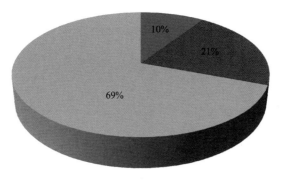

图 4.20 新青区煤矿数量结构

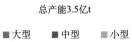

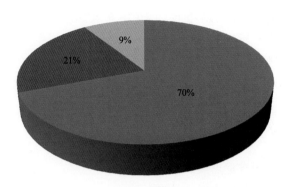

图 4.21　新青区煤矿产能结构

（3）产量及消费量。

2014 年，该区煤炭产量 1.63 亿 t，主要供区内用户消费。

新青区 2014 年煤炭产能如表 4.10 所示。

表 4.10　2014 年新青区煤炭产能

新青区	规模类型/万 t	数量结构		产能结构	
		煤矿数量	占比/%	产能/万 t	占比/%
青海	≥120	2	—	520	—
	30～120	12	—	960	—
	≤30	36	—	528	—
	小计	50	12.7	2008	5.7
新疆	≥120	35	—	23990	—
	30～120	72	—	6588	—
	≤30	238	—	2702	—
	小计	345	87.3	33280	94.3
合计		395	100.0	35288	100.0

2）煤炭高效回收特点及主要问题

（1）新疆煤炭资源丰富，且开采条件较好。1000m 以浅预测资源量 1.33 万亿 t，占全国的 63.6%，查明资源储量 3678 亿 t，占全国的 24%，排在内蒙古之后，位居全国第二。

（2）新疆距离内地市场遥远，煤炭以就地消费为主。受煤炭、电力运输距离长，竞争力相对较弱等因素的影响，未来相当长的时间内，疆煤外运、疆电外送的规模仍将处于较低水平，煤炭开发规模主要取决于区内市场。

（3）煤炭开发过热，秩序有待规范。近年来，内地几十家大型能源企业进驻新疆，部分煤炭及转化项目盲目仓促上马，分布分散，重复建设，造成产能严重过剩，难以形成集中化、规模化开发一批矿区，产能利用率低，缺乏竞争力。

（4）煤炭生产结构有待优化，部分煤矿装备水平亟待提高。新疆、青海两地的小煤矿数量均占煤矿总数的70%左右。目前，全省煤矿综合机械化开采仅2处，产能合计为180万t/a，小型矿井生产设施简陋、技术装备水平低下。

（5）资源回收率整体偏低。新疆整体资源回收率偏低，国有煤矿的煤炭回收率可达到60%~70%，而地方小煤矿只有30%左右，主要大部分小煤矿开采方式落后，采富弃贫问题突出。此外，新疆天山以南地区的开采条件较差，部分急倾斜煤层难以实现机械化开采，造成资源回收率低。

（6）煤矿高效回收水平参差不齐。大型矿井采区回采率超过80%，而小煤矿采区回采率不足30%。新疆国有重点煤矿采掘机械化程度超过80%，而青海全省机械化程度仅为47%，小煤矿机械化程度更低。神华新疆能源有限责任公司等大型煤炭企业安全生产水平较高，小煤矿事故较多。

（7）煤炭专业人才比较匮乏。目前新疆国有煤矿中大专以上程度的技术人员仅占职工总数的8%左右，特别主体专业人才奇缺，地方小煤矿更为严重。青海采掘一线工人80%以上是农民工，技术人员匮乏和从业人员素质低，将制约新疆、青海煤炭工业的可持续发展。

3）高效回收现状评价

新青区内绿色资源量比例较低，小煤矿数量均占区内煤矿总数的70%左右，新疆整体资源回收率偏低，国有煤矿的煤炭回收率和采掘机械化程度较高，而地方小煤矿则较低，百万吨死亡率是全国水平的2倍。新青区高效回收水平参差不齐，但总体处于较低水平。新青区代表省份新疆主要高效回收指标情况如表4.11所示。

表4.11　新青区煤炭高效回收指标现状

新青区	规模类型/万t	采区回采率/%	采煤机械化程度/%	原煤效率/(t/工)	百万吨死亡率	沉陷区治理率/%	露天矿排土场复垦率/%	三废达标排放率/%
新疆	≥120	82	94	16.2	0.46	未统计	未统计	未统计
	30~120	65	80	5.4				
	≤30	30	25	1.6				

第二节　我国煤炭资源高效回收典型案例

一、神华集团

（一）神华神东煤炭集团有限责任公司（以下简称神东集团）

1. 概况

神东集团是神华集团的核心煤炭生产企业，主要负责内蒙古自治区南部和陕西省北部交界地带的神东矿区大型骨干矿井的开发建设。同时，按照专业化管理模式，负责国华公司锦界煤矿的专业化托管服务。现有大型现代化安全高效矿井 14 座（含托管服务的 1 座），矿区总产能接近 2 亿 t，占神华集团煤炭总产量的 50%，是神华集团产业链的源头和重要组成部分。

矿区开发建设以来，始终坚持安全高效的生产建设方针，累计生产原煤 20 亿 t，百万吨死亡率控制在 0.03 以下，先后 5 次实现生产亿吨煤炭零死亡，企业安全、生产、技术主要指标达到国内第一、世界领先水平。

2. 煤炭资源条件

1）矿区自然地理条件

神东集团矿区位于内蒙古西南部、陕西、山西北部，公司所属矿井井田面积共 1278.8km²。矿区地处毛乌素沙地和黄土高原的过渡区，西北部矿井为固定和半固定沙丘地貌，东南部矿井为黄土丘陵沟壑地貌，植被稀疏，平均海拔 1130m 左右，属于典型的半干旱大陆性气候，干旱少雨，蒸发量大，年平均降雨量为 400mm 左右，年平均蒸发量约为 1965mm。

2）开采技术条件

神东集团中心矿区属神府东胜煤田，主要含煤地层是侏罗系中下统延安组，由陆相碎屑岩沉积而成，煤层分叉、合并、尖灭频繁出现；区内主要可采煤层包括 12 上、12、22 上、22、31、42、43、52 上、52 共 9 层。上层煤埋藏深度一般为 50～150m，覆盖层主要为第四系松散层和侏罗系—白垩系基岩，12 上煤至 52 煤层间距一般为 170m。煤层倾角 0°～5°，地质构造及水文地质条件较为简单，瓦斯含量低，煤层容易自燃，煤尘有爆炸危险性，总体上煤层开采技术条件较好。

构造单元处于鄂尔多斯台地向斜的东翼-陕北斜坡上，为缓缓向西倾斜的单斜构造，地层倾角 1°左右，有宽缓的波状起伏，区内断层较少，煤层露头发育烧变岩，无岩浆活动。

保德煤矿属山西河东煤田，主要含煤地层均是石炭系太原组、二叠系山西组，为陆相碎屑岩沉积；地层倾角一般为 3°～9°，地质构造较为简单，无岩浆活动。保德煤矿含煤地层含煤 20 层，主要可采煤层 5 层，即 8、9、10、11、13 号煤层；矿井上部可采煤层埋藏深度约为 120～570m，覆盖层主要为新近系黄（红）土、古近系红土、二叠系基岩，井田内地质及水文地质条件中等，煤层容易自燃，煤尘有爆炸危险性，保德煤矿瓦斯含量较高。

3. 高效回收指标

2014 年神东集团主要矿井高效回收指标实际情况如表 4.12 所示。

表4.12　2014年神东集团各矿高效回收指标实际情况

指标		煤矿						
		大柳塔	上湾	乌兰木伦	石圪台	补连塔	榆家梁	布尔台
安全指标	百万吨死亡率	0	0	0	0	0	0	0
高效指标	开采机械化程度/%	100	100	100	100	100	100	100
	原煤效率/(t/工)	120	86	51	59	131	89	86
回收指标	采区回采率/%	84	85	80	83	84	85	84
环保指标	沉陷区治理率/%	100	100	100	100	100	100	100
	"三废"达标排放率/%	100	100	100	100	100	100	100

4. 典型经验

1）采用先进工艺，推行机械化开采

（1）主要采煤工艺。

目前煤炭回采工艺主要有三种：一是7m以下煤厚采用一次采全高全部垮落后退式综合机械化采煤工艺；二是7m以上煤厚采用综合机械化放顶煤开采工艺；三是针对边角煤或小块段煤采用短壁式机械化开采工艺。主运输采用连续胶带运输机，辅助运输采用无轨胶轮车运输。掘进工艺全部采用机械化掘进，主要掘进设备有连续采煤机、掘锚一体机、岩石综掘机及全断面高效快速掘进系统。特别是神东集团最新研制的全断面高效快速掘进系统，月进尺最高达3088m。

（2）厚及特厚煤层一次采全高技术。

神东公司首创了4.5m、5.5m、6.3m、7.0m采高采煤工艺，成功破解了厚及特厚煤层整层安全高效开采技术难题。截至2014年年底，7m大采高综采工作面自动化技术先后在大柳塔、补连塔、上湾、三道沟四个矿井运用，单个工作面最高日产可达4.6万t，工作面回采率达到了96.8%。

（3）创新侏罗纪煤田放顶煤技术。

2006年神东集团在保德煤矿石炭纪—二叠纪煤层推广应用了放顶煤技术。近年来，通过不断改进生产装备，成功将放顶煤技术应用到矿区冒放性较差的侏罗纪煤田，相继在柳塔、布尔台煤矿采用了放顶煤工艺，月产量80万t，采区回采率由原来的76%提高到85.8%，效益显著。

（4）短壁机械化全部垮落法回采工艺技术。

为开采不适宜布置综采工作面的断层、火烧边界、井田边界附近的不规则块段资源，经过多年的不断探索和总结，形成"连采机+梭车+锚杆机+胶带运输+行走支架"的新工艺。该回采工艺具有机动灵活、适应性强、安全可靠等特点，回采工作面顶板实现了完全垮落，采区回采率由40%提高到70%以上，同时消除了房采采空区大面积悬顶的安全隐患。

（5）大采高工作面两端头垂直过渡开采技术。

大采高综采工作面两端头顺槽过渡，需 20～25m 距离，采取直接过渡后，每刀可多回采 48t，避免了两端头圆弧过渡段资源损失。

2）简化开拓布置，增大工作面参数

（1）创新无盘区布置。

井田主要大巷布置在主采煤层，沿大巷两侧布置工作面，简化系统，减少采区煤柱和巷道掘进量，提高煤炭资源回采率。

（2）加长加宽工作面布置。

随着装备制造水平的提升，神东集团不断创新，根据不同的地质及煤层赋存条件，综采工作面宽度在原来 200m 的基础上加宽到 450m，工作面推进长度由原来 2000m 左右增加至 6000m。减少煤柱留设损失，提高煤炭资源回收率。

3）创新适用技术，提高资源回收率

（1）无煤柱开采技术。

为了减少采区煤柱损失，提高资源回收率，自 2013 年以来，神东集团先后在榆家梁煤矿、上湾煤矿和哈拉沟煤矿采用了柔模砼墙沿空留巷、沿空掘巷和切顶卸压成巷等一系列无煤柱开采技术，解放了大量煤柱资源。

（2）通过灾害治理回收呆滞煤炭资源。

工作面中部遇古冲沟薄基岩富水区时，按照常规做法，要留设防水、防沙煤柱，这部分煤柱就形成了呆滞煤量。通过采取地表水导流、井下疏放水、井上下注浆改造等综合治理手段，工作面得以直接采过，回收了呆滞煤量，提高了资源回收率，如石圪台矿 22401、哈拉沟矿 22206 工作面多采出煤炭资源 330 万 t。

（3）异形工作面布置技术。

在断层、火烧边界附近及大巷煤柱、边界煤柱等不规则区域，因地制宜布置刀把形、凹形、凸形等小型综采工作面，最大限度回收煤炭资源。如榆家梁 42225、42227 等工作面，多回收煤炭资源 32.1 万 t。

为了减少工作面切眼与井田边界或断层之间的三角形煤柱损失，将工作面切眼调斜，回采过程中再通过调整设备角度，使斜切眼逐步过渡为垂直切眼。以 300m 宽的工作面为例，每个工作面可多回收三角煤柱 1.5 万～5.8 万 t。

（4）"井露联合"开采。

大柳塔井三盘区煤层埋藏浅、基岩薄，不适宜井工开采，采用露天开采方式，并与井工开采联合布置，实现了薄基岩区的资源回收。

4）建设数字矿山，实现减员提效

神东集团积极开展数字矿山建设，以锦界数字矿山建设示范项目为突破口，研发、推广信息化、自动化项目，如矿井自动化排水、皮带机自动化集中控制、快速掘进系统等，实施综采自动化工作面，不断减少用工。

5）加强风险管控，建立本质安全体系

（1）坚持"生命无价安全为天、无人则安、零事故生产"理念，把本安体系作为基础建设来抓，在全国煤矿率先开展本质安全体系建设。

（2）开展全管理流程、全业务工种、全工作任务的危险源辨识，突出水、火、瓦斯、煤尘、顶板等重大灾害的系统性危险源辨识、管控与隐患整改，提高安全风险意识及管控能力。

6）实施绿色开采，保护生态环境

实施开采前、开采过程中及开采后的全过程生态保护措施，实现绿色开采。

（1）采前防治：通过防风固沙、水土保持等措施增强生态系统功能，提高抗开采扰动能力。

（2）采中控治：采取井下超大工作面整体沉降、矿井水井下存储净化利用、井下煤矸置换等绿色开采技术。

（3）采后修复：采取封育围护、人工促进自然恢复、微生物复垦、沉陷区生态功能优化等技术，全面修复开采对地表生态环境的影响，建设永续资源宝库。

（二）神华准格尔能源集团

1. 概况

神华准格尔能源集团有限责任公司（以下简称准能集团）为中国神华能源股份有限公司全资子公司，是集煤炭开采、铁路运输、矸石发电、资源综合利用与生态农业建设为一体的大型综合能源企业。拥有年生产能力6900万t的黑岱沟露天煤矿和哈尔乌素露天煤矿及配套选煤厂，装机总容量96万kW的煤矸石发电厂，正线264km、复线160km、年运输能力2.27亿t的大准铁路，正线183km、年运输能力2.1亿t的准池铁路，年产4000t的氧化铝中试厂。

准能集团先后荣获"全国循环经济工作先进单位""煤炭工业节能减排先进单位""全国水土保持生态环境建设示范区"等荣誉称号。黑岱沟露天煤矿被命名为"首批国家级绿色矿山"，哈尔乌素露天煤矿入选了"第四批国家级绿色矿山试点单位"。

2. 煤炭资源条件

1）矿区自然地理条件

哈尔乌素露天煤矿和黑岱沟露天矿位于准格尔煤田中部，行政区划属于内蒙古自治区鄂尔多斯市准格尔旗管辖。北部距呼和浩特市127km，西部距鄂尔多斯市120km。

2）开采技术条件

（1）哈尔乌素露天矿。

煤层为近水平煤层，倾角为3°～5°，可采煤层为5号煤层、6上煤层、6号煤层。其中 6 号煤层为主采煤层，全区平均厚度为 21m。主要可采煤层 6 号煤为中灰、特低硫、中高—高热值煤，是良好动力的用煤。

可采煤层 6 号煤层顶板以上第四系松散物主要为黄土，顶板岩性以炭质泥岩、泥岩为主，次为中-粗砂岩，底板以泥岩为主。水文地质类型属以裂隙岩层充水为主的水文地质条件简单类型，即二类一型。

（2）黑岱沟露天矿。

可采煤层为 6 号复煤层，平均厚度为 28.8m，煤层倾角小于 10°，厚层、块状构造。露天矿开采范围平均走向长度 7.86km，宽度 5.39km，总面积 42.36km²。

含煤地层为二叠系下统山西组（P_1s）和石炭系上统太原组（C_3t），其古地理环境似属近海内陆盆地型，厚度变化大，薄-巨厚煤层均有，稳定性差，分叉尖灭现象普遍，煤层夹矸层数多，夹矸岩性主要为黏土岩、炭质泥岩，亦见有砂岩透镜体。顶板一般为灰白色黏土岩、泥岩、粉砂岩；中部 6 号复煤层厚度一般在 30m 左右，且较稳定，是主要可采煤层；底板为灰白色细砂岩，但不稳定，常相变为粉砂岩、砂泥岩，总厚 40m 左右。水文地质条件是以裂隙岩层为主的水文地质条件简单类型，即二类一型。

3. 高效回收指标

2014 年准能集团各矿高效回收指标实际情况如表 4.13 所示。

表 4.13   2014 年准能集团各矿高效回收指标实际情况

指标		煤矿	
		黑岱沟	哈尔乌素
安全指标	百万吨死亡率	0.03	0
高效指标	开采机械化程度/%	100	100
	原煤效率/(t/工)	82.95	102.57
回收指标	采区回采率/%	98.27	98.01
环保指标	排土场复垦率/%	100	100
	"三废"达标排放率/%	100	100

4. 典型经验

准能集团坚持"煤炭开采与环境保护并重"的发展理念，充分发挥"科技是第一生产力"的先导作用，不断引进和创新工艺，采用高端设备，以最低的资源消耗和环境代价，提高矿产资源开发利用水平，打造绿色露天煤矿。

1）优化工艺，实现科学开采

形成了涵盖露采四大工艺的综合工艺：上部黄土层采用轮斗挖掘机—胶带输送机—排土机连续工艺；中部岩层上层采用单斗挖掘机—自卸卡车间断工艺，下层采用抛掷爆破—吊斗铲倒堆工艺；下部煤层采用单斗挖掘机—自卸卡车—半固定破碎机—胶带输送机半连续工艺。综合工艺的应用，实现了"五减少、五降低、三提高"，即减少设备数量，减少台阶数量，减少操作人员数量，减少道路交叉，减少危险源；降低采场设备密度，降低生产管理的复杂程度，降低生产中人为的安全因素，降低矿区道路的车流密度，降低采掘单耗；提高单台设备效率，提高矿山行车的安全系数率，提高安全生产的可靠性。

2）依靠科技，保障安全生产

"十二五"期间，累计投入科研资金 9.62 亿元，大力开展露天采矿技术和安全生产的研究与应用，开展科技创新项目 53 项，获国家科技进步奖 1 项，省部级科技进步奖 3 项，神华集团科技进步奖 3 项。

3）优化设计，提高资源回采率

通过抛掷爆破使用倾斜炮孔欠深技术，减小煤层破坏；提高帮坡角，扩大露采深部境界，减少采区间边坡煤柱量。在保证安全的前提下，优化开采设计方案，动态调整开采台阶参数，实现陡帮开采，最大限度回收煤炭资源。

4）多措并举，实现节能减排

应用并创新抛掷爆破—吊斗铲无运输倒堆工艺，实现耗电替代耗油，每年可减少运输剥离物 700 余万立方米，年节能 2 万多吨标准煤，吨煤开采综合能耗实现 3.5kg/吨标准煤。严格按国家标准及地方要求治理各类污染物，对煤炭开采、运输、洗选、存储等各环节全面清洁化整治，通过洒水抑尘、喷洒抑尘剂、封闭输煤皮带、安装防风抑尘网、实施粉尘综合治理等措施，实现生产全过程清洁化。

5）加大环保投入，改善生态系统

把土地复垦、生态保护、水土保持纳入到"三同时"管理，从 2002 年开始吨煤成本提取 0.45 元作为复垦及绿化基金。截至 2015 年，环保、水保、绿化复垦累计投入 37.48 亿元，其中环保投入 18.43 亿元，水保投入 5.15 亿元，绿化复垦投入 13.9 亿元。累计完成复垦 2303.04ha，种植各种乔、灌木 6439.7802 万株，地被及牧草 17.13km^2，植被覆盖率达 75%以上，比原始自然地貌提高 2～3 倍。矿区生态系统结构由简单趋向复杂，植物种群由单一趋向多样化，水土流失得到治理，已经从荒坡秃顶变成植被覆盖，草木茂盛的人工生态区，生态系统向着良性循环方向发展。

6）着眼未来，打造现代产业

在矿区复垦绿化工作基础上，着眼未来，积极建设生态农牧业，发展现代产业。"十二五"期间，先行完成 2000 亩[①]示范区建设，在黑岱沟露天煤矿排土场种植土豆、玉米、大豆等农作物，获得成功。

---

① 1 亩≈666.67m^2。

二、淮南矿业集团

（一）概况

淮南矿业（集团）有限责任公司（以下简称淮南矿业集团）于 1903 年建矿，1930 年成立淮南煤矿局，1950 年成立淮南矿务局，1998 年 5 月由原淮南矿务局改制为国有独资公司淮南矿业（集团）有限责任公司，1998 年 7 月由中央直属下放安徽省管理。淮南矿业集团历史上曾是全国五大煤都之一，目前是全国 520 家大型企业集团和安徽省 17（目前排名第三）家重点企业之一，新中国成立后累计向华东地区输出煤炭近 9 亿 t。淮南煤具有低硫、低磷、高挥发分、高发热量、富油等特点，是理想的动力煤和煤化工原料，素有"华东的工业粮仓"和"动力之乡"的美誉。

淮南矿业集团坚持"发展先进生产力，保护生命，保护资源，保护环境"发展模式，煤、电、技术服务、房地产、物流、金融、生态农业、养老等多产业快速发展，先后荣获"国家首批循环经济试点企业"、"中华环境友好型煤炭企业"和"国家级创新型试点企业"等称号，是安徽省煤炭产量规模、电力权益规模、房地产规模最大的综合型能源集团，现有 12 处生产矿井、14 个子公司，资产总额 1490 亿元。

（二）煤炭资源条件

1. 矿区自然地理条件

淮南煤田地处华东经济区腹地，安徽省中北部，横跨淮南和阜阳两市，矿区东西长约 100km，南北倾斜宽 30km，面积约 3000 km，煤炭储量丰富，探明煤炭资源量 500 亿 t，总储量占华东区的 50%，安徽省的 74%，煤种齐全，煤质优良，是我国东部和南部地区资源最好、储量最大的煤田，也是唯一的整装煤田，面向华东，服务"长三角"。

淮南矿区东起新城口长丰断层，西至颍上陈桥断层，北起上窑-明龙山断层，南至谢桥古沟向斜、阜凤断层和八公山弧形构造，东西走向长约 70km，南北倾斜宽约 25km，面积约 $1570.77km^2$。截至 2015 年年底，淮南矿区 12 对矿井合计剩余资源/储量 978771.8 万 t，可采储量 462959.4 万 t。

2. 开采技术条件

淮南煤田为一复向斜构造。复向斜南翼的淮南老区，煤层倾角变化大，一般为 10°～30°，复向斜北翼潘谢矿区煤层倾角平缓，一般为 2°～25°，煤层分布总体形态为宽缓的褶曲，各井田以单斜构造为主。煤田内含煤地层为石炭系、二叠系，二叠系的山西组、下石盒子组和上石盒子组为主要含煤地层，共含煤 36 层，总厚度为 41.68m，含煤系数为 4.34%，可采煤层共 18 层，可采煤层厚度为 31.53m。

淮南矿区开采地质条件极其复杂，煤与瓦斯突出危险性严重，是国内高瓦斯复杂地质条件矿区的典型代表。

（1）地质构造。矿区地质构造极其复杂，已探明断层 6000 余条，局部伴有岩溶陷落柱、火成岩、新地层构造及层滑、冲刷、薄化等地质现象。现有 12 对矿井中，2 对矿井地质构造条件为复杂，其余为中等。

（2）水文地质条件。淮南矿区水文地质条件复杂，受地表水体、新生界松散砂层、顶板砂岩裂隙水、底板太原群薄层灰岩、奥陶系厚层灰岩、寒武系厚层灰岩岩溶含水层等影响，矿井水害严重。现有 12 对矿井中，1 对矿井水文地质类型为极复杂，6 对位复杂，其余为中等。

（3）瓦斯。淮南矿区历史上是全行业瓦斯事故重灾区，共发生煤与瓦斯突出 125 次，瓦斯爆炸事故 19 起，死亡 413 人，现有 12 对生产矿井全部为煤与瓦斯突出矿井。

（4）地温。淮南煤田潘谢矿区平均地温梯度一般为 $3.0 \sim 3.5 ℃/100m$，属于地温梯度大于 $3℃$ 的正异常区，从矿区东部到西部基本连成一片分布，一级热害区（$31℃$）在标高$-400 \sim -450m$，二级热害区（大于 $37℃$）在标高$-650m$ 以下。

（5）围岩条件。在高地应力、高渗透压、高温度场作用下，矿区深部巷道围岩呈现软岩特征。顶板结构复杂，大多为复合型顶板，松散破碎层厚度一般超过 $6 \sim 8m$，煤层、顶（底）板强度低，典型"三软"特点。

（三）高效回收指标

2014 年淮南矿业集团所属主要煤矿高效回收指标实际情况如表 4.14 所示。

表 4.14　2014 年淮南矿业集团各矿高效回收指标实际情况

指　标		煤矿							
		张集	顾桥	丁集	谢桥	潘一	潘二	潘三	谢一
安全指标	百万吨死亡率	0	0	0	0.1	0	0	0.3	0
高效指标	开采机械化程度/%	100	100	100	100	100	100	100	62.49
	原煤效率/（t/工）	50.4	34	35	42	38	27.5	30.6	7
回收指标	采区回采率/%	83	89	89	83	85	80	83	87
环保指标	沉陷区治理率/%	82	85	71	74	84	85	83	86
	"三废"达标排放率/%	100	100	100	100	100	100	100	100

（四）典型经验

淮南矿业集团在全行业率先提出"一先进三保护"（发展先进生产力，保护生命、保护资源、保护环境）发展模式，始终坚持从保护资源的角度，科学开发资源，充分利用资源。在煤炭资源高效回收方面，积累了以下典型经验。

1. 严格管理，促进资源合理开发

严格资源勘查工作，为开采设计提供可靠依据。规定新采区、新块段设计前必须进行生产补充勘探工作，符合条件的区域必须做三维地震勘探，查明落差 5m 以上断层的发育情况及煤层赋存的稳定性，提高储量级别，为开采设计提供可靠依据。

严把设计源头关，杜绝不合理资源损失。储量管理人员参与设计审查，重点审查开采方案中的开采程序、配采情况、采煤方法及煤柱留设是否合理。减少设计时三角煤以及其他非正常的资源损失，使设计回采率符合国家规定标准。

实施动态检查，及时纠正不合理现象。储量管理人员深入现场，针对地质条件发生变化的积极提出合理建议，优化设计。采区、工作面回采结束后，储量管理人员进行采后总结，分析储量损失情况及提高回采率的经验和需要改进的方面。

2. 创新技术，节约利用煤炭资源

淮南矿业集团高度重视采区三维地震勘探技术，规定综采矿井采区必须进行三维地震勘探。自 1993 年开始在全国煤炭系统率先开展应用采区三维地震勘探技术，2007 年又率先引进了石油行业高精度三维地震勘探技术，截至 2015 年年底，共施工三维地震勘探 78 个区块，总面积 469.146km^2。三维地震勘探查明了地质条件，采煤单产、掘进单进逐渐提高，为煤矿高产高效、安全生产创造了有利条件。

建立合理开发利用资源的设计保障体系，优化采区设计：一是加大采区和阶段走向长度和倾斜长度，减少采区、阶段煤柱；二是合理选择采煤方法，淘汰水采和非正规采煤法，根据煤层赋存情况合理选择采煤方法；三是调整工作面布置方式，潘一、潘三、谢桥、张集等矿井综采工作面分别采取平行断层交面线布置、按断层走向旋转布置和根据构造伸长或缩短工作面面长布置等多种方式，尽可能多采出构造影响区内的煤量；四是采区实行分组联合布置，在各小联合煤组内，布置底板岩石上山，利用采区的出煤系统和边界回风系统，跨采区上山回采；五是全面推广无煤柱煤开采工艺，区段间不留煤柱。

3. 开展"三下"开采技术研究，有效解放资源

淮河支流自西向东流经李嘴孜、新庄孜和谢一矿井田上方，共压覆资源储量 2.4 亿 t。淮南集团先后在李嘴孜矿、孔集、新庄孜矿进行水体下试采，逐步摸索出一套水体下开采的技术和经验。

淮南矿业集团潘谢新区现有生产矿井原设计的防水煤柱垂高均在 80m 以上，煤柱量 2.75 亿 t，在对水体下安全开采方案、回采上限和安全技术措施等进行科学论证基础上，有计划地开展了缩小防水煤柱的开采试验，并取得成功，目前防水煤柱垂高由 80m 以上普遍缩小到 60m，最小达 27～40m。

研究岩溶水防治方法，安全开采受水威胁煤层。提出"因地制宜，疏水降压，限压开采，综合治理"的防治水方针，确定 A 组煤底板岩层中断层带试用 0.5 的突水系数为临界安全标准，成功开采了 A 组煤工作面，采出煤炭 2370 万 t。

4. 加强科技攻关，促进矿区生态环境治理

淮南矿业集团集成创新堆肥绿肥改良技术、非稳沉区湿地生态系统构建技术、高潜水位矿区沉陷生态环境综合治理技术，形成多个沉陷区生态环境治理模式。

在泉大资源枯竭矿区，建立了大通湿地生态区，形成了以观光、旅游、休闲于一体的生态示范基地。新庄孜煤矿经过 50 余年开采，地表形成了较为稳定的沉陷区。通过人工复垦措施建立了面积 650 余亩人工林地和池塘，其中通过矸石回填后再覆土平整方法建立复垦林地 240 亩、整理低洼地建立水塘 310 余亩。潘集区的后湖沉陷区为非稳定沉陷区，目前正开采第一、二层煤，煤层厚度 2～3m，开采时间约持续 20 年左右，现有沉陷区正常水深约 3～5m，最深处可达到 8～10m。通过科研技术攻关，在非稳沉沉陷区形成了以湿地重构技术、生态渔业技术、早熟优质水生蔬菜高效栽培技术、林草套种技术等关键技术为支撑的矿区生态环境治理技术，建立了非稳沉区示范工程。

第三节　国外煤炭资源高效回收现状分析

一、美国

（一）煤炭资源概况

1. 煤炭资源丰富，分布广泛，赋存条件优越

美国 1800m 以浅的煤炭资源总量约为 3.34 万亿 t[①]。截至 2014 年年底，煤炭基础储量（demonstrated reserve base，DRB）为 4340 亿 t，估计可采储量（estimated recoverable reserves，ERR）为 2321 亿 t，生产矿井可采储量（recoverable reserves at active mines，RRAM）为 176 亿 t（图 4.22）。基础储量包括探明和控制的资源量，烟煤和无烟煤的煤层厚度大于 0.7m，次烟煤煤层厚度大于 1.5m。

美国煤炭资源分布广泛，全美 50 个州中有 38 个州赋存煤炭，含煤面积占其国土面积的 13%（图 4.23）。东部阿拉巴契亚地区（主要是西弗吉尼亚州、宾夕法尼亚州和俄亥俄州）的煤炭资源约占 21%，中部地区（主要是伊利诺伊州和西肯塔基州）约占 32%，西部地区（主要是蒙大拿州和怀俄明州）约占 47%。怀俄明、西弗吉尼亚和肯塔基是三个最大的产煤州。

美国煤层整体开采条件优越。东部阿巴拉契亚煤田 99% 是水平和近水平煤层，埋藏浅，矿井平均开采深度为 90m，煤层地质破坏很少、瓦斯含量小、煤质坚硬、灰分低但硫分较高；中部煤田大部分煤层结构简单、分布广且稳定、煤层平均厚度为 1.5m 左右、瓦斯含量中等、涌水量少；西部煤田煤层厚、埋藏浅、储量大、开采成本和矿建投资低，适宜建设特大型露天矿和发展高产高效长壁综采矿井。

---

① 美国煤炭数据单位使用短吨统计，本书统一换算成吨，1 短吨＝0.907t。

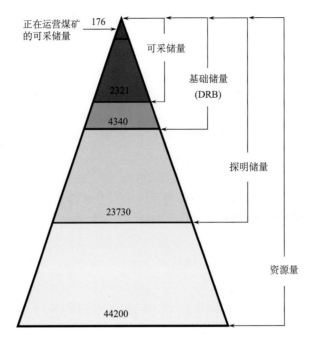

图 4.22　美国煤炭资源量与储量（单位：亿 t）

图 4.23　美国煤炭资源分布图

2. 经济可采储量计算考虑因素较多，比例较小

美国煤炭储量是经过勘查探明，在当时的技术、经济、市场条件下通过合理开发能

够带来经济效益，同时又不污染环境的资源储量，否则，称其为资源量（图4.24）。

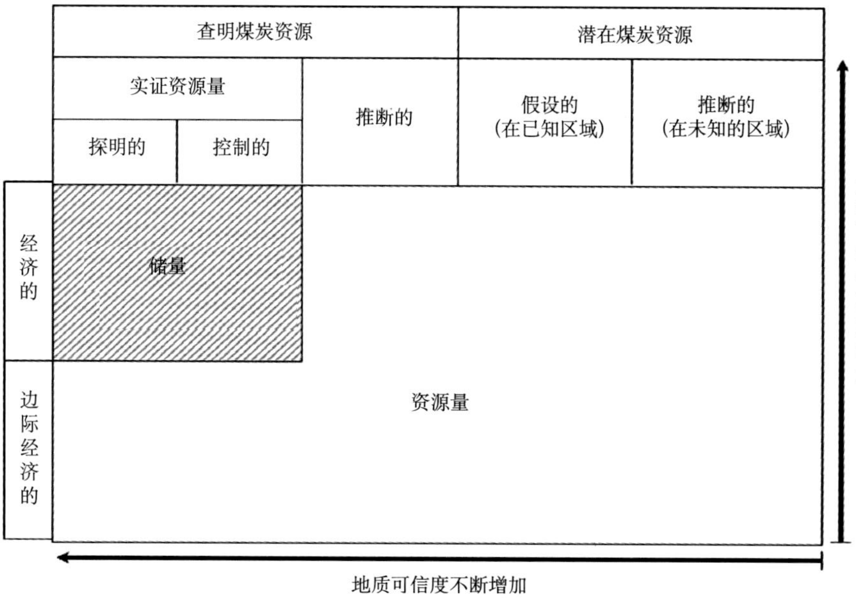

查明煤炭资源			潜在煤炭资源	
实证资源量		推断的	假设的 （在已知区域）	推断的 （在未知的区域）
探明的	控制的			

经济可行性不断增加

经济的　储量

边际经济的　资源量

地质可信度不断增加

图 4.24　美国煤炭资源量与煤炭储量分类图

美国的经济可采储量=原始煤炭资源量−由于环境、社区、土地、技术、经济等因素造成的不可开发资源量−已采出部分损失量−已采出部分洗选过程中损失量，据2009年美国地质调查局评估，经济可采储量约占原始煤炭资源量的 4%~22%（图 4.25、表 4.15）[63]。

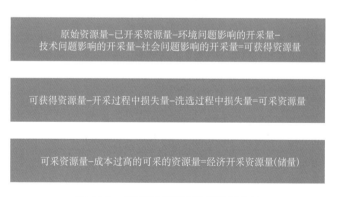

原始资源量−已开采资源量−环境问题影响的开采量−
技术问题影响的开采量−社会问题影响的开采量=可获得资源量

可获得资源量−开采过程中损失量−洗选过程中损失量=可采资源量

可采资源量−成本过高的可采的资源量=经济开采资源量(储量)

图 4.25　美国经济可采储量计算方法

在美国，煤炭的开采对野生动物、水资源、民族冲突、社区交通、管线、湿地等影响严重的这部分资源将不计入储量里面来。同时，对煤炭资源自身条件不符合安全、经济开采的资源量，也不计入储量。

表 4.15　美国不同区域煤炭经济可采储量

（单位：百万 t）

	主要开采方式	原始资源量	已开采资源量	土地限制*	技术限制	损失量	不经济可采资源量	经济可采储量
阿拉巴契亚北部盆地（10 个面积为 127~180m² 的区域）	井工矿	5181（100%）	886（17%）	359（7%）	911（18%）	1308（25%）	1018（20%）	699（13%）
阿拉巴契亚中部盆地（15 个面积为 127~180m² 的区域）	井工矿	8791（100%）	1330（15%）	229（3%）	2780（32%）	1692（20%）	1876（21%）	885（10%）
伊利诺伊盆地（16 个面积为 127~180m² 的区域）	井工矿	11052（100%）	1325（12%）	487（4%）	2873（26%）	2346（22%）	3046（27%）	974（9%）
怀俄明州粉河盆地（1 个面积为 127~180m² 的区域）	露天矿	3298（100%）	0（0%）	151（5%）	0（0%）	198（6%）	2596（78%）	353（11%）
怀俄明州粉河盆地（仅 Gillette 煤田）	露天矿	123483（100%）	3917（3%）	9557（8%）	0（0%）	11001（9%）	78075（63%）	20933（17%）
科罗拉多州皮申斯盆地 Somerset 煤田（1 个面积为 127~180m² 的区域）	井工矿	2801（100%）	249（9%）	2（<1%）	441（16%）	—	—	—
科罗拉多州皮申斯盆地（Somerset 煤田）	井工矿	4536（100%）	259（6%）	2（<1%）	460（10%）	912（20%）	1925（42%）	978（22%）
犹他州 Wasatch 高原（北 Wasatch 高原煤田）	井工矿	6323（100%）	512（8%）	69（1%）	1936（31%）	1092（17%）	1888（30%）	825（13%）
新墨西哥州圣胡安盆地（Bisti 煤田）	井工矿和露天矿	5315（100%）	44（1%）	1481（28%）	267（5%）	1029（19%）	2300（43%）	194**（4%）

* 土地限制包括由环境和社会问题影响的开采量。

** 194 百万 t 的经济可采储量是指用在坑口发电。

注: 括号中数据为占原始资源量的百分比。

（二）高效回收情况[64]

1. 煤炭生产主要用于满足国内需求

2014 年，美国煤炭产量同比增加 1.52%至 9.07 亿 t，与 2008 年最高峰时减少了 1.56t（图 4.26）。美国煤炭主要以本国消费为主，2014 年，85.16%的煤炭用于发电，8.23%的煤炭出口，用于工业和商业用途的煤炭占 6.61%。

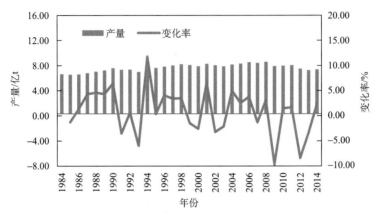

图 4.26 1984～2014 年美国煤炭产量及变化率

2. 煤炭生产以露天矿为主

2014 年，美国共有生产煤矿 985 座，其中，露天矿 613 座，煤炭产量占 64.37%，井工煤矿 345 座，煤炭产量占 35.47%，以及包括 27 个废弃煤矿。由于美国煤层赋存稳定、倾角小、埋藏浅，加之大型、高效、专用机械的出现，自 20 世纪 50 年代开始大力发展露天开采，露天产量不断增加，2008 年露天开采比例高达近 70%（图 4.27）。

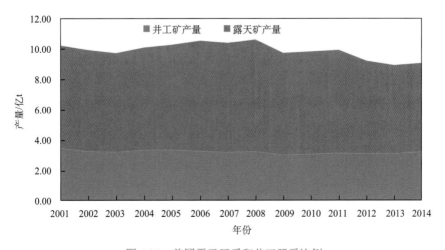

图 4.27 美国露天开采和井工开采比例

3. 小煤矿数量较多，但产量主要来自百万吨以上煤矿

2014 年，生产煤矿数量为 985 个，总产量 90704 万 t。其中，百万吨以上煤矿 139 个，约占总煤矿总数的 14%，其产量占总产量的 87%。美国小煤矿较多，主要是原因是美国煤炭资源分布广，埋藏较浅，开采容易，加上美国汽车交通运输发达，经营小煤矿也有利可图（表 4.16）。

表 4.16　美国生产煤矿产量分布

井型	煤矿数量	产量/万 t	所占比例/%
千万吨以上	13	38072	41.97
500 万～1000 万 t	30	19604	21.61
100 万～500 万 t	96	21041	23.20
30 万～100 万 t	153	7300	8.05
30 万 t 以下	693	4687	5.17
合计	985	90704	100

4. 机械化程度高，用工人数持续减少，生产效率持续提高

20 世纪 40 年代后，煤炭生产技术、技术水平迅速提高；70 年代，采煤机械化程度就达到 98% 以上，综合机械化水平达到 85%；90 年代后已达到或接近 100%。

随着美国煤炭工业的发展，煤炭从业人员在 20 世纪 20 年代达到最高峰，1923 年达到 86 万人。此后，随着机械化与自动化程度的快速发展，从业人员迅速下降至 60 年代的 13 万人。70 年代，由于石油危机的刺激，煤炭需求增加，许多煤矿开工，大量用人，加上政府对煤矿安全健康和环保的严格要求，必须增加许多相应的工作岗位，从业人员又出现上升趋势，1979 年达到另一个高峰期，煤炭从业人数为 26 万人。80 年代，随着高新技术和先进设备的采用，加上生产高度集中化，生产规模增大，效率提高，从业人员逐年减少，每年约以 1 万人左右的数目递减。近 10 年，美国煤炭从业人员数量在 12 万人左右（图 4.28）。

随着从业人员的逐年减少，美国的劳动生产率成倍提高，1949 年人均产量仅为 0.65t/h，到 2000 年达到历史最高水平，为 6.34t/h，2014 年人均产量为 5.41t/h。露天矿的生产效率提升较快，是井工矿生产效率的 3 倍。在煤炭经济形势不好的情况下，美国近两年的生产效率提升速度较快（图 4.29）。

煤矿规模越大，生产效率越高。百万吨以上煤矿的生产效率最高，2014 年人均产量为 7.67t/h，1 万 t 以下的煤矿生产效率最低，人均产量不到 1t/h（表 4.17）。

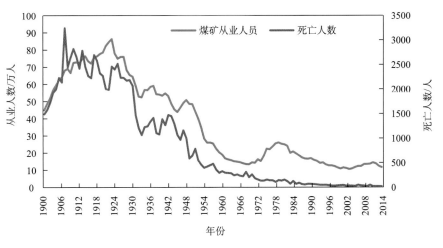

图 4.28 美国煤矿从业人员及死亡人数

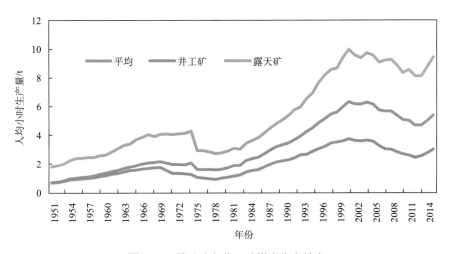

图 4.29 露天矿和井工矿煤炭生产效率

表 4.17 美国不同井型的生产效率 ［单位：t/(人·h)］

井型	露天矿	井工矿	平均生产效率
百万吨以上	14.31	3.99	7.67
50 万～100 万 t	4.00	2.00	2.62
20 万～50 万 t	3.10	1.94	2.34
10 万～20 万 t	2.48	1.42	2.01
5 万～10 万 t	2.00	1.17	1.61
1 万～5 万 t	1.78	0.91	1.48
1 万 t 以下	0.94	0.43	0.87
总计	9.45	3.04	5.41

5. 安全生产水平较高，百万吨死亡率低

随着煤矿用人的减少、煤矿安全体系的建立，煤炭技术的飞快发展，安全状况完成质的飞跃，煤矿死亡人数急速下降，从 1910 年的最高值 2821 人到 1998 年的 29 人，再到最低值 2014 年的 16 人，从 1998 年之后，死亡人数平均是 30 人。20 世纪 50 年代，美国百万吨死亡率急速下降，从 1951 年的 1.50 下降到 2005 年的 0.022，从 1997 年之后，百万吨死亡率基本维持在 0.04 以下（图 4.30），2014 年百万吨死亡率为 0.018。

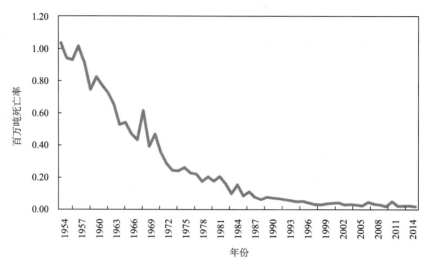

图 4.30　1954~2014 年美国煤炭工业百万吨死亡率

6. 井工矿以房柱式和长壁式为主，长壁式多为一井一面

目前，美国井工开采主要分三类方法：一是采取传统的开采方式，包括铲装、人工装煤等，该开采方式开采产量占井工开采量的比例不断下降，由 1950 年的 96% 下降至 2014 年的 1.46%；二是连续采煤机房柱式开采，2014 年开采产量的比例为 40.20%；三是长壁式综采，长壁式综采的产量在 20 世纪 70 年代稳步上升，到 80 年代以后得到快速提高，其占井工产量的比例由 1983 年的 20% 上升至 2014 年的 58.34%。

美国自 20 世纪 70 年代逐步推广综采技术，80 年代得到迅速发展，长壁综采工作面的数量及其产量在井工矿中所占比重不断上升。1983 年长壁综采工作面数量达到历史最高点，为 118 个。

80 年代中期以后，综采技术的发展重点从增加工作面数量转变为提高工作面单产和效率，尽管工作面数量不断减少，但是总产量比重不断增加，单壁平均产量也逐步提高（图 4.31）。2014 年，在美国 345 个井工煤矿中，有 42 个矿井装备长壁综采工作面，其中有 5 个煤矿有两个长壁工作面，共计 47 个长壁工作面。2014 年的长壁工作面产量为 2.07 亿 t，比 2013 年增长 10.1%。长壁工作面产量最高的三个矿分别是 Bailey、Enlow For 和 Marshall Country，年产量均在千万吨以上[65]。

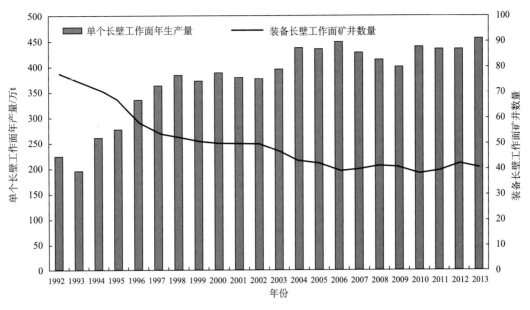

图 4.31 长壁采煤法年产量及装备长壁工作面矿井数量

7. 资源回收率高，露天矿贡献大

美国煤矿的总体资源回收水平较高，主要是因为露天矿开采比重大。2014 年，美国煤矿煤炭资源平均回收率为 79.04%。露天矿的回收率可以达到 90% 以上，甚至可以达到 100%，而井工矿的回收率平均为 61.52%（表 4.18）。

表 4.18 2014 年美国不同井型井工和露天矿的回收率 （单位：%）

煤矿产量	井工矿回收率	露天矿回收率	总计
百万吨以上	63.56	91.28	80.95
50 万～100 万 t	47.03	88.31	70.91
20 万～50 万 t	54.76	74.17	60.68
10 万～20 万 t	57.17	66.42	63.98
5 万～10 万 t	50.47	71.28	57.69
1 万～5 万 t	48.39	73.83	61.27
总计	61.52	90.23	79.04

美国小型煤矿数量较多，但是得益于其优越的开采条件，其煤炭资源回收率水平与百万吨相差不大，井工矿年产 5 万～10 万 t 的煤矿回收率最低，约 48%，其次是 50 万～100 万 t 的煤矿回收率是约 47%。而年产 100 万 t 以上的井工矿回收率最高，为 64%。

采用连续采煤机房柱式、传统式、长壁综采采煤方法的平均回收率相差不大，回收率水平最高的是长壁法，为 66.58%；其次是传统房柱式，为 59.19%；最后是连续采煤机房柱式，为 52.22%。

8. 产业集中度高

2014 年，以博地能源公司（Peabody Energy Inc.）、阿奇煤炭公司（Arch Coal Inc.）、云峰能源公司（Cloud Peak Energy Inc.）和阿尔法自然资源公司（Alpha Natural Resources Inc.）为代表的前四家生产的商品煤总量占美国煤炭总产量的 49%，前十家企业占 73%。

二、澳大利亚

（一）煤炭资源概况[66]

1. 煤炭资源丰富

澳大利亚煤炭资源丰富，已探明黑煤（烟煤和无烟煤）储量为 760 亿 t，占世界探明储量的 8.6%，位于美国、俄罗斯、中国之后，位居第四。褐煤探明储量为 490 亿 t，约占全球的 19%，位于德国之后。按照目前的产量，澳大利亚黑煤可供开采 100 多年，褐煤可供开采 562 年以上。

澳大利亚拥有 21 个主要的黑煤盆地和 5 个褐煤盆地，遍布澳大利亚各州，黑煤集中分布在昆士兰（60%）和新南威尔士州（37%），黑煤集中分布在维多利亚和南澳大利亚州。

2. 开采条件好

目前主要开采的博文煤田（Bowen Basin）、悉尼煤田（Sydney Basin）煤系，地层赋存浅、以近水平煤层为主。露天矿开采深度一般为 60~80m，井工矿开采深度平均为 250m，倾角一般不超过 10°，中厚煤层居多，瓦斯含量不高，适合房柱和长壁开采。动力煤以高热值、低硫为主；冶金煤以低灰、特低硫为主。煤炭产地主要分布在东太平洋沿岸 200km 范围内，到港口运距短。

（二）高效回收情况

1. 以露天开采为主，煤炭主要用于出口

2014 年，商品煤产量 4.44 亿 t，排在中国、美国之后，位居世界第三。在商品煤中，露天矿产量占 76%，井工矿产量占 24%[70]。从 2000 年以来的各年产量变化如图 4.32 所示。

澳大利亚煤炭主要以出口为主。2014 年，澳大利亚煤炭出口 3.89 亿 t，占商品煤产量的 88%，内销 5530 万 t，占 12%，其中，动力煤出口为 2.56 亿 t，占商品煤出口的 58%，冶金煤 1.88 亿 t，占 42%。

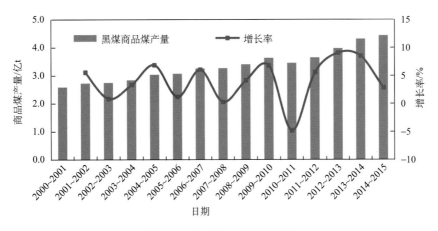

图 4.32 澳大利亚商品煤产量

澳大利亚的部分数据统计从年中开始，如 2000~2001 是指 2000 年 6 月 1 日至 2001 年 5 月 30 日，其他以此类推

2. 井工矿以长壁式开采为主，单井产量迅速提升

近十年来，澳大利亚井工矿在开采工艺上发生了很大变化，1981 年房柱式产量占全部井工矿的 98%，长壁综采仅占 2%，到 1992 年，房柱式占 45%，长壁综采提高到 55%。2015 年 32 个正在生产的井工矿中，有 25 个长壁综采的矿井，共生产原煤 1.18 亿 t，占井工矿产量的 90%。

澳大利亚长壁工作面开采深度一般为 200~400m，最深达 600m。长壁开采的工作面的煤层厚度一般为 2~3m，最厚 7m。

3. 煤矿规模以大型化为主，平均规模世界第一

2014 年，澳大利亚生产煤矿数量为 97 个，原煤产量 55484 万 t（不含约 6000 万 t 褐煤产量），单个煤矿平均产量 500 万 t 以上。其中，产量在 1000 万 t 及以上煤矿 16 个，原煤产量 22494 万 t，占比 41%；500 万~1000 万 t 煤矿 27 个，产量 18260 万 t，占比 33%；500 万 t 以下煤矿 54 个，产量 14730 万 t，占比 26%（表 4.19）。

表 4.19 2014 年澳大利亚生产煤矿规模结构

单个煤矿原煤产量/万 t	个数	占比/%	原煤产量/万 t	占比/%
≥1000	16	16.49	22494	41
500~1000	27	27.84	18260	33
300~500	23	23.71	9110	16
120~300	23	23.71	5040	9
<120	8	8.25	580	1
合计	97	100	55484	100

4. 煤矿生产效率世界领先，煤炭成本低

2013～2014 年，煤炭生产效率为每人每小时生产 4.5t 商品煤（合 5.88t 原煤），昆士兰州生产效率稍高，为 4.55t 商品煤（图 4.33）。井工矿的煤炭生产效率略低于露天矿，但井工矿的生产效率在不断提升（表 4.20）[67]。

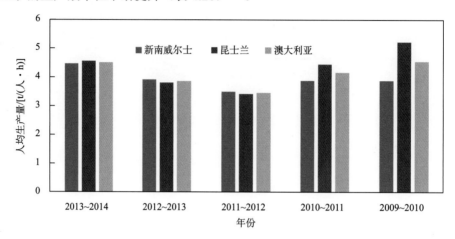

图 4.33　2009～2014 澳大利亚煤炭生产效率

表 4.20　澳大利亚昆士兰地区商品煤生产人员效率

年份	生产煤矿数量	员工数量	商品煤产量/万 t	生产人员效率/（t/工）	
				井工矿	露天矿
2009～2010	56	24051	20572	26.48	38.65
2010～2011	57	27595	17983	27.00	31.87
2011～2012	55	35316	18825	27.44	23.42
2012～2013	57	32359	20648	26.70	26.60
2013～2014	56	28834	22890	30.27	32.14

注：澳大利亚一般是 7h 一轮班。

　　澳大利亚煤矿雇工少、效率高主要是因为：第一，澳大利亚煤矿开采条件好，机械化、自动化、信息化水平高，综合机械化采煤和掘进程度几乎达到 100%，个别煤矿采煤实现自动化；第二，煤矿生产组织简单，管理层级少，管理人员少；第三，地面设施简单实用，工业广场简单，一般无生活广场，工人居住在附件城镇；第四，煤矿辅助性工作一般由社会化服务提供[68]。

　　根据伍德麦肯兹预估，2014 年，出口动力煤开采平均成本约为 35 澳元/t（合 177 元/t），Wilpinjong 煤矿成本最低，为 12.6 澳元/t（合 64 元/t），加上洗选成本、运输成本等，出口动力煤平均现金成本为 65 澳元/t（合 329 元/t）。2014 年各种商品煤付现成本预估如表 4.21 所示。尽管工资不断上涨，煤炭生产成本却在逐步减少，主要是因为生产效率的提高及澳元的贬值导致的。

表 4.21　2014 年澳大利亚商品煤平均付现成本　　（单位：澳元/t）

煤类	付现成本	开采成本	洗选成本	运输成本	港口成本	日常开支	资源特许使用费
出口动力煤	64.62	34.93	4.49	11.49	5.27	2.41	6.04
出口高灰动力煤	53.20	25.25	2.99	11.35	6.29	2.27	5.06
内销动力煤	42.20	30.56	1.71	3.95	—	2.18	3.8
出口硬焦煤	92.98	56.95	6.86	10.84	4.97	3.28	10.07

注：出口动力煤收到基低位发热量 5855kcal/kg，内销动力煤平均热值 4534kcal/kg，炼焦煤平均灰分 9.5%、硫分 0.53%。

5. 安全生产水平处于世界领先

澳大利亚煤矿生产安全状况良好，2014～2015 年，百万吨死亡率是 0.005，是世界最高水平（图 4.34）。从 2006～2015 年十年间，煤矿死亡人数共 17 人，比煤矿安全生产状况较好的美国 1 年的死亡人数还要少。

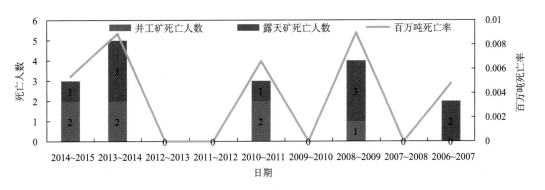

图 4.34　澳大利亚煤矿百万吨死亡率

6. 产业集中度高

2014 年，以嘉能可-斯特拉塔国际公司（Glencore Xstrata PLC）、必和必拓公司（BHP-Billiton PLC）、日本三菱商事株式会社（Mitsubishi Corporation）、博地能源公司（Peabody Energy Inc.）为代表的前四家生产的商品煤总量占澳大利亚商品煤总产量的 47.86%，前十家企业占 75.21%。澳大利亚前四家的煤炭产量占总产量最高值是 2010 年的 57.5%。

澳大利亚煤炭工业呈多头垄断格局。特别是近年来，各公司的煤炭所有权不断合并，少数生产商控制了行业的多数产量。必和必拓公司、嘉能可-斯特拉塔国际公司、英美资源公司（Anglo American PLC）、力拓集团（Rio-Tinto Group）和 MIM 控股公司（MIM Holding Ltd.）五家公司，控制了澳大利亚超过 70%的煤矿。

三、借鉴与启示

（一）美澳高效回收的总体特征

1. 开采煤层埋藏较浅，开采条件简单

美国、澳大利亚煤炭开发的主要原则之一是先开发优势资源，目前所采资源赋存条件均比较简单。

美国煤矿经济可采储量平均只占资源量的 12% 左右，煤层赋存稳定，多为倾角在 6° 以下的水平和近水平煤层，目前井工开采煤层的平均埋深为 122～183m，露天开采一般在 30～40m，个别有达 70m 的。

澳大利亚露天矿开采深度一般为 60～80m，井工矿开采深度平均为 250m，倾角一般不超过 10°，中厚煤层居多，瓦斯含量不高，适合房柱和长壁开采。动力煤以高热值、低硫为主，冶金煤以低灰、特低硫为主。煤炭产地主要分布在东太平洋沿岸 200km 范围内，到港口运距短。

2. 以露天开采为主，矿井集约化程度高

美国、澳大利亚资源回收率和生产效率高的主要原因之一是以露天矿开采为主，其产量比重分别占 64% 和 76%。美国、澳大利亚产量最高的前 10 个矿都是露天矿。露天矿具有生产能力大、建设周期短、开采成本低、劳动生产率高、吨煤投资低、资源回收率及安全条件好等优点，美国 2014 年露天矿生产效率约是井工矿的 3 倍，露天矿资源回收率比井工矿高将近 30%。另外，美国矿井生产集约化程度高，布置简单，多数为一矿一面。

3. 采用机械化开采，生产效率和安全生产水平高

美国、澳大利亚已实现从普通机械化生产向高产高效集约化生产的过渡。煤矿装备重型化、自动化和信息化方向发展，用人少，生产效率高。第一，生产配套设备功率大，可靠性高。目前，美国、澳大利亚等国大型综采工作面已全部使用电牵引采煤机，采煤机总装机功率达 2000kW 以上，重型刮板输送机中部槽宽度达到 112cm，小时运输能力最高达到 6000t，支架多采用电液控制系统，单架最宽达到 210cm，工作阻力达 12MN，移架速度达到 8s/架。第二，井工矿工作面参数不断增加。目前，美国工作面长度最高可以达到 503m，走向推进长度可以达到 6858m。这为精良可靠的设备提供了良好的发挥空间，开机率高，搬家倒面次数少，极大提高生产效率。第三，生产组织简单，用人少。美澳煤矿管理层级少和人员少，地面设施简单实用，工业广场简单，一般无生活广场，工人居住在附件城镇，煤矿辅助性工作一般由社会化服务提供。

4. 煤炭产业结构不断优化，产业集中度不断提高

美国、澳大利亚煤炭工业产业结构的几次调整对煤炭行业整体的生产效率提升起到积极的促进作用，产业结构调整主要表现在两个方面：第一，煤矿个数迅速减少，矿井规模不断加大。美国 1923 年生产煤矿数量 9331 个，用工数量 704793 人，产量仅为 5.12 亿 t，而到 2014 年仅有 985 个生产煤矿，比 1923 年减少了 8346 个，年均用工数量减少了 63 万人，而产量却提高了将近 1 倍。2000 年，煤炭产量最大的 10 个煤矿的煤炭产量约占美国总产量的 29%，2014 年这一比例提高到 38.6%。第二，产业集中度不断提高。美国、澳大利亚前四家企业控制着 50% 左右的煤炭产量。美国从 1977 年到 1993 年间，产业集中度一直保持在 25% 左右，1993 年后，美国出现了第三次大规模的并购重组浪潮，产业集中度迅速提高，2011 年开始，前四大煤炭集团的市场占有率已经持续维持在 50% 以上。产业集中度高表明煤炭市场形成寡头竞争型的市场格局[69]，这样的市场是以经营规模大、经济实力强和科技含量高的大型企业为主，市场资源将得到合理配置和利用，现代化机械设备和先进技术得以大规模使用，煤炭资源得以安全、高效地开发。

5. 矿山环境保护标准具体，监督严格

在环境保护方面，美国和澳大利亚不仅有完善的法律法规，而且拥有科学有效的监管体系。实施严谨的全过程管理制度，从采前准备、过程管理到末端的监测三个方面约束煤炭企业按照规定保护环境。美国的采前准备主要是：①要求提交采矿计划和环境影响报告书，得到相关部门审查和取得民众同意后，才有权利获得美国内政部或州管理机构颁发的许可证；②复垦保证金制度，一般是在许可证申请得到批准但尚未正式颁发以前交纳，一般每公顷土地复垦保证金 1500～4000 美元不等，分三个阶段验收，经验收合格，可得到余下 15% 的复垦保证金。过程管理主要包括：①复垦基金制度，露天开采的煤矿，每吨交纳 35 美分，井工开采的煤矿每吨交纳 15 美分或按煤炭售价的 10% 交纳（以少者为准），褐煤则每吨交纳 10 美分或其售价的 2%（以少者为准），按季度上交；②设置专门的机构和专门的环境监督检查员，负责检查矿山企业遵循环境保护及执行环境恢复情况；③公众参与监督和评价，包括政府、社会组织、民众和煤炭企业，构建多方制衡和支持的环保运行机制。末端监测主要是严格的验收标准，开采结束后经过验收还要观察 5～10 年，确认复垦达标后才返还保证金。澳大利亚与美国不同的主要是：①煤炭企业必须在每年规定的时间向主管部门提交"年度环境执行报告书"，政府对"年度环境执行报告书"审查后就由分管监察员去煤炭企业进行现场抽查；②有一系列的奖惩机制，复垦工作做得最好的企业只需缴纳 25% 的复垦保证金，而其他企业需缴纳 100%，同时政府还设立了"金壁虎奖章"奖励矿山生态环境治理成绩突出的企业。如发现矿山环境未治理好，将会口头要求整改，或者遇到问题严重时可向上级反映，勒令矿业公司停止工作，并可罚款、收回矿权。

（二）借鉴与启示

1. 加强资源评估，选择优势资源布局煤矿

美国和澳大利亚所采煤炭资源条件较好，倾角为 6°左右，井工矿埋深美国平均为 150m，澳大利亚平均为 250m，露天矿埋深美国平均为 40m，澳大利亚平均为 70m，而 我国井工矿埋深平均在 500m 左右，露天矿埋深平均在 100m 以上。另外，美国部分优质 无烟煤资源，并未进行商业化开发，而是将其作为战略储备资源加以保护。因此，我国 应加强对煤炭资源埋深、倾角、构造、煤质、运距等多因素条件的综合评估，选择优势 绿色资源量布局煤矿，从根本上提高煤炭高效回收的条件和水平。采深、倾角过大，构 造较复杂及优质稀缺的无烟煤等资源，可以作为未来战略储备资源[70]。中美澳煤矿开采 深度对比情况如图 4.35 所示。

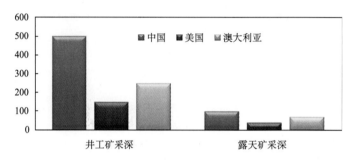

图 4.35　中美澳煤矿开采深度对比

2. 采用先进技术，提高效率和机械化水平

美国、澳大利亚煤矿机械化水平基本全部达到了 100%，其原煤生产效率均超过了 40t/工，是中国目前平均水平的 10 倍以上。因此，对于新建和规划煤矿，在选择优势资 源的基础上，进一步推广先进适用技术装备，优化开拓部署、简化生产系统、减少工作 面个数、提高生产效率。对于生产煤矿，积极推进技术改造，提升机械化和集约化水平。 中美澳机械化水平和原煤效率对比如图 4.36 和图 4.37 所示。

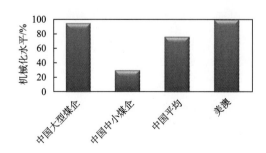

图 4.36　2014 年中美澳机械化水平对比

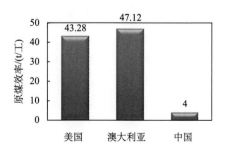

图 4.37　2014 年中美澳原煤效率对比

3. 因地制宜分析，优先建设露天煤矿

2014 年美国露天矿产量比例约为 64%，澳大利亚露天矿产量比例约为 76%，而我国仅约为 15%。由于露天矿具有成本低、安全性高、回收率高等优点，新疆、内蒙古等地区，资源、环境等条件适宜时，应优先建设露天矿，提高高效回收水平。中美澳露天矿比例及百万吨死亡率对比情况如图 4.38 和图 4.39 所示。

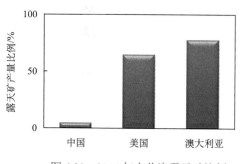

图 4.38 2014 年中美澳露天矿比例

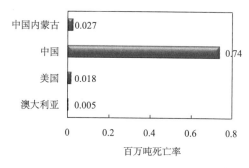

图 4.39 中美澳煤矿百万吨死亡率

4. 推进资源整合，建设行业龙头企业

与澳大利亚和美国相比，我国的煤炭产业集中度水平依然处于较低水平，近 10 年来前四家产量占比年增长率以不到 5% 的速度提升。美国前四大煤炭企业产量占全国的 49%，前十大占 73%；澳大利亚前四大占 48%，前十大占 75%；而中国前四大占 25%，前十大占 44%（图 4.40）。

煤炭行业应结合供给侧改革机遇，加快整合步伐，减少煤炭企业数量。按照市场原则，以资产为纽带开展重组，形成几个亿吨级大能源大物流集团，进一步提高产业集中度。

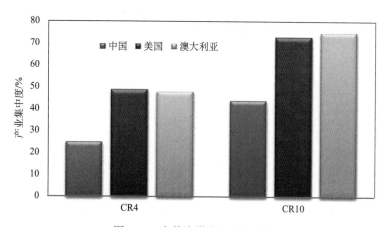

图 4.40 中美澳煤炭行业集中度

5. 细化标准与规划，促进生态环境保护

美国出台有《露天采矿管理与复垦法》《国家环境政策法》《环境责任法》等，澳大利亚出台有《矿山环境管理规范》等，其对矿山生态环境相关内容均有单独约定，且有明确的技术标准，可操作性强。

我国虽有《矿产资源法》《矿山生态环境保护与污染防治技术政策》《土地复垦条例》《煤炭工业污染物排放标准》等，但多以条例或政策的形式约定，在环境等基本法中相关条文较为分散，约束性不够强，且其中的相关技术标准不够明确，操作性不强[71]。

另外，政府及企业在开采前、开采过程中及开采后都要制定环境保护与治理规划，结合资源的全寿命周期，统筹考虑环境保护问题。

第四节　我国煤炭资源精准高效回收战略

一、战略环境

（一）全球煤炭需求增长缓慢，煤炭供应能力充足

在新政策情境下[①]，考虑到能效、低碳能源的使用及可能的碳排放费用等影响，国际能源机构（International Energy Agency，IEA）预测2013～2040年，全球煤炭需求量年均增速为0.4%，主要考虑到经济合作与发展组织（Organization for Economic Co-operation and Development，OECD）国家到2040年减少40%左右煤炭使用，中国需求相对平稳，印度和东南亚增长较强。预测到2040年，煤炭在全球能源结构中占比将从当前29%下降到25%。

煤炭供应。中国是最大的煤炭生产和消费国，未来几年甚至更长时间，国内煤炭产能充足，后备资源和项目储备多。澳大利亚、印度尼西亚是主要煤炭出口国，资源丰富，煤炭资源和储备的项目很多（包括勘查项目、可研阶段项目、在建新项目和改扩建项目等）。例如，澳大利亚此类项目约有80个，总产能超过5亿t/a，印度尼西亚此项目也有几十个。美国煤炭需求呈下降趋势，国内的过剩产能将向海外市场出口，蒙古国、俄罗斯也有能力增加煤炭生产，有一定竞争优势扩大出口[72]。

（二）中国煤炭需求进入峰值区，产能过剩形势严峻

中国经济进入新常态，能源需求增速放缓，加上大力发展非化石能源和天然气，控制煤炭消费总量和增速，煤炭需求已经进入或即将达峰，综合一些机构预测，我们认为煤炭需求2020年、2030年、2050年分别为40.5亿t、38亿t、33亿t[9]。

---

① IEA煤炭需求预测共分为三种情境，新政策情境使用更为广泛。该情境中已考虑未来各国政策可能的变化，如能源效率、温室气体减排、能源结构转型等因素。

　　我国目前生产煤矿实际产能在 45 亿 t/a 左右，约 10 亿 t/a 在建煤矿产能，2015 年生产煤炭 37.5 亿 t，进口煤炭 2 亿 t，煤炭消费约 39.6 亿 t，产能严重过剩。然而国内去产能难度大、需要较长的时间。

　　澳大利亚、印度尼西亚等煤炭出口国生产成本低，出口竞争力较强，预测未来一个时期煤炭进口量仍然较大，对国内本已过剩的煤炭市场继续形成压力，煤炭出口可能有所增加，但数量不会大。预测 2020 年、2030 年、2050 年煤炭净进口在 1.5 亿 t 左右。

（三）开采布局加快调整，重心向晋陕蒙宁区集中

　　从煤炭资源看，东北、华东、华南较好资源被生产煤矿占用，除云南和贵州外，基本没有可供建设新井的较好资源，而晋陕蒙宁区未开发优势资源较多，煤炭仍具有增产潜力。从去产能看，不符合产业政策的落后产能、竞争力弱的产能主要集中在东北、华东、华南，是关闭退出产能的重点地区。去产能既是今后几年的重中之重，也是一项长期任务。从煤炭运输看，随着铁路运力宽松，西煤东运为东部压减产能提供了条件，同时随着运输费用的下降，将进一步提高西部煤炭的市场竞争力。综上所述，未来煤炭布局加快调整，生产重心继续向晋陕蒙宁甘区集中[10]。

（四）受市场环境倒逼，煤炭产业转型升级步伐加快

　　一方面，煤炭市场不会再现 2002～2011 年需求快速增长、供应偏紧、煤价高位运行的时代，而煤炭需求稳定甚至逐步下降、煤炭供应充足、国内外煤炭市场紧密联系、竞争更加充分是将今后的常态。这将倒逼煤炭企业围绕降本增效进行改革，如采用先进适用技术装备，对生产系统进行改造，减少用人等。另一方面，环境保护和安全生产政策更加严苛，监管更加严厉，使得煤矿增加这方面投入，加强管理。因此，市场环境将倒逼煤矿由粗放式开发向高效回收开发转变。

（五）煤炭行业创新发展，呼唤精准开采新业态

　　党中央国务院高度重视煤矿安全和瓦斯防治工作。2005 年以来，先后三次在淮南、沈阳、南昌召开煤矿瓦斯防治工作现场会，推广"煤与瓦斯共采"技术，并出台一系列适合我国煤矿安全生产实际的政策法规和文件，取得显著成效。同时，依靠科技进步，我国煤炭安全开采形式持续好转，煤矿事故总量、死亡人数持续下降，2015 年全国煤矿事故 352 起，死亡 598 人，比 2005 年分别下降了 88.1%、89.1%。一方面，我国煤炭安全取得历史最好成绩；另一方面，随着浅部资源枯竭，深部开采高瓦斯、高地压、高地温等灾害威胁严重，事故仍然时有发生，在去产能"新常态"下，煤炭安全开采形势依然严峻。面对严峻的安全生产形势，煤炭工业必须创新发展，实现由劳动密集型升级为技术密集型产业。煤炭工业创新发展，呼唤以"智能、无人、安全"为核心的精准开采新业态。

二、战略思路

（一）以绿色资源为基础，调整煤炭开发布局

煤炭开发空间布局要结合基于"安全、技术、经济、环境"四重效应的绿色资源量分布，新建和改扩建煤矿要选择合适的绿色资源。战略期内，煤炭开发继续向晋陕蒙宁甘集中，进一步提升其综合能源基地的地位，控制和限制东北、华东、华南新建煤矿，收缩其既有煤炭生产规模和产量，新疆煤炭开发以满足区内需求为主。

（二）以去产能、调存量为主线，促进资源高效回收

加大非绿色资源产能和落后产能退出，加强保留煤矿技术改造和改进管理，推进煤矿机械化、信息化、智能化建设，实现减员增效和安全生产，加强矿区环境保护和治理，提高煤炭资源高效回收水平。

（三）以精准开采为支撑，实现煤炭工业安全科学发展

煤炭精准开采是统筹考虑不同地质条件的煤炭开采扰动影响、致灾因素、生态环境效应等，在时空上准确高效地实现无人（少人）智能开采与灾害防控一体化的未来采矿新模式。大力建设并推广以"智能、无人、安全"为核心的精准开采技术体系，以精准开采为支撑，促进大数据云计算信息技术与采矿业的跨界融合，实现煤炭工业科学创新发展。

三、战略目标

（一）总体原则

在分析目前全国煤炭产能布局及高效回收指标现状的基础上，结合当前煤炭行业去产能、促脱困的政策，依据五大区煤炭资源赋存特点、煤炭需求情况及全国运煤铁路等通道建设情况，考虑五大区能源供应功能定位调整、科技进步及市场经济深入发展对煤炭产业的影响等因素，分 2020 年、2030 年和 2050 年三个节点制定我国煤炭资源精准高效回收战略目标，主要精准高效回收指标的目标值如表 4.22 所示。

表 4.22　我国煤炭精准高效回收战略目标

参数	年份			
	2014	2020	2030	2050
一、全国煤炭产能/亿 t	54	44	40	25～30
其中，晋陕蒙宁甘占比/%	67	70	80	90
二、煤矿数量/个	约11000	6000	3000	2500
三、原煤生产人员/万人	435	300	100	50

续表

参数		年份			
		2014	2020	2030	2050
四、原煤工效/（t/a)		890	1400	3600	6000
五、	采煤机械化程度/%	76	90	100	100
	其中，智能综采比例/%	3	10	30	60
六、产业集中度（前四家）/%		25	30	40	60
七、回收率	井工矿采区回采率/%	60	75	80	80
	露天矿资源回收率/%	90	95	95	95
八、百万吨死亡率		0.255	0.1	国际先进	国际领先
九、环境保护（"三废"达标排放率）/%		60	90	100	100

（二）阶段战略目标

1. 2020 年煤炭精准高效回收达到国际中等水平

煤矿安全工程科技取得阶段性突破，煤炭绿色科学开采取得阶段性突破，煤炭智能高效开采取得阶段性进展，煤炭精准开采全面启动，煤矿安全达到国际先进水平。以晋陕蒙宁甘区为代表的绿色煤炭产能占全国的 70%，全国煤矿数量 6000 处，原煤生产人员 300 万人，原煤工效 1400t/a，采煤机械化程度 90%（其中，智能综采比例达到 10%），井工矿采区回采率平均达到 75%，露天矿资源回收率达到 95%，前四家企业市场占有率 30%，大部分煤矿采煤沉陷区治理率（复垦率）符合规定，煤矿"三废"达标排放率达到 90%。

2. 2030 年煤炭精准高效回收达到国际先进水平

煤矿安全工程科技取得重大突破，煤炭绿色科学开展取得重大突破，煤炭智能高效开采取得重大进展，基本实现煤炭精准开采，煤矿安全达到国际领先水平。以晋陕蒙宁甘区为代表的绿色煤炭产能占全国的 80%，全国煤矿数量 3000 处，原煤生产人员 100 万人，原煤工效 3600t/a，采煤机械化程度 100%（其中，智能综采比例达到 30%），井工矿采区回采率平均达到 80%，露天矿资源回收率维持 95% 以上，前四家企业市场占有率 40%，煤矿采煤沉陷区治理率（复垦率）符合规定，煤矿"三废"达标排放率达到 100%。

3. 2050 年煤炭精准高效回收普遍达到国际领先水平

煤矿安全工程科技取得全面突破，煤炭绿色科学开展取得全面突破，煤炭智能高效开采取得全面进展，全面实现煤炭精准开采，实现煤炭开采从业人员零死亡。以晋陕蒙宁甘区为代表的绿色煤炭产能占全国的 90%，全国煤矿数量 2500 处，原煤生产人员 50 万人，原煤工效 6000t/a，采煤机械化程度 100%（其中，智能综采比例达到 60%），井工矿采区回采率平均维持在 80% 以上，露天矿资源回收率维持 95% 以上，前四家企业市场占有率为 60%，煤矿采煤沉陷区治理率（复垦率）符合规定，煤矿"三废"达标排放率维持 100%。

四、战略举措

（一）发挥绿色资源优势，考虑煤炭进口，优化开发布局

晋陕蒙宁甘区煤炭资源以绿色资源为主，煤炭开发潜力可达 30 亿 t/a，2050 年前煤炭开发应继续向晋陕蒙宁甘区集中，根据需求以稳定和适当加大开发规模，进一步突出其综合能源基地的地位。东北区、华东区、华南区应限制和收缩开发规模，未来以去产能、降规模为主，2020 年产量适当下降，2030 年产量下降 1/3，2050 年基本退出。新青区中，2050 年前，新疆应定位于满足区内需求为主，以此确定其煤炭开发规模，青海以保护生态环境为目标限制开发[73]。澳大利亚、印度尼西亚等国煤炭开发潜力大，长期具有向我国进口煤炭的竞争优势，预测未来煤炭进口仍在亿吨级以上水平。应认清这一趋势，主动压减东部地区落后的无竞争力的煤炭产能。

（二）加大去产能力度，实现供求平衡，提升高效回收水平

目前全国各地产能普遍过剩，但去产能的重点在东北、华东和华南区。要根据"国务院关于煤炭行业化解过剩产能实现脱困发展的意见"（国发〔2016〕7 号文），逐步淘汰落后、安全保障程度低、开采劣质煤、环境影响大、扭亏无望的煤矿，通过关闭 5 亿 t，煤矿工作制度调整核减产能，以及缓建停建部分在建项目，争取尽早实现煤炭产能与需求基本平衡，进一步优化煤炭结构[11]。五大区去产能的重点：东北区、华东区，以关闭退出煤矿为主，重点淘汰落后产能（非机械化开采）、扭亏无望的煤矿；华东区的川渝湘鄂，以关闭退出为主，云贵以满足本省需求为主确定生产规模，采取关闭一批，技改一批煤矿；晋陕蒙宁甘区，重点是缓建停建一批在建煤矿，关闭和技改一批；新青区，以满足本省需求为主确定生产规模，缓建停建一批在建煤矿，关闭和技改一批煤矿。通过煤矿关闭、重组、改造，全面提升资源高效回收水平。落后产能淘汰后，东北区的供应缺口可由蒙东、蒙古等地提供，华东区、华南区的供应缺口可主要通过现有运煤铁路、建设中的蒙华铁路、黄骅港、秦皇岛港等北方港口及江海联运等方式由晋陕蒙宁甘地区补充，或通过进口澳大利亚、印度尼西亚等国煤炭保证供应。五大区去产能主要措施如表 4.23 所示。

表 4.23　五大区煤炭去产能主要措施

地区	总产能/亿 t	2014 年产量/亿 t	非机械化开采产能/亿 t	主要措施
晋陕蒙宁甘区	36	26.07	2.2	缓建停建、关闭和技改
华东区	7.3	5.67	1.4	逐步关闭落后产能
东北区	2	1.46	0.65	逐步关闭落后产能
华南区	5	3.81	3.2	云贵关闭和技改，其他是关闭
新青区	3.7	1.67	0.1	缓建停建、关闭和技改
全国	54	38.68	7.55	—

（三）推广先进经验，采用先进适用技术装备，促进高效回收

大力推广神东、淮南等矿区的先进经验，根据资源赋存条件，推广先进适用的开采技术与装备，提高资源高效回收水平。对于晋陕蒙宁甘、新青区等地区，按照一个矿井一个工作面或不超过两个工作面的模式，重点建设一批技术工艺先进、装备水平一流、安全保障可靠、资源利用率高、矿区环境优良的千万吨级特大型现代化骨干矿井。新疆地区，条件适宜时，优先建设世界一流露天矿。对于华东区、东北区、华南区等地区具备条件的现有矿井，推广先进适用技术装备，以优化开拓部署、简化生产系统、减少工作面个数、提高生产效率为主要内容，积极推进技术改造，提升高效回收水平。

（四）抓住改革机遇，推进煤炭行业整合，提高产业集中程度

结合国有企业改革，加快煤炭行业整合步伐。加大东北区、华东、华南区等区域的煤矿关闭力度，减少煤炭企业数量。晋陕蒙宁甘区、新青区，清理设置不合理的矿权。鼓励矿区开发主体整合，减少开发主体，充分发挥资源配置指挥棒作用，大型整装资源配置优先向技术力量强、资金实力雄厚、转化项目落实的大型优势企业集团倾斜。重点围绕晋陕蒙宁甘国家能源基地建设，支持煤炭企业之间，与下游电力、煤化、能源通道企业之间，按照市场原则，以资产为纽带开展重组，形成几个亿吨级大能源大物流集团，进一步提高产业集中度、能源保障能力、市场调控能力、市场竞争能力，促进煤炭产业健康发展。

（五）统筹考虑，加强煤炭保护性开发，促进能源可持续发展

对于开采赋存条件特别复杂、煤质特别差、安全保障程度低、经济效益差、环境破坏严重等不属于绿色资源量的煤矿，要限制其开采，特别是中小型煤矿，要引导适时退出。对于华东区等地区普遍存在的"三下"压煤、新疆等地的巨厚煤层及特别稀缺的煤种，要实施暂不开采、保护性开采等措施，加强煤炭资源保护，促进可持续发展。

（六）系统谋划，开展精准开采体系研究，促进安全智能开采

尽管煤炭开采在理论、技术和装备方面取得了举世瞩目的成就，在地质勘探、煤炭高效开采、矿井灾害预警与防治、煤与共伴生资源协调开发和煤矿大型化及精细化设备等科学领域取得了诸多突破，极大地提高了煤炭的安全高效开采水平。但我国煤炭开采仍面临诸多挑战：绿色煤炭资源量不足，资源回收率有待提高；开采条件日趋复杂、安全形势依然严峻；环境负外部性日益凸显，可持续发展势在必行；传统采矿理论需要创新，相关技术亟待突破；自动化、信息化、无人（少人）智能化水平较低。

我国应加快推进煤炭精准开采科学体系研究。煤炭精准开采是基于透明空间地球物理，以多物理场耦合、智能感知、智能控制、物联网等无人开采技术和以大数据、风险智能判识、防控、监控预警等安全开采技术为支撑，以数字化、信息化为重要手段，达到高效自动化开采目的智能无人安全开采。开展精准开采科学体系研究，应优先解决以

下几个科学问题：一是煤炭开采多场动态信息（如应力、应变、位移、裂隙、渗流等）数字化定量；二是采场及开采扰动区多源信息采集、传感、传输；三是基于大数据云技术的多源海量动态信息评估与筛选机制；四是基于大数据灾害多相多场耦合灾变理论研究；五是深度感知灾害前兆信息智能仿真与控制；六是矿井灾害风险预警；七是矿井灾害应急救援关键技术及装备。

另外，本书还提出了几点建议，包括重新定位大型煤炭基地功能和作用，优化调整矿业权设置方案，评估东部、中部平原地区煤炭开采必要性，制定低效率产能退出的长远规划，开展压覆煤炭资源开采技术经济专题研究、千万吨矿井群精准开采示范技术研究、高瓦斯复杂地质条件下矿井高效回收技术集成与示范研究，基于绿色煤炭供给侧改革、完善总量控制新策略等，具体内容见第六章。

第五节　主　要　结　论

通过研究，界定了煤炭资源高效回收的概念，提出了高效回收指标体系，分析和评价了全国及五大区（晋陕蒙宁甘区、华东区、东北区、华南区、新青区）煤炭资源高效回收现状，调研和总结了神华集团（神东煤炭集团、准能集团）和淮南矿业集团的煤炭高效回收典型经验。通过现场考察、资料调研等手段，分析美国、澳大利亚煤炭资源情况及高效回收总体特征，提出对我国提高煤炭高效回收水平的借鉴与启示。在分析我国煤炭资源高效回收面临的战略环境的基础上，提出我国煤炭资源高效回收战略思路、战略目标和战略举措。

该篇研究报告主要形成以下研究结论：

（1）我国煤炭资源高效回收现状。首先界定煤炭资源高效回收的概念，在此基础上建立高效回收指标体系（包括安全指标、效率指标、回收指标、环保指标），以高效回收指标为主线，对全国及五大区的煤炭高效回收现状进行分析和评价。从世界来看，与美国、澳大利亚等发达国家相比，我国煤炭高效回收水平仍有较大差距。从国内来看，不同区域煤炭高效回收水平差距较大，晋陕蒙宁甘区绿色资源量比例较高，煤炭工业发展质量较高，高效回收水平处于全国领先水平，除环境保护稍显欠缺外，其他方面基本处于世界先进水平。华东区剩余绿色资源量较少，煤炭高效回收水平两极分化明显，山东、安徽两省以大型煤矿为主，高效回收水平较高，而河南、河北两省的大量小煤矿机械化程度低，高效回收水平较低。东北区、华南区基本无绿色资源量，单井规模小，高效回收水平较低。新青区绿色资源量比例较低，新疆国有大矿高效回收水平较高，但区内小煤矿比例大，总体上高效回收水平较低。

（2）我国煤炭资源高效回收典型经验。重点对神华集团（神东煤炭集团、准能集团）和淮南矿业集团的概况、煤炭资源条件、高效回收指标及煤炭资源高效回收典型经验进行了总结和分析，以期为全国五大区类似资源条件矿区推广相关高效回收经验提供借鉴。通过调研分析，总结出神东集团的高效回收经验包括采用先进工艺、优化开拓布置、创新适用技术、建设数字矿山、加强风险管控、实施绿色开采等，准能集团的高效回收经验包括优化工艺、依靠科技、优化设计、多措并举、强化环保等，淮南矿业集团的高效回收经验包括严格管理、创新技术、解放资源、生态治理等。

（3）国外发达产煤国家煤炭资源高效回收借鉴与启示。通过现场考察及资料调研，针对美国、澳大利亚煤炭资源、煤炭资源高效回收现状，对比分析了两国煤炭资源高效回收的总体特征，并从资源条件、工艺技术、资源整合、生态环境等方面提出了借鉴与启示。主要包括加强资源评估，选择优势资源布局煤矿；采用先进技术，提高效率和机械化水平；因地制宜分析，优先建设露天煤矿；推进资源整合，建设行业龙头企业；细化标准与规划，促进生态环境保护等。

（4）我国煤炭资源精准高效回收战略。在分析国内外煤炭资源高效回收现状及我国煤炭资源高效回收战略环境的基础上，提出了我国煤炭资源精准高效回收的战略思路及阶段（2020年、2030年和2050年）战略目标，即2020年精准高效回收达到国际中等水平，2030年精准高效回收达到国际先进水平，2050年精准高效回收普遍达到国际领先水平。在此基础上，提出相关的战略举措，包括发挥绿色资源优势，考虑煤炭进口，优化煤炭开发布局；加大去产能力度，实现供求平衡，提升资源高效回收水平；推广先进经验，采用先进适用技术装备，促进煤炭资源高效回收；抓住改革机遇，推进煤炭行业整合，提高产业集中程度；统筹考虑，加强煤炭资源保护性开发，促进能源可持续发展；系统谋划，开展精准开采体系研究，促进安全智能开采等。

第五章
我国煤炭开采节能战略研究

第一节　我国煤矿开采能耗现状调查

自改革开放以来，国内经济快速增长，取得令世人瞩目的建设成就。但在经济快速增长同时，也突显出粗放型增长方式的弊端，这背后付以巨大的资源和环境代价，导致经济发展与资源环境的矛盾日趋尖锐，特别是经济发展中高能耗问题已经成为制约可持续发展的瓶颈，不容乐观。煤炭作为国内最大的能源生产行业，生产过程中的能耗十分惊人。图 5.1 是我国采煤能耗随时间发展的变化趋势。从图中可以看出，我国煤炭开采能耗总量逐步降低，但 2015 年全国煤炭开采量为 37.5 亿 t，仍然耗能 0.36 亿 t 标准煤，按每千克标准煤折合 5 kW·h 计算，2015 年我国煤炭开采能耗总量可达 1800 亿 kW·h，约相当于两个三峡的年发电量，能耗总量亟待降低。

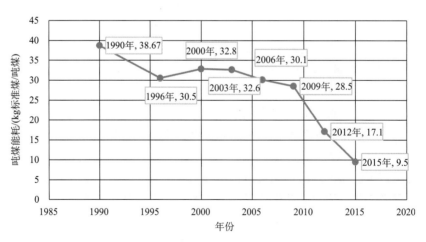

图 5.1　我国煤炭开采能耗变化趋势

统计显示（图 5.2），截至 2015 年，我国每开采 1t 煤炭，平均能耗 9.5kg 标准煤，而发达国家仅为 2.5kg 标准煤，我国煤炭开采平均能耗是发达国家的近 4 倍，节能空间巨大。

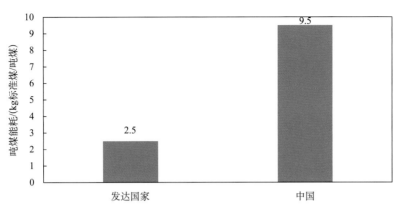

图 5.2　我国煤炭开采吨煤能耗与国外发达国家比较

面对节能环保新常态、煤炭开采技术革命的新要求，煤炭行业必须坚持推进转型，例如推进煤炭科技创新发展，促进行业由劳动密集型向两化（信息化和工业化）融合、人才技术密集型转变；促进行业发展由生产、销售原煤向销售商品煤、洁净煤转变；推进现代煤化工产业化发展，促进煤炭产品由燃料向原料与燃料并重转变等，其中节能降耗成为煤炭行业发展的主要方向之一。

一、我国五大区煤炭开采全流程能耗

（一）煤炭开采全流程能耗分类

煤炭生产主要包含采掘、运输、通风、排水、洗选及其他辅助工作，各工序的能耗根据煤炭开采技术水平、地质条件、管理水平等具有很大的差别。图 5.3 为煤炭开采的全流程工艺图和能耗分类。分析我国煤炭行业生产能耗居高不下的主要原因如下。

（1）我国煤矿数量多，地质条件差异性大，技术水平参差不齐。2014 年年底，全国煤矿数量 1.1 万处，小煤矿数量多、产量低，生产事故占了七成以上。落后产能过多，绿色煤炭资源开采比重过小和因采煤区域造成的安全、技术、经济和环境等制约因素造成的高能耗现象，以及煤炭生产过程中工艺工序安排不合理等生产流程性问题造成的煤矿能耗过高，可统称之为源性能耗。这部分节能是指与供电系统和机电设备无直接关系的节能。对煤矿企业而言，即指通过采用合理的开采方式、开拓部署与巷道布置、优化采煤方法和回采工艺、简化矿井生产系统与生产环节而达到的节能效果。源性节能是煤炭企业节能的重要方面，具有巨大的节能潜力。

（2）煤炭生产机械化程度低，人多效率低单井产量低，智能化程度低，工况适应性差等问题依然突出。2013 年年底，我国煤炭产业人均产量只有 602t/a，与美国和澳大利亚人均产量 1 万 t 相比，差距依然较大。该部分能耗与生产装备的运行能耗直接关联，可称为显性能耗。这部分的节能即为显性节能，是指通过采用与机电设备、设施直接相关的技术方案、技术措施而达到的节能效果，如矿山供电中的节能、矿山机电设备优选与运行中的节能，加强用电管理中的节能等。

（3）煤炭开采所产生的水、气、热、矸石、伴生矿等资源利用率不高，不能够充分利用设备再制造技术、矿井再利用技术等提升煤矿剩余价值。这部分能耗主要体现在不能全面利用矿物资源造成的煤炭生产高能耗，可称为隐性能耗。

（二）五大区的全流程能耗调查

本章将我国煤炭生产区域划分成晋陕蒙宁甘区、华东区、东北区、华南区和新青区五大产煤区域，系统分析了全国五大区煤炭开发节能现状及问题。通过问卷调查、专家咨询、实地走访和数据分析，全面分析全国煤炭开采节能现状，总结存在问题。

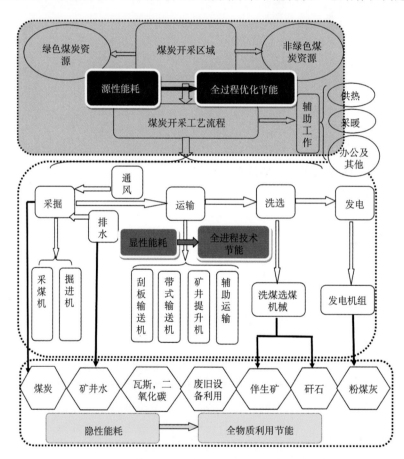

图 5.3　煤炭开采的全流程工艺图和能耗分类

经过调查，图 5.4 为煤炭生产五大区吨煤能耗折合成电的情况表，从图中可以看出，全国平均吨煤消耗的能耗折算约为 9.5kg 标准煤/吨煤）。分析五大区的煤炭开采能耗，因综合地域条件、管理水平、技术发展不同，导致五大区吨煤消耗的电量有很大的差别，低于全国能耗水平的区域有晋陕蒙宁甘区、新青区和华东区，其中吨煤生产能耗最低的是新青区，约为 6.96kg 标准煤/吨煤，主要是因为该地区开发较晚，设备比较先进，地质条件较好，因此能耗要低；其次是晋陕蒙宁甘区，吨煤生产能耗约为 7.28kg 标准煤/吨煤。高于全国能耗水平的区域有两个：东北区和华南区，其中东北区吨煤生产能耗最高，达到了 12.97kg 标准煤/吨煤；其次是华南区，吨煤生产能耗达到了 11.75kg 标准煤/吨煤。

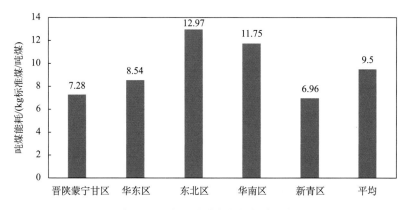

图 5.4　五大区吨煤生产能耗情况表

表 5.1 是我国煤炭行业五大区在采掘、运输、通风、排水、洗选及其他能耗的统计数据，即煤炭开采全过程能耗图。从该表看出：在煤炭开采过程中，能源消耗主要集中在采掘、通风和洗选等工序上，如洗选工序占到总能耗的 28.85%，通风工序能耗次之，达到 20.07%，采掘能耗为 18.39%，这三种工序占到总能耗的 2/3。

表 5.1　煤炭开采能耗调查统计结果　　　　　　　　　（单位：%）

能耗	最低能耗比率	最高能耗比率	均值
采掘	7	41	18.39
运输	7	22	13.33
通风	6	32	20.07
排水	3	17	9.23
洗选	18	42	28.85
其他能耗	4	22	10.13

各工序的最低能耗、最高能耗及平均能耗对比如图 5.5 所示，各工序中最高能耗和最低能耗差别巨大。以采掘为例，统计的最低能耗占总能耗比率为东北区的 7%，而最高能耗占比为新青区，达到了 41%，约为东北区采掘能耗占比的 6 倍。对于运输能耗占比，由于华东区进入到深部开采阶段，千米深井较多，其运输能耗最高，达到了能耗占比的 22%。通风排水的能耗占比也差别巨大，新青区通风能耗仅为华东区通风能耗的 20% 左右；华南区地质多水，其排水能耗较高，占到总能耗的 17%。上述数据表明，因各煤矿技术水平、地质条件、管理水平等具有差别，导致各区域能耗水平的不一致，这种差别将是我们从技术方面和管理水平方面进行节能的依据，也为我国煤炭企业的生产提供了科研驱动力。

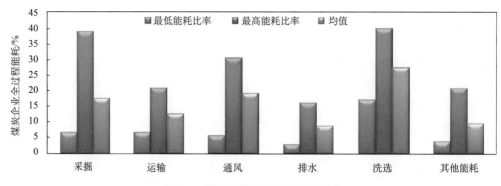

图 5.5　煤炭开采能耗调查统计结果

由此可见，我国五大区煤炭生产能源消耗既有显性能耗，又有隐性能耗，还有源性能耗，这就要求煤炭开采过程中既要做到技术先进，又要做到工艺流程优选，达到"全过程优化节能，全进程技术节能，全物资利用节能"的目的，实现节能降耗目标。

二、煤炭开采装备国内外能耗差异分析

采煤过程中之所以造成上述能耗差别，分析认为地质条件、技术水平、管理水平、地域环境等都会对煤炭开采能耗水平产生影响，本书主要针对国内外设备和技术水平的差异进行了现场调研和总结。

（一）采掘装备

1. 采煤机

国外采煤机的技术特点和发展趋势主要表现在以下几个方面：①电牵引方式为主，液压牵引采煤机虽然仍在生产和使用，但已不占主导地位，由于电牵引采煤机的诸多优点，目前新开发的大功率采煤机基本上都是采用电牵引方式；②装机功率不断增大；③可靠性提高；④交流变频调速为主；⑤齿轨式无链牵引；⑥中高压供电；⑦监控保护智能化。

国内采煤机其技术特点及趋势如下：①装机功率不断增大，为适应高产高效综采工作面对采煤机截割能力的要求，在厚、中厚煤层还是薄煤层采煤机的其装机功率（包括截割功率和牵引功率）均在不断加大；②控制系统日趋完善，电气控制功能逐步齐全，可靠性不断提高，在通用性，互换性和集成化等方面已有较大进步；③重点转向电牵引，20 世纪 90 年代初已逐步停止研发液压牵引采煤机，研究重点转向电牵引采煤机。

通过国内外同类电牵引采煤机技术比较，今后国内电牵引采煤机的主要研究内容应包括以下几个方面：①提高交流变频调速牵引系统可靠性，解决系统装置抗震、散热和防潮等问题能；②提升微机电气控制系统可靠性，提高采煤机电控系统的抗干扰、抗热效应能力；③增强电控系统监控功能；④继续提升装机功率；⑤提高可利用率与寿命；⑥电器模块小型化。

2. 掘进机

欧洲国家普遍使用的通用掘进机，适用各种隧道作业，无支护功能，效率和开机率低。美国和澳大利亚使用的连续采煤机掘进速度快、开机率高，增装安装锚杆钻机可支护作业，20 世纪 80 年代末发展成为能实现掘、运与支护并行的操作设备，但机型庞大，仅适应于煤巷掘进。国外掘进机发展趋势：①扩大功能与适用范围；②掘进断面增大，加强截割能力；③增强爬坡能力，适应多种地质条件；④吸纳现代自动控制技术，提高自控水平技术。

目前，我国悬臂式掘进机总体已接近国外同行技术水平，切割功率已达 160kW，整机质量达到 53t 以上，并逐步形成了煤及半煤岩掘进两大系列、十多个品种，国内研制的新一代煤巷掘进机主要技术特点如下：①设计合理、结构紧凑、机身矮、重心低、具有很好的工作稳定性；②生产能力大、破岩能力强、适应性好；③液压马达直接驱动装载机构，结构简单而可靠性高，工作稳定，减少了维护量；④以无支重轮和黄油缸推顶导向轮张紧履带行走装置，提高了行走机构可靠性；⑤液压系统简约可靠，有自动补油装置，提高系统可靠性；⑥电气系统采用了可编程逻辑控制器（PLC）控制，具有工况监测和故障诊断功能。

国内掘进机现在存在的主要问题如下：①掘进支护需交替进行，支护时间是截割的 2～3 倍，掘进机开机率低，制约了进尺速度；②开拓以单头煤巷为主，支护、通风、运输困难，移动电站不能随行，供电质量差；③薄煤层综掘尚在起步，中厚煤层综掘巷道支护未得解决，采掘巷道普遍偏小（煤巷截面 $10m^2$ 左右），难以容纳现有机型，配套设备（尤其是支护、除尘设备）布置困难，影响开机率；④喷雾系统无法适应硬煤岩除尘需要；⑤尚未有能适应小断面的辅助运输和端头机械化支护解决措施；⑥煤巷快速掘进设备（主要是掘锚综合机组和连续采煤机）无法满足双高工作面的建设需要；⑦尚未建立起适合国内地质条件的截割、装运及行走载荷谱及完整的设计理论依据。

目前，国内主要有煤炭科学研究总院太原分院研制的 EBJ（Z）系列、佳木斯煤机厂生产的 S 系列、天地科技股份有限公司上海分公司设计生产的 EBJ 系列等类型悬臂式掘进机。与国外先进设备相比，不仅总体性能参数偏低，在基础研究方面也比较薄弱，适合国内煤矿地质条件的截割、装运及行走部载荷谱没有建立，尚无完整的设计理论，计算机动态仿真等方面还处于空白，在元部件可靠性、控制技术、在截割方式、除尘系统等核心技术方面有较大差距。

（二）运输装备

1. 刮板输送机

目前世界上生产刮板输送机的国家主要有德国、美国、英国、澳大利亚、日本等，机型从轻型、中型到重型、超重型，装机功率已达到 3×750kW。保护形式有弹性联轴器、限矩型液力耦合器、双速电机、调速型液力耦合器、软启动等。20 世纪 80 年代后期以来，刮板输送机技术发展可概括为"三大（大运量、大运距、大功率）、二重（重型溜槽、重型链条）、一新（自动监测新技术）"。

国内刮板输送机技术现状：经过 20 多年来制造厂家和使用单位的不断探索，研制的刮板输送机中部槽结构由原来单一的挡、铲板结构逐步形成了框架结构、整体焊接结构、C 型槽结构、铸焊结构等多种结构形式并存的局面，基本满足了各种地质条件下工作面开采的要求。随着近年来科学技术的进步，一些新技术也不断应用于刮板输送机，如液力偶合器、限矩摩擦离合器、调速耦合器等软启动技术用于设备的过载保护；液压紧链器、自动伸缩机尾等机电一体化技术用于设备的自动化控制；自动监测与控制装置也逐步扩大使用范围。为适应国内各种开采工艺的发展，刮板输送机在种类、运力、可靠性、服役寿命、自动化运行程度等方面都有了很大提高。

国内外刮板输送机技术差距体现在：①驱动能力，限于驱动基础理论、设计水平、制造工艺多方面因素，只能追赶世界水平；②材料科学，国内外产品过煤量相差近一倍，只重抗磨不重减磨降耗节能；③科技综合运用，运行监控与自控调节既能实现高效安全运行，也可降耗节能而提升经济效益，而国内只重能力而忽视其他环节。

2. 带式输送机

目前，国外煤矿井下使用的带式输送机关键技术与装备有以下几个特点：①设备大型化；②综合利用现代科技，提高运行效率和可靠性；③多点驱动平衡功率，采用中间及多点驱动、变向运行等技术，解决长距输送问题，确保输送系统设备的通用性、互换性，驱动单元的可靠性；④应用新型关键技术，采用可控启动传输（CST）等大功率驱动与调速装置、高速长寿命托辊、自清式滚筒、高效贮带器、快速自移机尾等，减少辅助作业，提高生产效率。

国内带式输送机的水平有很大提高，井下大功率、长距带式输送机关键技术研究和新品开发都取得很大进步，如大倾角长距带式输送机、高产高效工作面顺槽可伸缩带式输送机等均填补了国内空白，并对关键技术及其主要元部件进行了理论研究和产品开发，研制成功多种柔性启动和制动装置，以 PLC 为核心的可编程电控装置，广泛应用调速型液力偶合器和行星齿轮减速器。

国内外带式输送机技术差距主要体现在关键核心技术、技术性能、可靠性寿命和运行监控系统等方面。①关键核心技术差距：带式输送机所使用的输送带属于黏弹性体，大功率长距离带式输送机又经常处于带载启动或制动工况，所以输送带对驱动装置的启动和制动的动态响应是十分复杂的过程。由于在设计基础理论和技术上的差距，同样工作性能的国外产品更加轻巧，加之辅以动态监测系统，可靠性明显提高，降低能耗和运行成本，延长了使用寿命。②柔性启动和功率均衡技术：长距离带式输送机需带载启动，为避免打滑并降低输送带张力，需采取柔性启动技术把加速度值限制在一定范围之内。采用多点驱动也是降低输送带张力有效途径，但必须处理好各点驱动力均衡问题。③整机技术性能：国产带式输送机性能参数已很难满足高产高效矿井需求，有些现代化矿井部分成套设备不得已只有依靠进口。

3. 矿井提升机

目前，国外广泛采用多绳摩擦提升方式，结构从井塔式发展到落地式，应用范围由深井发展到浅井，由竖井发展到斜井及露天矿的斜坡。由于多绳提升具有许多优势，有的国家已限制生产和使用单绳缠绕式提升机，同时还将单绳缠绕式提升机改造成多绳提升机。随着提升机械和电气传动技术的不断改进，电子和计算机技术也对提升机电控起到积极的促进作用。20 世纪 70 年代西门子发明矢量控制交-交变频驱动技术，PLC 也开始用于提升机控制，80 年代计算机被用于提升机监控，使得提升机的自动化水平、安全和可靠性都达到了新的高度。

国内提升机制造业发展迅速，从无到有，从测绘仿制到独立设计制造，从单机研制发展到系列化生产，基本上适应矿山建设需要，并制订了相应的国家和部颁标准，产品结构和性能亦接近国外先进水平。

国内提升机虽有长足进步与发展，但仍满足不了采矿工业和工艺改革的需要，在可靠性、经济性和适应性方面与国外先进水平相比还存在较大差距，主要表现为：①行业内制约，生产厂家的增多，制造行业互相竞争，互相保密，造成中、小型提升机产品的参数、机型及安装尺寸不统一，给用户设计选型均带来很大不便；②产品受规格限制，国内仅有单绳缠绕式单、双筒和多绳摩擦塔式和落地式两个系列几十个规格，用户只能按此选用，无法应对具体开采的特殊需要；③产品水平低；④自动化程度低；⑤能耗高和效率低；⑥设备成套性差。

（三）排水装备

煤矿生产过程中的涌水期一般可以分为正常涌水期和最大涌水期，在某些地下水丰富而降雨量较多的地方，最大涌水量可为正常涌水期的 2～4 倍，所以井下排水系统不仅能够及时排除正常涌水期的矿水，而且还要具备排除涌水高峰期大量矿水的能力，现代矿井是依靠电机驱动水泵将水抽到井上，水泵电耗也是矿井生产能耗的组成部分。

因煤矿地质条件、技术水平、设备状况等不同，排水用电大约占煤矿用电总量的 3.1%～17.1%。国外煤矿给排水的低能耗主要体现在机器运行效率上，通过提高机器利用率降低吨煤排水电耗。据统计，国外吨煤排水电耗企业大部分在 2kW·h/t 以下。

国内排水能耗主要体现在设备利用率不高，设备技术落后方面。据统计，国内煤炭生产 2007 年排水用电占煤矿用电总量的平均值为 8.89%；2008 年排水用电占煤矿用电总量的平均值为 9.83%；2009 年排水用电占煤矿用电总量的平均值为 9.26%，综合考虑每年矿用排水约占煤矿总能耗的 9.23%。调查显示国内大部分煤矿企业吨煤排水电耗高于 5kW·h/t，约有 30% 企业吨煤排水电耗在 2 kW·h/t 以下，另有 30% 企业吨煤排水电耗高于 5kW·h/t。从生产企业历史记录来看，大多数企业每年排水占生产电耗和总电耗比重不断下降，表明企业对于排水工艺技术升级和设备改造做出了很大的努力。

（四）通风装备

出于成煤与赋存条件，煤层中存有不同含量的气体。在开拓时这些气体会涌出，需要采取抽放措施防止气体突出造成事故，回采时这些气体也会逐步释放到工作面内，给开采造成威胁，所以气体抽放和通风是煤矿开采的重要工艺环节。目前煤矿通风主要是为了降低或均衡工作面的瓦斯浓度，使之维持在一定水平之内，以保证回采作业的安全进行。矿井通风是依靠气体流动来向工作面提供新鲜空气，可以利用地表和井下温差所形成气流实现自然通风，但随着开采强度增大，现代化矿井均采用由电机驱动风扇强制通风，所以通风电耗也构成煤矿开采的成本。

因煤层赋予条件、开采技术水平和设备状况不同，国外企业吨煤通风电耗大部分在 $2\sim7kW\cdot h/t$，个别企业通风用电高一些。国外企业煤炭生产低能耗的主要原因在于其设备利用率较高，利用自适应技术和变频技术等提高了设备效率，降低了能耗。

而国内企业吨煤通风电耗大部分为 $5\sim10kW\cdot h/t$，少数煤矿吨煤通风电耗在 $25kW\cdot h/t$ 以上，当然这不可排除煤层赋予条件影响，有部分企业通风耗电比例大于 25%，数量占统计样本 30%左右；通风耗电比例为 10%~25%的企业比较多，数量占统计样本 45%左右；还有 25%左右企业通风耗电比例在 10%以下，其中少数企业通风用电比例不足 6%，可能是属于超低瓦斯矿井。

通过比较，传统固定流量风机与节流调风方式吨煤通风能耗偏高，而可变流量风机结合均压通风技术就取得良好的节能效果，说明开采工艺和装备技术水平对节能效果的积极影响。另外，优化矿井通风结构和采用新材料，减少矿井风阻也是可采用的节能措施。

（五）洗选装备

洗选煤是对煤炭机械洗选加工过程，其特点是多种机电设备以系统方式在复杂条件下运行，负载变动大，设备包括破碎、分级、分选、脱水、脱介、运输机械等，单机效率和综合效率较低。在选煤厂中应用。泵类设备占全厂设备总容量的 50%左右，而泵类设备在设计时通常都留有一定余量，在实际生产过程中通过阀门控制流量与调节压力，可造成 30%~60%功率损耗。

国外主要利用变频调速技术和永磁调速技术实现洗选煤环节节能。根据电机负载大小调节电机运行频率，减少阀门节流损失，而且实现均匀调速，节约电能。选煤厂若认为使用变频调速电网干扰大，可采用永磁调速器对泵进行调控。永磁调速技术是近年国际上开发的一项柔性传动调速新技术，与变频调速相比，永磁调速器具有"节能效果好、电磁干扰少、启动电流冲击小、无谐波干扰、无接触式传动"的优点。

国内洗选厂家对节能也提出了更高要求。2011 年 8 月《国家电网公司第一批重点推广新技术目录》要求 2012 年起，新增配电变压器全部采用节能型配电变压器。另外山西晋城无烟煤矿业集团有限公司技术研究院神悦节能技术有限责任公司负责的永磁调速项目已在成庄洗煤厂进行试验性改造。

比较国内外洗选能耗，我国洗选能耗偏高的主要原因在于煤炭质量的差别，以及在先进技术的应用方面。

第二节　煤炭开采节能策略与技术研究

一、煤炭精准开采三元协同节能策略

煤炭开采是一个复杂的物质-能量场置换过程，具有以下特点：①受煤层物质场边界条件严重制约；②工作场所不断移动；③物质与能量的置换系统复杂且必须设置人工构筑物保护工作场空间；④安全问题突出；⑤物质场具有随机性和多变性，开采条件逐渐变差；⑥消耗的材料不构成产品实体；⑦破坏生态环境，煤炭开采过程中产生的矸石、瓦斯和矿井水等废弃物排放。煤炭开采能源消耗量随着开采深度、固液气物流量（通风量、涌水量、运输量）及机械化程度和安全系数等因素的增加而不断提高。

煤炭开采能耗与排放物质场的耦合模型如图 5.6 所示。可见，煤炭开采过程中，煤层赋存条件（S2）对煤炭生产各系统（S1）存在着有害的定向作用，同时煤层赋存条件（S2）和煤炭生产各系统（S1）都对矿井水、瓦斯等伴随开采过程产生的物质（S3）存在有效、定向而不充分的作用，煤炭生产各系统对原煤、矸石及其他生产废料（S4）通过消耗各种能源（F）产生有效而定向的正常作用。由于无法改变煤层赋存条件对煤炭生产各系统的有害的定向作用，因此，在煤炭开采过程中降低能耗和污染物排放的主要措施在于充分回收利用矿井水、瓦斯等伴随开采过程产生的物质（S3）和降低煤炭生产各系统对原煤、矸石及其他生产废料的能源消耗量。

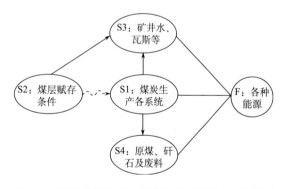

图 5.6　煤炭开采能耗与排放物质场的耦合问题模型

根据煤炭能耗调查，本书把煤炭开采的节能途径归纳为源性节能、显性节能和隐性节能。基于精准开采的理念，提出煤炭开采节能策略如下。

（1）煤炭开采的源性节能技术——绿色煤炭资源节能精准回采：就是精确确定采煤区域，逐步淘汰落后产能和加大绿色煤炭资源开采比重，并通过合理安排开采布局，尽可能简约采煤工序，消除或降低因采煤区域造成的安全、技术、经济和环境等制约因素造成的高能耗现象，可称为源性能耗节能方式。

（2）煤炭开采的显性节能技术——运行精准调控：主要是大力发展精准采煤技术，在采煤的各个环节，采用先进技术如煤岩识别技术、变频节能技术、无人采掘技术等，先进的管理、先进装备、高素质人员等进一步降低采煤能耗比，对煤炭采掘实现精确化、数字化，从而达到节能降耗目的。该节能方式因与生产能耗直接关联，可称为显性能耗节能方式。

（3）煤炭开采的隐性节能技术——资源精准利用：以煤炭资源、附生资源、原材料、采煤设备的高效利用和循环利用为目标，以"减量化、再利用、资源化"为原则，以物质闭路循环和能量梯次使用为特征，按照自然生态系统物质循环和能量流动方式精确运行的经济节能模式。全物质循环节能主要充分利用煤炭开采所产生的水、气、热、矸石、伴生矿等资源提高经济效益，充分利用设备再制造技术、矿井再利用技术等提升煤矿剩余价值。这部分节能技术主要通过全面利用物质达到节能降耗目的，不直接体现在能量节约上，可称为隐性能耗节能方式。

二、煤炭开采的源性节能技术

（一）基于节能的采区精准确定

前文统计了五大区绿色煤炭资源量分布情况（表 2.16），并为配合国家煤炭行业去产能的要求和提高煤炭开发产业集中度的开采布局规划，科学确定煤炭开发优化发展区、收缩开发区和逐步退出区，结合我国特高压电网和大交通规划和实施成效，重新审视我国大型煤炭基地开发布局，确立新的绿色煤炭基地划分，制定了"十三五"及"十四五"的非绿煤炭资源开发退出计划路线图（表 5.2），加快减少非绿色煤炭资源量的开发比重，淘汰落后产能。根据上述资料，随着绿色煤炭资源在开采比重的增加，煤炭开采各工序采用技术可达到最优化水准，将大大增加煤炭开采效率，降低煤炭生产能耗。

表 5.2 非绿煤炭资源开发退出计划路线图

五大区	资源情况		布局思路	产能规划节点		
	绿色资源量/亿 t	绿色资源量指数		2020 年	2030 年	2050 年
晋陕蒙宁甘	3697.61	0.57	重点开发	32 亿 t	28.4 亿 t	23.1 亿 t
华东区	418.32	0.44	限制开发	5.2 亿 t	3.4 亿 t	1.9 亿 t
东北区	46.10	0.21	收缩退出	0.8 亿 t	0.5 亿 t	退出煤炭产业
华南区	253.15	0.31	限制开发	4.4 亿 t	2.7 亿 t	1.3 亿 t
新青区	633.77	0.55	资源储备	1.6 亿 t	3 亿 t	3.7 亿 t
小计	5048.95	0.53	—	44	38	30

综合分析前述的绿色煤炭资源开采发展趋势及绿色煤炭资源开采比重，我国 2020年、2030 年、2050 年绿色煤炭开采量占总开采量的比重分别为 70%、80%、90%，绿色煤炭开采量的增加预示着我国煤炭开采将更加适用于自动化、大规模、无人化开采，在

吨煤能量消耗上达到更好的节能效果。

（二）基于节能的开采工艺方法

1. 煤炭精准开采的节能工艺

1）浅井露天化开采

露天开采不仅具有产量大、功效高、成本低的优点，而且就节能而言，也具有较大的空间。这是由于露天开采减少或简化了若干生产环节和工序，如提升、通风、排水、井巷掘进、顶板管理、日间照明等，对具有露天开采条件的煤矿，特别是煤层厚度大、埋藏浅、地表无大型建筑物和水体等的煤矿床，应优先考虑露天开采方式。

2）回采工艺适配化

（1）应用倾斜长壁采煤法回采近水平煤层或煤层倾角在12°以下的缓倾斜煤层，与走向长壁采煤法相比，前者不仅巷道掘进工程量少，而且可以减少生产环节，简化生产系统，从而有效降低采煤能耗。

（2）采用整层采煤法回采3.5～6.0m的厚煤层。与分层采煤法相比，厚煤层的整层采煤法，由于巷道工程量的减少和生产系统的简化，可有效节省能源。

（3）采用顶煤冒落采煤法回采6.0m以上的特厚煤层。与分层采煤法相比，不仅采面生产能力大、工效高，而且因其巷道工程量少及生产系统简化，顶煤可依靠矿压和自重自然崩落，从而能取得明显的节能效果。

（4）采用充填采煤法回采"三下"煤炭资源。该采煤法不仅可以有效控制矿区地表沉陷，大幅度减少矸石的堆放，而且可以顺利回采"三下"呆滞的大量煤炭资源，提高煤矿的资源回采率。煤炭作为我国第一能源，降低煤炭资源的损失率，也就是煤矿企业节能的另外一个重要方面，而且潜力很大。

3）地下燃气化开采

煤炭地下气化所形成的化学开采系统、安全状况、产品质量、对环境的保护，以及节能方面都优于机械化物理开采，尤其是对急倾斜煤层，薄煤层，高灰、高硫与变质程度较低的煤层（如褐煤），范围较大的边角煤，大面积的永久煤柱的回收等，采用煤炭的地下气化方式更为有利。在条件适合时应优先考虑这一先进、环保且节能的地下气化方式。

4）煤与瓦斯共采

在采煤之前或采煤的同时对煤层瓦斯实行抽采，不仅可以大大改善矿井生产的安全条件，还能有效抑制煤与瓦斯突出，瓦斯爆炸与燃烧及瓦斯窒息事故的发生，有利于降低瓦斯向大气排放所造成的温室效应，而且可以显著减少矿井通风的能耗，同时抽采所得的瓦斯本身就是一种高质量的能源，可用于发电、供热、民用燃料及化工原料。

5）保水开采

当可采煤层上方或下方赋存有强含水层时（如二叠系长兴灰岩、茅口灰岩，奥陶系灰岩等），为避免或减少上述含水层的水大量涌入矿坑内而增加矿坑涌水量，采用保水开采方式（如充填采煤法、采—充—采条带式采煤法、离层带注浆充填等），不仅有效地保护了可贵的地下水资源，而且能大幅度减少矿坑涌水量，进而可大大降低矿井排水能耗，从而取得显著的节能减排效果。

6）节能回采工艺

（1）对硬度较大的煤层可进行采前预裂，如松动爆破、高压注水等方法。

（2）对较长的采煤工作面可实现双向穿梭式采煤，能减少采煤机空回行程的能耗。

（3）在采煤工作面采用留三角煤的进刀方式与割三角煤的进刀方式相比，可减少采煤机在端头反复拉锯割煤的能耗。

（4）对 1.0m 以下的极薄煤层，可采用螺旋钻场采煤工艺，有利于提高矿井资源的回采率。

2. 井下煤炭精选的节能工艺

1）煤矸石排放污染环境

煤矸石是在煤炭开采、洗选加工过程中形成的固体废弃物，包括巷道掘进过程中的挖掘矸石，采煤过程中从顶板、底板及夹层里采出的矸石，以及地面选煤过程中挑出的洗矸石。煤炭生产过程中的矸石排放量约占产煤量的 15%～18%，其中从巷道掘进的排放量约占 45%，采煤过程的排放量约占 35%，从选煤过程的排放量约占 20%。我国每年开采 1 亿 t 煤炭的排放矸石量约 1400 万 t，每洗选 1 亿 t 炼焦煤的排放矸石量约 2000 万 t，每洗 1 亿 t 动力煤的排放矸石量约 1500 万 t。

煤矸石的大量堆放不仅压占土地而且影响生态环境，污染土壤和水气环境。矸石受到雨水淋溶之后，渗透的淋溶水将污染周围土壤和地下水。煤矸石中含有一定的可燃物，在适宜的条件下发生自燃，排放的二氧化硫、氮氧化物、碳氧化物和烟尘等有害气体会污染大气环境。

2）矸石无谓运输能耗巨大

将矸石从井下运至地面，不仅需要耗费大量的动力，而且降低了矿井的有效产能。以毛煤中大块矸石含量为 15% 计算，2013 年我国矿井产煤量约 37 亿 t，向地面运输的矸石量高达近 7 亿 t，浪费了巨大的矿井运输能力，相当于 70 个千万吨级矿井的运输量，若以平均矿井深度 600m 计算，这些矸石从井下运至地面的消耗能量约 4200GW，消耗运输装备电能约 11.5 亿 kW·h。据估计，煤矸石运量约占矿井提升量的 15%～25%，部分地质条件复杂的矿井将会高达 35%。

2013 年全国煤炭产量 36.8 亿 t，铁路运输量约 23.2 亿 t，港口海运煤炭 6.7 亿 t。以铁路运输煤炭的平均运距 650km、运费 62.7 元/t 计算，如果其中夹杂矸石 5%，铁路无谓运输的矸石 1.16 亿 t，浪费运费近 73 亿元。

3）矸石减量化节能工艺变革

在井下实现煤炭开采的矸石减量化是减少煤炭开采的矸石排放的根本途径，在煤炭开采过程中实现矸石的"三个减少"：①减少矸石产生量，通过改进采煤工艺来实现；②减少矸石排放量，及减少矸石运至地面的排放；③减少矸石最终堆存量，即通过资源化利用，减少矸石进入自然界的数量。

（1）煤层精准截割技术。

从采煤工艺方法上着手，减少回采机械切割矸石夹层，尽量降低采煤工作面的矸石产出量。采煤机记忆截割是在采区遇到岩石突变状况，采煤机就会切割岩石而产生矸石。为此，对采煤机滚筒自动控制调高，从而避开截割岩石。目前，Eickhoff 公司、DBT 公司、JOY 公司及中国的高端采煤机都装备了记忆截割系统。

（2）井下精细选煤技术。

对回采煤炭中的矸石在井下运输过程中加以分选，提高煤炭清洁度，减少矸石废弃物的升井排放量。目前的井下煤矸分选技术有：选择性破碎选矸、井下振动筛分排矸、井下重介浅槽排矸、井下动筛跳汰机排矸、井下空气脉动跳汰机排矸。

（3）矸石原位利用技术。

煤矸石资源化利用有两种方式：地面处理后资源化利用和井下原位利用。当前，煤矸石利用主要是地面处理后的资源化利用，井下分选及原位利用已有探索，但未有工程化成熟技术。煤矸石地面处理后资源化利用途径包括热能利用、化学利用和物理利用，如图 5.7 所示。

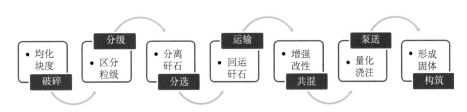

图 5.7 井下矸石原位利用工艺流程

由此可见，煤矸石减量化是煤炭开采节能的主要途径，必须推进采选充一体化技术变革，它包括三项核心关键技术突破，如图 5.8 所示。

3. 井巷精准布局的节能路径

1）合理选择井筒形式及布置

从井筒形式来看，平硐开拓与斜井或立井开拓相比，由于简化了排水、提升运输环节，能取得较好的节能效果，因此凡具有平硐开拓的矿区应优先考虑平硐开拓。在不具备平硐开拓的条件下，斜井开拓与立井开拓相比，由于前者能采用运量大、运输可靠性高、能耗低的胶带输送机，且该开拓方式阶段石门较短，可减少巷道开掘工程量和阶段石门的运输工程量，有利于节能。此外，斜井开拓尤其是底板斜井，可不留或少留井筒及工业场地保护煤柱，可有利于提高矿井资源的回采率和减少煤炭资源的损失率，这也是节约能源的另一种体现。

从井筒位置来看，双翼开拓（尤其以主井位于井田储量的等分线上），与单翼开拓相比，可大大节约井下运输、通风的电能消耗。

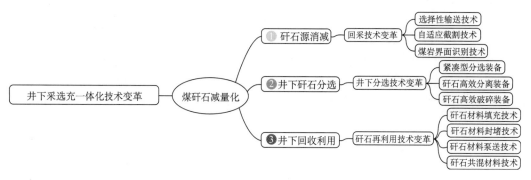

图5.8　煤矸石减量化节能技术变革路线图

2）大型矿井采用斜井-立井联合开拓

斜井可作为主井安设运输能力大，可靠性高，能耗较低的胶带输送机，副井为立井，担负辅助提升和敷设管线任务，有利于缩短供电、供气、排水等管线长度，从而降低其电能损耗。

3）特大型矿井采用分区域开拓

主提升采用斜井装备强力胶带运输机集中出煤，辅助提升、回风以及敷设排水、供电、压气管路由各分区副立井承担，由于长度短，损耗小，从而可取得良好的节能效果。

4）大力推行"一矿一井一面"开采模式

这种开采模式不仅可以实现矿井的高产高效，而且因为生产高度集中，大大减少了全矿井所占用的机电设备、缩短采准及生产战线，从而可取得显著的节能效果。

5）条件适合时采用下山开采

当煤层倾角较小，矿坑涌水量不是特别大时，下山开采不仅可减少井巷开掘工程量，而且可减少矿坑水及煤矸石的反向运输量，有利于节约能源。

6）多开煤巷，少开或不开岩巷

该布置方式不仅可以减少甚至避免了矸石排至地面带来的诸多弊端，而且由于煤巷的开掘单位能耗远远低于岩巷的开掘，从而达到节能的目的。这种布置方式常见于单层开拓、单层准备方式。

7）大力推广无煤柱开采和单巷布置

无煤柱护巷，尤其是沿空留巷，不仅可以有效减少巷道的掘进工程量，从而取得节能的效果，同时还能提高煤炭资源的回采率，从另外一个方面也实现节能效果。此外，单巷布置与双巷布置相比，前者由于减少了巷道的开掘量也有利于节能。

8）条件适合的区段巷采用斜巷布置

开采近水平煤层群时，区段巷可采用斜石门联系；开采倾角不大的缓倾斜煤层群时，区段巷可采用平、斜结合的布置方式，不仅可以减少石门的开掘量，而且斜石门便于实现煤炭的无动力自溜运输，从而减少能源消耗。

三、煤炭开采的显性节能技术

（一）采掘装备

1. 采煤机节能技术

1）采煤机已有节能技术及经验

电牵引技术：液压牵引采煤机采用液压传动技术，调节性能好、布置方式灵活，但在能量转换过程中伴随压力和流量损耗，降低系统传动效率，用电机直接牵引可避免液压牵引弊端。

变频驱动技术：国内能量回馈型四象限运行交流变频牵引技术已处于世界领先水平，能在额定转速下实现恒转矩输出，额定转速以上保持恒定功率输出，并能实现两台变频器之间的主从控制和转矩平衡。

软启动技术：利用柔性启动技术，可以缓冲负荷冲击，保护采煤机本身内部传动机构，低容量电机即可满足启动需要，降低采煤机能耗。

机电一体化技术：以现代机械电子器件和控制方法取代传统采煤机零部件，充分发挥机械电子技术优势，提高采煤机系统工作效率和自动化程度，已经取得明显的提效节能效果。

螺旋钻机采煤：采煤机截齿刀盘在狭窄空间内不易展开，螺旋钻头则更适应在薄与极薄煤层开采，不仅可提高煤炭资源的回收率，并利于实现无人工作面开采。

加装破碎部：在采煤机牵引部端头加装破碎机构，可降低块煤粒度，防止采煤机身下堵煤，减少刮板机停机次数，省略人工破碎的工序，提高采煤效率。

2）针对国内采煤机现状提出的其他节能对策

采煤机自身优化：通过提升采煤机自身结构或系统性能达到节能目的，主要可以通过以下途径：①增大生产能力；②多形态电牵引技术，可简化采煤机电力牵引拖动系统的结构，提升采煤机牵引能力，利于薄煤层采煤机整机结构的优化；③大截齿高强度截割机构，可有效提升破煤效率和块煤率，也能有效提高滚筒过煤能力；④充分利用煤岩压张效应，可减小截割阻力；⑤智能化故障诊断，早期发现故障隐患并及时处理，避免故障扩大引起的工作面停产。

采煤工作面系统优化：工作面系统优化是如何确定采煤机，刮板输送机，液压支架在工作中的相互关系，从而实现采煤机节能降耗，这"三机"配套是实现高产、高效、安全生产目标的基础。

开采工艺优化：①合理选择采煤工艺；②推广放顶煤技术；③合理配置综采工艺；④螺旋钻采煤。

开发煤岩识别技术：开发成熟的煤岩识别技术、岩石避让技术和恒切割技术，可增加采煤机截割功率效率。

智能化无人开采技术：智能化无人开采技术可解决可视化远程操作采煤等难题，实现工作面割煤、推溜、移架、运输、灭尘等操作自动化运行，达到工作面无人作业的目的。

采用高可靠性材料：对于采煤机等装备所用部件，可采用高耐磨、高可靠性材料设计，达到延长工件与装备使用寿命及节能的目的。

最优润滑技术：对采煤装备运转部件采取润滑技术，并通过油液监测技术提高装备运转的可靠性和可预判性。

2. 掘进机节能技术

1）掘进机技术发展方向

近 20 年国内在悬臂式掘进机技术研究、制造和应用等方面均取得长足进步，从节能降耗的角度出发，今后掘进机技术的发展趋势是：增大切割功率，改进工作结构，提升自动化程度，掘锚一体化，改善喷雾降尘，发展新机型。

2）掘进机节能对策

采掘合理接替：合理采掘可发挥掘进机和采煤机最大功效，有助于降低采掘设备能耗。发展掘锚机组：快速掘进是煤矿高产高效的保障，除加大单机工作能力外，还可以单机掘锚组合作业，扩展设备功能，集破岩掘和锚固支护为一体，提高工效，降低能耗，提高可靠性，提高自动化程度，提高产品适用性，完善配套技术，机载降尘技术，新型截割结构，基于最低能耗截割头设计，鼓励用户合理改造。

3. 刮板输送机节能技术

实现"三机"优化配套：使刮板输送机对采煤机和液压支架等主要设备生产能力和有关技术参数进行协调匹配，对相关性能参数、结构参数、工作面空间尺寸及相互连接部分的形式强度和尺寸等方面进行优化配置，协调运转，科学使用，可明显降低能耗。

应用软启动器：刮板输送机重载起动，需承受较大的冲击负荷，启动时易对电网造成较大冲击而影响其他设备正常使用，也增大了能耗。采用合适软启动技术，可收到降低能耗的效果。

推广变频与液力耦合器（TTT）等技术：交流变频器技术及装置在频率范围、动态响应、低频转矩、转差补偿、功率因数、工作效益等方面是以往的交流调速方式无法比拟的，可有效消除普通双速电机启动电流过大现象，节省大量电能。

采用合适材料降低空载功耗：沈阳三一重型装备有限公司在煤矿机械中首次采用 T02 材料替代锻钢，可降低 24%的空载功耗；采用专利技术的支撑刮板结构提高 45%的圆环链使用寿命。使用特殊材料降低空载功耗，年可节电约 4MkW·h，大大提高经济效益。

铲板槽帮结构合理化：对刮板输送机中部段进行可行性分析，合理减低中部槽帮高度，提高原煤回收率，降低能耗，提高放顶煤回收率。

液压支架节能：在采煤工作中，液压支架液压系统消耗了大量的液压能，是采煤工作中主要的能量消耗因素。并且液压系统在传动中存在着机械损失、压力损失、泄漏损失、沿程损失等，导致液压传动效率低。研究新型节能型液压系统，如设计以蓄能器为储能装置的势能回收液压回路，可达到节能效果。

（二）运输装备

1. 带式输送机节能技术

动态分析技术：德国、美国、日本等较早开展了带式输送机的动态特性研究，并已实际工程应用。应用动态分析技术优化大型带式输送机设计，安全系数最小可达 4.8。国产输送机未经动态特性分析，虽使用了可控启动装置，其安全系数也需要取到 8 左右。

高速托辊技术：对于相同运力的带式输送机，提高带速比加大带宽更节省设备投资费用。为安全起见，带速一般控制在 4～5m/s。提速会增大托辊转速和旋转阻力，降低使用寿命，所以标准规定托辊转速不得超过 600r/min。托辊使用寿命取决于轴承性能，轴承摩擦阻力占托辊旋转阻力的 1/4～1/8，托辊常用 204、205 系列滚动轴承，国内研制开发了 KA 系列托辊专用轴承，主要改进措施是：①增大轴承径向游隙和允许偏转角，降低同心度和污物堵塞对轴承的影响；②采用爪型柔性尼龙保持架，提高抗腐蚀能力，并降低阻力；③加大滚动体钢球直径，增大沟槽半径，提高轴承的承载能力。

CST 国产化：CST 是较理想的可控启动技术，迫切需要国产化，国家科技部将动态软启动装置课题下达给了上海分院，目前正在研制中。

双电机差动软启动传动：2001 年上海分院研制了"双电机差动软启动传动系统"，这种软启动传动系统主要由大功率主电动机、小功率辅助电动机、差动行星传动机构等组成，能在零至额定转速范围内无级调速，并能在低速状态下可靠稳定地长期工作，实现大功率机械软启动、软停车、大范围无级调速、过载自动保护及多驱动功率平衡等功能。

智能化刮板输送机技术：在煤炭运输过程中采用全过程、全方位智能控制技术，实现无人或少人运输。2014 年，全球首台全智能刮板输送机在天地科技股份有限公司天地奔牛研制成功，实践表明，与同类设备相比，该设备可节能超过 15%，使用寿命延长 1.5 倍，故障率大幅降低。

带式输送机节能经验：研制依负载特性进行调速控制装备及系统，是矿井输送设备

的节能控制技术发展的关键,还需做好如下技术工作:

负载动态特性技术研究:输送设备具有重负荷难启动、轻载或空载运行、负载变化大特点,同时存在多机拖动负载分配问题。依各自设备负载的变化特性建立启动、正常运行、轻载或空载运行、间隙运行及各种运行状态与过渡过程的数学模型,研究相应的节能控制策略,优化节能控制模式,选取对应的节能控制策略。控制方式研究:利用显示、通信、组网、故障自诊断技术,研究开发前级输送设备的负载状况的预测技术与相应设备间的控制关系,实施集中控制、实现自动化的集中控制方式及系统。减少空运状况,不采运废物,全方位、全过程的采用智能化采运,尽可能采用无人操作,避免多人操作等情况。

2. 电机车节能技术

纵观最近三十年国内工矿电机车牵引调速驱动系统的发展,主要形成以下几种调速系统:直流凸轮调阻驱动系统,直流斩波调速系统,可变电压、可变频率(VVVF)交流调速驱动系统。电机车节能经验及发展如下。

统一标准:努力在统一技术标准下开展工矿小电机车设计工作,按要求组织生产,提供配套电机电器及各种备品供应。

扩大交流调速驱动比例:因交流驱动在节能降耗、维护成本上都比直流驱动具有优势,应大力扩大交流调速驱动在工矿电机车领域内所占的比例。

开发更大容量自动开关:目前架线式工矿电机车保护用自动开关为 QDS1 系列,只能供 25t 以下电机车使用,随着电机车驱动能力增大,应开发更大容量的自动开关。

隔爆型自动开关:目前蓄电池工矿电机车一般在电路上用熔断器作保护,还没有隔爆型的自动开关可以选用,应开发隔爆型的自动开关。

3. 辅助运输节能技术

1)近年来煤矿辅助运输的进展

无轨胶轮车技术:①TY6/20FB 型多功能客货两用胶轮车,由煤科总院太原分院为神东大柳塔煤矿研制,用于替代国外进口同类车辆。该车采用 MWMD916-6 型防爆柴油机液力机械传动,克拉克传动系,前后铰接式车型,便于快速更换客货车厢,额定装载质量 6t,乘坐定员为 20 人;②轻型自卸胶轮车(TY3061FB):由煤炭科学研究总院太原分院为神东补连塔煤矿研制,选用国产 3 吨级的轻型载货汽车底盘,对进排气装置、电气系统进行了防爆改装,采用尾气净化装置,开发适合我国国情的成本低、上马快防爆井下轻型自卸车;③WCQ-3 型无轨胶轮车:由兖矿集团常州科研所为兖矿济三煤矿研制,采用 MWMD916-6 型防爆柴油机,液力机械传动,铰接车架,全液压动力转向构,载重 3t,机车速度 0~20km/h,主要用于井下材料、设备、矸石的运输;④WC-8 型无轨胶轮车:由兖矿集团常州科研所在 WCQ-3 型胶轮车的研制基础上,根据现场使用的要求,提高载重能力而研制。用美国卡特彼勒防爆柴油机,功率为 75kW,载重 8t,在整车结构上进行改进，主要是提高了整车强度。

轨道机车技术：①CK-66A 型胶套轮卡轨车：由兖矿集团常州科研所研制，该车动力为 MWMD916-6 型防爆柴油机，额定功率 66kW，最大牵引力 60kN，最大运行速度 3.5m/s，与 CK-66 胶套轮卡轨车相比，采用了液力机械传动结构，选用 YQX5 液力传动变速箱，结构更加合理，具有较好的牵引特性曲线；②CK-112 型齿轨机车：由兖矿集团常州科研所研制，采用 CAT-112kW 防爆柴油机，液力机械传动，最大牵引力 90kN，最高运行速度 5.5m/s，全程齿轨运行，适宜井下复杂地形。

钢丝绳牵引卡轨车技术：SQ-1200 型无极绳巷道连续牵引车系统集绞车、压绳、安全制动技术于一身，由兖矿集团常州科研所研制，适用于多起伏、大坡度工作面巷道转运，分为 37kW、55kW、75kW 功率等级，具有设置简单灵活，操作维护方便、运距长、能力大、安全高效等特点，有着明显的经济和社会效益。

通用柴油机防爆改造：目前矿用防爆柴油机几乎全部依赖进口，其价格占机车总价格的 30%～50%，已经成为制约辅助运输重要的因素。对国内成熟柴油机型进行排气、电气、动力输出、启动装置防爆改造，使其满足井下防爆安全规程要求，具有良好的前景。

2）煤矿辅助运输状况和存在问题

无轨胶轮车运输局限：因神东大柳塔矿和兖矿济三煤矿成功引进无轨胶轮车运输系统，使其辅助运输达到了国际领先水平。无轨胶轮车运输具有系统简单、机动灵活、适应性强、直达运输等突出优点，但在适用条件有限，难以在国内大多数矿井采用。

关键元件质量有待提高：国煤矿辅助运输设备品种已初步形成了轨道机车、钢丝绳绞车和无轨胶轮车三大系列，但产品质量不稳定且价格偏高，不便设计选用，防爆低污染柴油机、油泵、油马达等关键元部件还不过关，尚需依赖进口。

关键技术不足：尚未掌握拥有自主知识产权的关键技术，国产辅助运输设备可靠性低，存在停机故障多、跑冒滴漏、结构设计不合理、维修配件不及时等现象，不能充分发挥设备的效率和能力，影响了煤矿辅助运输设备的推广和生产现场的信心。

3）煤矿辅助运输机械化发展建议

煤矿辅助运输在开采环节具有重要地位，地质条件及开拓方式导致其应用技术的复杂性，各国煤矿辅助运输机械化道路不尽相同，在同一国家的不同矿区差别也很大。国内煤矿地域广袤，地质条件和井型各异，机械化程度参差不齐，辅助运输形式要多样化因地制宜的发展各自长处。

灵活运用：根据各种辅助运输设备特点和适用范围，因地制宜，灵活应用，研制和推广最适合中国煤炭需要的辅助运输设备。

合理机型：卡轨车是承载能力大，爬坡能力强，运行速度快，适宜大吨位综采设备转场及材料和人员运输。钢绳牵引卡轨车仅适用于固定段的运输，无法进入多条分支巷道，而且钢丝绳磨损严重，消耗量大，只宜用大坡度斜巷运输。柴油机单轨吊机动灵活，一台机车可以在数个装卸点进行作业，轨道也可以快速延长，吊挂式运输与巷道底板状况无关，充分利用巷道空间，但受顶板吊挂承载能力限制。无轨胶轮车机动灵活，爬坡能力强，运行速度快，载重能力大，可实现从地面直至工作面直达运输，但对巷道断面宽度、转弯半径、底板硬度、不平度都有较高要求，无法适应大多数矿山运输系统。

动力源：电机车在煤矿井下大巷运输广泛使用，为提高机车的爬坡能力，加装聚氨酯轮套可机车爬坡能力提升到 5.7° 以上，国内已有 49kW 柴油机胶套轮机车和 42kW 防爆特殊型蓄电池胶套轮机，可用作采区的材料、设备和人员运输。随着防爆低污染柴油机技术不断发展，废气排放量指标低，维护工作量小，有望成为主力矿上辅助动力源。

规划配套全面：在研制高效辅助运输设备同时，还应注重整个系统配套设备的研制，从车辆到轨道、道岔、信号、风门开关及其他配套设备，基本上做到成龙配套，在矿井设计上要使井巷开拓系统适应于辅助运输设备使用，才能充分发挥整个系统作用，获得最大经济效益。

完善辅助运输设备试验和检测：制定各种辅助运输设备的技术规范和标准，为促进科研和提升产品质量提高创造良好条件。对现有的辅助运输设备应加强质量管理，提高其可靠性，使之更好地为煤矿增产提效服务。

采用地面物料输送钻孔：煤矿井下载重 4t 左右的矿用防爆车百公里油耗一般在 80L 以上。针对煤矿井下使用的防爆车辆油耗很高的缺陷，在采区上方施工物料钻孔，将物料通过钻孔直接投放到井下，缩短防爆车运输距离。

车皮固化节能技术应用：研发专用的列车表面固化剂，在各装车站安设固化剂自动喷洒装置，在刚装好的列车表面喷洒固化剂，防止煤炭在列车运输过程中洒落。

总之，可根据国情研制和推广现有各种辅助运输设备，各矿可根据的具体条件选用最合适的辅助运输系统，以取得最大的经济和社会效益，实现煤矿现代化生产。

4. 矿井提升机节能技术

矿井提升机工作繁重而复杂，要求提升机频繁重载启动、停止、调速及换相，为保障生产安全并节能降耗，大量现代电力拖动、自动控制和计算机技术被不断应用于矿井提升技术，在世界范围内的应用为煤矿开采做出杰出的贡献。

1）提升机节能技术现状

矿井提升先后出现直流调速拖动、小功率变频调速、斜井提升双变频、双控制、双保护的变频提升机控制，调速技术、自动化控制程度、安全保护、网络通信、监视等技术不断升级。国内科研院所、生产制造单位、使用单位对提升设备使用中的节能问题已有较深的认识和理解，各种具有智能化控制装备在煤矿中已有使用，但节能技术远远不够，虽对国外设备进行了引进消化，但仍缺乏原创自主技术和产品。

2）煤矿提升机节能途径

实现提升拖动系统节能的途径主要有：①提高运行效率，采用变频器调速曳引机取代异步电动机调压调速，是提高电动机运行效率为目标的节能措施，减少空运状况，不采运废物，全方位、全过程的采用智能化采运，尽可能采用无人操作，避免多人操作等情况；②回收能量，通过专用能量器将运动中负载上的机械能变换成电能并回交流电网，供附近其他用电设备使用，降低提升系统单位时间电网电消；③电容蓄能，提升机运行达到最高运行速度后具有最大机械功，到达目的前要逐步减速直到提升机停止运动，其间释放机械功，这些机械能可经电机和变频器转换，储存在变频器直流回路中电容中，以待提升加速时使用。目前国内绝大多数变频调速提升机均采用电阻消耗方法来防止电容过电压，不仅降低了系统的效率，电阻产生热量还恶化了提升机控制柜周边环境。提升机专用能量回馈器可有效地将电容中储存电能回送给交流电网，供周边用电设备使用，一般节电率可达 30%～45%。

3）提升节能技术展望

在保证提升机安全可靠运行的前提下，充分发挥提升设备的潜力，降低提升吨煤电耗，将给煤矿带来可观的经侪效益，提升机节能提效可以从以下三个方面着手。

缩短加速时间：应充分利用电动机过负荷能力，提高加速度值，缩短加速时间，降低加速阶段电耗，提高加速度可通过合理整定控制系统继电器的动作值来实现。

控制爬行距离：爬行是属于提升定位，应采用前馈技术缩短爬行距离，简短低效运行区段。

充分挖掘设备潜力：增加一次提升量或更换轻容器技术改造可充分利用电机富裕能力，研制按提升速度、行程进行自动控制，具有软起、软停、依负载变化自动控制，具有下放重物时提升电动机发电运行将电能回馈电网功能，具有各种保护、显示、通信、组网和良好的人机界面功能，建立矿井提升设备节能控制技术规范，为提升机的节能调速技术完善奠定技术基础。

（三）通风排水

1. 排水装备节能技术

矿井排水是生产安全的保证，应有及时排除各种井下涌水量的能力。从井下将水抽到地面需消耗能量，故矿井排水耗能也构成了生产成本。

采用 CNS 节能装置。CNS 节能装置=一般变频器+动态调节功率+动态功率因素补偿+软启动。

基础理论的发展：俄罗斯对矿井排水方面进行了大量的研究，波波夫教授、巴塔诺戈夫副博士和沙尔塔诺夫工程师通过研究指出矿井排水高扬程双电机拖动水泵的优势。

运行经济化：俄罗斯马祖连科副博士依据费用相等原则，推导出水泵最佳使用期和管道清理周期两种形式相似的数学模型，建立优化求解程序，以及相关参数计算方法。

提升自动化水平：各先进矿产国家相继提出数字化或智能化矿山概念，建立综合信息基础框架，实现网络化的矿山开采全过程与集成化统，提升排水系统监测和控制精度。

加强资源化管理：发达国家集中规范化、统计化、实时化和运筹化管理水资源质量及水环境的优点，运用系统论、信息论、控制论和计算机技术，建立水资源管理信息系统。

立足国情：国内在排水优化、设备改造及巷道合理布局等方面也做了大量，据预测如国内煤矿排水系统完全实行节能措施，年排水能耗将由目前煤矿总能耗的 9.23%降到 6.38%，约可降低能源消耗 30%左右，节约效果十分明显。

2. 通风装备节能技术

为保证煤矿安全生产，通风系统消耗大量能源，但从节能降耗角度出发，有必要采用一些节能技术措施。

（1）优化通风网络：对通设备的使用周期进行了优化，并利用各种算法设计通风网络，取得了良好的效果，但离理想的节能通风还有一段距离。

（2）加强通风基础理论研究：通风是采矿工程中的系统工程，通风理论和设备研究都将是推动技术发展的重要基础。

（3）提升通风自动化水平：现代化通风设备逐步投入煤矿生产，综合运用系统论、信息论、控制论和计算机技术建立起了通风网络管理信息系统，在将规则控制、模糊控制、神经网络方法、专家系统等智能型的控制方法用于通风系统的控制，能够实现实时控制，自动监测通风系统的运行状况，自动进行数据采集、自动记录、故障报警、事故分析等操作，取得了很大进步。

（4）采用大断面、多巷道进回风系统，并配备低负压、大风量矿井高效通风机等提高矿井通风系统节能技术。

（5）采用 CNS 节能装置。

预测如煤矿采取现代化管理措施和设备，年通风能耗将由目前约占煤矿总能耗的 20.07%降至 15%左右，即降低 25%能源消耗，对于一个煤炭生产大国，将取得巨大节能效果。

（四）洗选装备

根据调查，洗选煤装备也存在能耗过高的情况，可以进行节能技术推广。在节能技术推广过程中，要掌握好两个原则：一是在充分满足选煤厂功能要求前提下提高能源利用率，而不是简化功能要求和减低功能标准；二是要根据选煤实际能耗情况，掌握能源消费结构，查明高耗能源头，合理采用新材料与新技术对其进行科学有效控制与管理。

（五）供热采暖

余热回收技术：在煤矿火力发电机组和供暖系统中，过炉运行效率是机组经济效益的重要指标，在各类锅炉热损失中，排烟热损耗占锅炉总损失的 50%以上。排烟温度每升高 30℃，锅炉效率降低 1%。目前锅炉设计排烟温度为 130℃，但由于燃煤条件和电厂运行水平问题，实际排烟温度普遍为 150℃。如何进行煤矿烟气余热回收和发电余热再利用，是煤矿面临的一个问题。经调查，可采用如下技术进行余热回收：低温省煤器技术、低温烟气处理技术、前置式液相介质空预器和低温省煤器结合技术、新型电站锅炉余热利用综合优化技术等。煤矿回风预热回收利用是另外一个余热利用的方面。

高效煤粉工业锅炉技术：我国燃煤工业锅炉目前效率较低，其平均热效率为60%～65%，比国际先进水平低 20%～25%，且因为不能完全燃烧排除大量二氧化硫、氮氧化物及二氧化碳等气体。采用高效每份工业锅炉技术，可使锅炉燃烧率大于98%，热效率大于88%。

水热与地热利用技术：矿井废水、地热及矿井回风换热与地源热泵技术的结合，所产生的新型的矿井回风热能利用技术，没有任何污染（可以取代燃烧锅炉带来的有害气体排放）、并且运行效率很高，因此是一项绿色环保、高效节能的实用新技术。

太阳能等清洁能源利用技术：利用煤矿面积大，可利用空间多等特点，大力发展太阳能等清洁能源技术，可有效解决矿区和家属区的供电供热问题。

建筑节能：为实现煤矿建筑物的节能，我们可进行旧建筑物保温改造，以及新建项目积极推广使用新型节能建筑材料。

四、煤炭开采的隐性节能技术

循环经济（cyclic economy）是把清洁生产和废弃物的综合利用融为一体，以资源的高效利用和循环利用为目标，以"减量化、再利用、资源化"为原则，以物质闭路循环和能量梯次使用为特征，按照自然生态系统物质循环和能量流动方式运行的经济模式。

传统经济是"资源—产品—废弃物"的单向直线过程，创造的财富越多，消耗的资源和产生的废弃物就越多，对环境资源的负面影响也就越大，其特征是高开采、低利用、高排放。循环经济是按照清洁生产的方式，对能源及其废弃物实行综合利用的生产活动过程，它把经济活动组成一个"资源—产品—再生资源"的反馈式流程，其特征是低开采、高利用、低排放。

煤矿生产中排放大量的固体废弃物——矸石，传统的方式是直接堆放于地表，形成煤矿特有的地表特征"建筑物"——矸石山。据统计，目前全国历年累计堆放的煤矸石达55亿t，规模较大的矸石山有1600多座，占用土地约1.5万ha，且每年还以1.5～2.0亿t的速度继续增加。同时矿区的自备电厂生产过程中也排放了大量的粉煤灰，据统计全国粉煤灰存量已超过5亿t，且以每年5000万～7000万t的速度快速增加，给矿区带了新的难题。

煤炭开采的全物质循环经济的内涵包括煤炭、矸石、伴生矿物、矿井水、瓦斯、地热、余热、设备、土地等所有相关物质的流动和循环，本书以"安全、技术、环境、经济"四重效应为核心，以煤炭开采所涉及的所有物质为研究对象，以原位循环、充分利用、智能开采等技术，减少非煤物质的开采和运输，达到煤炭清洁开采、低碳利用的目标。评价指标：开采技术的安全性，开采技术的先进性，开采技术的环境友好性，非煤物质的循环利用率。主要包括：

以采煤、掘进、运输、提升为主线，打造一条高效的绿色高效的生产链：加快变频电力拖动的应用，提高能量转化效率；加强润滑材料及润滑技术研究，减少摩擦磨损消耗；加速研究制动能量回收新技术，提高能源回用率。

以风、水、矸、热等非煤物质为主体，形成绿色环境链的全物质循环经济：就地减排降耗，就地循环利用，废弃物再利用。

（一）煤炭循环经济发展模式

循环经济的发展模式实际上是在实践中如何运用循环经济理论和原则组织经济活动。循环经济发展模式由循环经济内涵、现有经济活动组织方式和相关实践经验所决定的。循环经济模式可以分为企业层面上的小循环、区域层面上的中循环和社会层面上的大循环，这种模式也是目前相对最成熟的模式。这三个层面的循环是由小到大依次递进的，相互不同又有序衔接，且不同的层次有不同的运动规律和自身特点。

煤矿层面上的小循环：煤矿是煤炭生产的微观主体，既是煤炭产品的直接提供者，又是开采污染物的直接生产者。在煤矿层面上发展循环经济，主要通过推行清洁生产、资源和能源的综合利用，组织煤矿内各工艺之间的物料循环，延长生产链条，减少生产过程中物料和能源的使用量，尽量减少废弃物和有毒物质的排放，最大限度地利用可再生资源。

矿区层面上的中循环：在矿区层面实施循环经济的重要形式就是生态工业园区。单从煤矿层次的小循环，存在煤矿自身所无法消解的一部分废料和副产品，需要从企业外部去组织物料循环。按照工业生态学的原理，通过企业间的物质集成、能量集成和信息集成，形成产业间的代谢和共生耦合关系，使一家企业的废气、废水、废渣、废热成为另一家企业的原料和能源，建立工业生态园区。

社会层面上的大循环：循环型企业、生态工业园向更大区域扩展就是循环型社会。循环型社会是通过调整社会的产业结构，转变其生产、消费和管理模式，在一定的范围和一、二、三次产业各个领域构建各种产业生态链，把社会的生产、消费、废物处理和社会管理统一组织为生态网络系统，在全社会范围内实现资源的循环利用。

（二）煤炭企业循环经济路径

循环经济发展以原材料投入的减量化、中间产物和副产物的再利用及废弃物的再循环为基础手段，通过物质的闭路循环流动实现废弃物和污染物排放的最小化。煤炭企业以循环经济理念为指导，设计相关产业链、谋求其减量化、再利用和再循环途径，既节约了材料投入又实现资源和废物的综合利用和污染物减排。

1. 塌陷区治理

采煤塌陷是与井下开采煤炭相伴生的一种人工地质灾害，按照塌陷的形态特征大致可分为塌陷盆地、裂缝和台阶、塌陷坑三种类型。煤炭开采的塌陷土地不仅造成严重的生态环境破坏与经济损失，而且引起一系列的社会和经济问题。

2. 煤矸石利用

煤炭生产过程中的矸石排放量约占产煤量的 15%～18%，其中从巷道掘进的排放量约占 45%，采煤过程的排放量约占 35%，从选煤过程的排放量约占 20%。我国每年开采 1 亿 t 煤炭的排放矸石量约 1400 万 t，每洗选 1 亿 t 炼焦煤的排放矸石量约 2000 万 t，每洗 1 亿 t 动力煤的排放矸石量约 1500 万 t。据统计，全国已累计堆存煤矸石约 36 亿 t，约占全国工业固体废物排放总量的 40% 以上，其中规模较大的矸石山约 2600 座，占用土地约 1 万～5 万 ha。

矸石减量化是减少煤炭开采的矸石排放的根本途径，在煤炭开采过程中实现矸石的"三个减少"：①减少矸石产生量，通过改进采煤工艺来实现；②减少矸石排放量，及减少矸石运至地面的排放；③减少矸石最终堆存量，即通过资源化利用，减少矸石进入自然界的数量。

3. 矿井水利用

矿井水水质因区域水文地质条件、煤质状况等因素的差异而有所不同。全国重点煤矿每年排放矿井水超过 12 亿 t，平均每开采 1t 原煤需排放 0.6t 废水，而目前我国矿井水的利用率，仅有 20% 左右。

4. 共伴生矿开采与利用

煤系共伴生矿产资源是指在煤系地层中与煤炭共生或伴生的其他矿产和元素，包括高岭土、膨润土、油母页岩、蒙脱石、石膏、硫铁矿、硅藻土、石墨、耐火黏土等。我国各含煤地层中几乎都含具有工业价值的高岭土资源，与煤系共伴生的高岭土矿床规模大都为数千万 t 至数十亿 t 以上的超大型矿床。我国所有的耐火黏土材料几乎全部产于煤系地层中，我国大型膨润土矿床中的 80% 以上位于煤系地层中。煤系硅藻土的探明储量为 1.9 亿 t，占我国探明总储量的 71%。我国煤变质石墨矿，已探明地质储量达 5000 万 t 以上。在开采煤炭时一并开采回收共伴生矿，既避免矿产资源浪费，还可以节约勘探和基建投入，提高矿井利用率，具有显著的经济效益。

5. 煤层气利用

煤层气是在煤炭形成过程中，在高压和厌氧的条件下产生的大量气体，其成分主要是甲烷，一般占 90% 以上。甲烷吸附在煤体上，成为煤层气，通常称为"瓦斯"。煤炭开采过程中，由于煤体卸压，煤层气在煤体上的吸附平衡条件受到破坏，大量的煤层气会被释放出来。煤层气开发可有效降低或杜绝煤矿生产过程中的瓦斯灾害，减少煤层气排放所导致的温室效应。煤层气又是洁净的高热值非常规天然气，是一种能源资源，它的开发利用将有效缓解我国当前日趋紧张的能源供求局势。

煤层气综合利用价值很高，主要用途包括民用燃气、工业锅炉燃气、煤层气发电、汽车燃料等，还能用作化工原料生产炭黑、甲醛、甲醇、合成氨等。目前，国内产生的煤层气主要用于发电。

6. 洁净煤技术

洁净煤技术是指在煤炭从开发到利用全过程中，旨在减少污染排放与提高利用效率的加工、燃烧、转化及污染控制等新技术。主要包括煤炭洗选、加工（型煤、水煤浆）、转化（煤炭气化、煤炭液化）、先进的燃烧和发电技术（常压循环流化床、加压流化床、整体煤气化联合循环，高效低污染燃烧器）、烟气净化（除尘、脱硫、脱氮）等方面的内容。

7. 粉煤灰与炉渣利用

燃煤电厂作为原煤的最大消费去向，粉煤灰和炉渣的产生量非常大。以资源综合利用为导向，粉煤灰和炉渣有着非常广泛的用途。如作为井下注浆、塌陷区回填、制砖和作板材、生产水泥砌块和作为生产水泥掺加料使用。还可以进行未燃碳元素的回收及根据市场需求和粉煤灰与炉渣的成分进一步拓宽其综合利用渠道，如用作高层次的环保材料、土壤改良剂或经过分选后作为生产新型材料的原料。

8. 矿用设备再制造技术

煤炭生产企业每年都投入大量资金用于新购设备、新建设施等。同时，煤炭企业也普遍存在设备、设施等使用寿命短、综合利用率，报废后再利用、循环利用率低等问题，在物资使用方面存在物资消耗定额高，修旧利废力度弱等问题。为了克服以上问题，煤炭企业应在保证安全的前提下，研究新技术并创新管理方法，尽可能减少矿用物资、设施、设备的占用量及使用量，减少闲置时间、提高利用率；延长矿用物资、设备、设施的生命周期，节约资源投入量；建立矿用物资、设施、设备等复用及循环利用机制，提高循环利用率，提高原级、次级利用度；研究物资替代，尽可能用副产品、废弃物、废旧物资等替代其他"正常"的物资。

9. 二氧化碳捕集与封存利用（CCSU）

二氧化碳捕集与封存（carbon dioxide capture and storage，CCS），其组成部分包括：①CO_2捕集，煤化工、煤电厂、炼油厂、玻璃厂、水泥厂、化工厂等大型 CO_2 排放源排放的 CO_2 经过捕集、净化、压缩、液化、精馏等工序生产出一定纯度的液态 CO_2；②CO_2运输，从捕集装置出来的液态 CO_2，经过管道输送到缓冲罐区暂时储存，然后再通过管道或者罐车将液态 CO_2 输送到封存区；③CO_2 封存，就是将二氧化碳放在地下地层中的自然空隙中，以实现对二氧化碳的束缚、溶解以至于矿化形成永久封存。二氧化碳地下封存按技术可以分为三大类：海洋封存、地质封存和植被封存，其中地质封存技术相对成熟。随着哥本哈根气候大会的召开，全球各个国家和地区对气候变暖及碳排放达到了前所未有的共识。中国作为负责任的大国，做出了 2005～2020 年降低单位 GDP 能耗40%～45% 的庄严承诺。神华集团积极响应国家的节能减排战略，在国内率先实施 10万 t/a 的 CCS（CO_2 捕集与封存）示范项目，这也是中国首个 CCS 示范项目，以减少神华鄂尔多斯煤制油厂在生产过程中排放的 CO_2 并为国家实现 CCS 工业化、规模化提供必要的工程技术、地质认识、科研数据以及 CCS 专业人才。为实现节能目标，可将捕捉的 CO_2 进行再利用，变 CCS 为 CCSU。

（三）煤炭行业循环经济系统

1. 煤炭行业资源代谢流程

发展循环经济的目的之一是实现资源的梯级利用和循环利用，减少资源消耗量和污染物产出量。煤炭行业涉及的资源种类繁多、数量巨大，进行资源代谢流程分析是研究煤炭行业循环经济的基础。

2. 物质集成系统

物质集成是为了使生产获得更好的有效性和更高的效率，将可用的资源汇聚起来，使各种资源之间紧密联系，相互适应，彼此促进与共同发展。在循环经济发展过程中，物质集成是在资源生产、分解和消费的全过程中，根据总体的产业结构，确定系统内成员间的上、下游关系，同时根据物质供需方的要求，运用过程集成技术，引入工艺改进、替代原料等，对物质流动的路线、流量和组成进行调整，完成物质流动的最优化路线设计，并建立物质交换网络，实现物质的减量化投入和废弃物的再利用和再循环。

具体到煤炭企业，资源产出是煤炭开采环节，资源分解是煤炭的洗选和深加工，资源消费是指对煤炭生产和加工过程中所产出的产品、副产品和废弃物的利用。发展静脉产业是实现物质集成的良好手段，以上三个环节均产生大量的废弃物，如煤泥、煤矸石、粉煤灰、炉渣等，这为煤炭行业静脉产业发展提供了良好的再生资源条件。

3. 能量集成系统

循环经济的能量集成就是要实现对循环经济系统内能量的有效利用，不仅包括每个生产过程内能量的有效利用，也包括各过程之间的能量交换，实现能量在系统内的层级利用。不同品位的能量满足不同的生产环节，即一个生产过程多余的能量作为另一个过程的能源，从而提高能源利用率，降低能耗，实现能量节约。

4. 废水集成系统

水系统集成是把企业、行业或园区内的整个用水系统作为一个有机的整体来对待，合理分配各用水单元的水量和水质，以使系统内水的重复利用率达到最大，同时废水排放量最小。具体做法包括改善生产工艺，减少生产过程中的耗水量。对于煤炭行业来讲，首先要利用好丰富的矿井水资源。除矿井水外，煤炭行业的工业废水、矿区生活污水及塌陷区积水等，都可以经过适当处理后分质利用，回用于生产和生活。

（四）煤炭产业的价值链增值

煤炭行业循环经济的发展，可以实现整体经济效益的提高，即价值链增值。在这种价值链不断增值的状态下，循环经济系统的物质流、能量流、信息流和价值流处于良性循环的状态，从而实现经济效益、社会效益和环境效益的有机统一。循环经济理念下的煤炭行业价值链增值主要有两条实现途径。

价值链延伸：循环经济条件下的生产方式本质特征就是延长了产品价值链的环节，通过对行业价值链形成过程中副产品的减量与处理，以及生产消费过程中废弃物的回收处理与再利用，延长了该行业的产业链，使得有限的资源能创造出更大的利用价值。对煤炭资源来讲，压缩煤炭产量，减少资源绝对开采量，积极发展煤炭的深加工，提高产品的科技含量和附加值，拉长煤炭产业的价值链，是实现煤炭产业降低资源消耗，提高产业附加值的关键。

网状或环状化：煤炭企业对生产或销售过程中产生的副产品进行处理，使处理后的副产品产生再利用的价值，作为新的原材料供应给其他企业使用，使该行业的价值链与其他相关行业的价值链形成了交叉，从而变得网状化或环状化。尽管对废弃物的处理和回用会增加一些额外付出，但是考虑到资源成本和环境成本，价值链总体是不断上升的。有些专家学者将这一循环经济发展的显著特点构造为"螺旋上升的链网结构"，即物质循环是闭合的，但是在这一过程中价值流是增值上升的。

第三节　我国煤炭精准开发节能战略

目前，煤炭开采耗费大量的能源。根据节能技术发展现状和趋势，结合全物质循环经济的发展状态，以及煤炭绿色资源量在未来开采中的比重变化，本书对我国煤炭中长期战略节点的煤炭开采节能发展趋势进行了研究，并由此提出了我国煤炭开采在 2020 年、2030 年及 2050 年三个时间节点的战略节能目标。

一、节能趋势预测

（一）煤炭绿色资源开发的节能趋势

根据我国绿色煤炭资源量开发的比重越来越大，更多的机械自动化设备和无人采掘技术应用，煤炭开采消耗的能源越来越少，根据"十三五"及"十四五"的非绿煤炭资源开发退出计划路线图，得到我国 2020 年、2030 年及 2050 年绿色煤炭资源节能发展趋势如表 5.3 所示。

表 5.3　我国 2020 年、2030 年、2050 年绿色煤炭资源节能发展趋势

参数	战略节点		
	2020 年	2030 年	2050 年
节能比率（与 2015 年相比）/%	5	15	20
节约标准煤/亿 t	0.018	0.054	0.072
折合电量/（亿 kW·h）	90	220	360

表 5.3 显示，与 2015 年度相比，到 2020 年因绿色煤炭比重增加每吨煤能耗可节约 5%；到 2030 年因绿色煤炭比重增加每吨煤能耗可节约 15%；到 2050 年因绿色煤炭比重增加每吨煤能耗可节约 20%。按照 2015 年我国煤炭开采耗能 0.36 亿 t 标准煤（即 1500 亿 kW·h）计算，到 2020 年因绿色煤炭比重增加能耗可节约 0.018 亿 t 标准煤（合 90kW·h）；到 2030 年因采用绿色煤炭比重增加能耗可节约 0.054 亿 t 标准煤（合 220 亿 kW·h）；到 2050 年因绿色煤炭比重增加能耗可节约 0.072 亿 t 标准煤（合 360 亿 kW·h）。

（二）煤炭开发全过程节能发展趋势

我国煤炭企业采煤的机械化程度参差不齐，采用的技术水平先进程度也有所不同，由图 3.2 可以看到晋陕蒙宁甘矿区机械化程度较高，采煤机械化程度可达到 91.5%，掘进机械化程度可达 93.8%；而南方的云贵川等地的煤炭开采机械化程度只有 20% 左右，自动化水平极低，我国煤炭开采在技术进步方面依然有很大的进步空间。

根据上述调研结果，结合我国煤炭当前形势，以及采煤先进技术发展趋势，在采煤技术节能方面，得到我国 2020 年、2030 年及 2050 年煤炭开采各工序环节节能幅度，如表 5.4 所示。根据煤炭开采全过程各个阶段在煤炭生产中所占的比重，可得到我国 2020 年、2030 年及 2050 年煤炭开采技术战略节能趋势如表 5.5 所示。由表 5.5 可知，与 2015 年相比，到 2020 年因采用先进技术煤炭生产每吨煤能耗可节约 4%；到 2030 年因采用先进技术煤炭生产每吨煤能耗可节约 13%；到 2050 年因采用先进技术煤炭生产每吨煤能耗可节约 23%。按照 2015 年我国煤炭开采耗能 0.36 亿 t 标准煤（即 1500 亿 kW·h）计算，到 2020 年因采用先进技术煤炭生产煤能耗可节约 0.014 亿 t 标准煤（合 70 亿 kW·h）；到 2030 年因采用先进技术煤炭生产煤能耗可节约 0.047 亿 t 标准煤（合 235 亿 kW·h）；到 2050 年因采用先进技术煤炭生产煤能耗可节约 0.083 亿 t 标准煤（合 415 亿 kW·h）。

表 5.4 我国 2020 年、2030 年及 2050 年煤炭各工序开采技术节能幅度

能耗	最低能耗比率/%	最高能耗比率/%	均值/%	2020 年能耗可降低百分比/%	2030 年能耗可降低百分比/%	2050 年能耗可降低百分比/%
采掘	7	41	18.39	3	8	15
运输	7	22	13.33	5	20	35
通风	6	32	20.07	4	13	25
排水	3	17	9.23	5	16	30
洗选	18	42	28.85	4	15	25
其他能耗	4	22	10.13	1	3	5

注：能耗降低百分比值是与 2015 年进行对比。

表 5.5　我国 2020 年、2030 年及 2050 年煤炭技术节能战略发展趋势

参数	战略节点		
	2020 年	2030 年	2050 年
节能比率（与 2015 年相比）/%	4	13	23
节约标准煤/亿 t	0.014	0.047	0.083
折合电量/（亿 kW·h）	70	235	415

（三）全物质循环经济节能发展趋势

煤炭开采的全物质循环经济的内涵包括煤炭、矸石、伴生矿物、矿井水、瓦斯、地热、余热、设备、土地等所有相关物质的流动和循环，在我国煤炭生产中，对辅产物质的利用不是太充分，一方面是部分类型物资利用起来有一定的技术难题，如二氧化碳捕捉；另一方面部分类型物质的利用并不能带来现实可观的效益，如伴生矿物；还有煤矿管理人员没有意识到全物质循环带来的经济效益，如设备再制造。随着我国节能减排国家战略措施的逐步实施，我国在 2020 年、2030 年及 2050 年各战略节点上煤炭开采全物质循环经济会呈现加速发展趋势，综合分析煤炭物质利用技术发展趋势，以及未来物质相对匮乏和精细利用的现状，我们预测我国 2020 年、2030 年及 2050 年煤炭全物质循环经济战略节能趋势如表 5.6 所示。由表 5.6 可知，与 2015 年度相比，到 2020 年因采用全物质循环技术煤炭生产每吨煤能耗可节约 2%；到 2030 年因采用全物质循环技术煤炭生产每吨煤能耗可节约 5%；到 2050 年因采用全物质循环技术煤炭生产每吨煤能耗可节约 10%。按照 2015 年我国煤炭开采耗能 0.36 亿 t 标准煤（即 1500 亿 kW·h）计算，到 2020 年因采用全物质循环技术煤炭生产煤能耗可节约 0.007 亿 t 标准煤（合 35 亿 kW·h）；到 2030 年因采用全物质循环技术煤炭生产煤能耗可节约 0.018 亿 t 标准煤（合 90 亿 kW·h）；到 2050 年因采用全物质循环技术煤炭生产煤能耗可节约 0.036 亿 t 标准煤（合 180 亿 kW·h）。

表 5.6　我国 2020 年、2030 年及 2050 年煤炭全物质循环经济节能发展趋势

战略节点	2020 年	2030 年	2050 年
节能比率（与 2015 年相比）/%	2	5	10
节约标准煤/亿 t	0.007	0.018	0.036
折合电量/（亿 kW·h）	35	90	180

（四）我国煤炭开发节能中长期趋势

综合表 5.4 技术节能、表 5.5 全物质循环经济节能、表 5.6 绿色煤炭资源节能数据，可得到我国在 2020 年、2030 年、2050 年战略节点煤炭生产节能发展趋势如表 5.7 所示。

表 5.7　我国 2020 年、2030 年及 2050 年战略节点煤炭生产节能发展可能程度

参数	战略节点		
	2020 年	2030 年	2050 年
节能比率（与 2015 年相比）/%	11	33	53
节约标准煤/亿 t	0.040	0.119	0.191
折合电量/（亿 kW·h）	200	495	955
减排碳当量/亿 kg	54	161	259

按照 2015 年我国煤炭开采耗能 0.36 亿 t 标准煤（即 2880 亿 kW·h）计算，到 2020 年我国煤炭生产能耗随技术进步、全物质循环经济及绿色资源开采等因素节约能耗为 0.040 亿 t 标准煤（合 200 亿 kW·h）；到 2030 年我国煤炭生产能耗随技术进步、全物质循环经济及绿色资源开采等因素节约能耗为 0.119 亿 t 标准煤（合 495 亿 kW·h）；到 2050 年我国煤炭生产能耗随技术进步、全物质循环经济及绿色资源开采等因素节约能耗为 0.191 亿 t 标准煤（合 955 亿 kW·h）。

据统计，我国三峡水电站 2015 年度发电量为 870 亿 kW·h，我国煤炭生产能耗随技术进步、全物质循环经济及绿色资源开采等因素节约能耗至 2020 年可节约三峡年发电量的 23%，至 2030 年可节约三峡年发电量的 57%，至 2050 年可节约约 1.1 倍的三峡年发电量。

考虑到多因素之间的相互影响和重复作用，取 30% 作为重复作用系数，得到我国在 2020 年、2030 年、2050 年战略节点煤炭生产节能发展趋势如表 5.8 所示。

表 5.8　我国 2020 年、2030 年及 2050 年战略节点煤炭生产节能发展趋势

参数	战略节点		
	2020 年	2030 年	2050 年
节能比率（与 2015 年相比，30% 重复作用系数）/%	7～11	22～33	37～53
节约标准煤/亿 t	0.025～0.040	0.079～0.119	0.133～0.191
折合电量/（亿 kW·h）	125～200	395～495	665～955
减排碳当量/亿 kg	34～54	107～171	181～259

二、节能战略目标

我国地域辽阔而资源丰富，但人口众多导致人均资源占有量少，国内保障程度低，从长远和总量上看，基本国情仍显能源供给不足。为保证经济和社会可持续发展，节能减排成必由之势，相应对策就是引导其发展的关键。初步认为：在现有基础上，到 2020 年，吨煤能耗节减 10%；到 2030 年吨煤能耗节减 25%；到 2050 年吨煤能耗节减 40%。建议我国 2020 年、2030 年及 2050 年战略节点煤炭生产节能目标如表 5.9 所示。

表 5.9　我国 2020 年、2030 年及 2050 年战略节点煤炭生产节能目标

参数	战略节点		
	2020 年	2030 年	2050 年
节能比率（与 2015 年相比）/%	10	25	40
节约标准煤/亿 t	0.036	0.090	0.144
折合电量/（亿 kW·h）	180	450	720
平均原煤生产能耗/（kg 标准煤/吨煤）	8.55	7.13	5.7
减排碳当量/亿 kg	75	219	344

三、节能技术路径

（一）面向资源精准回采的节能路径

中国煤炭开采量占全世界 42%，未来还将继续增长。作为世界第一产煤和消耗大国，应有世界上最先进的煤矿和采煤技术，应有代表世界先进水平的科研院所和煤炭学校，应有强有力部门进行统筹管理，应有一批专门的科研研究机构提供强力支撑。

（1）建议明确专门部委负责煤炭事业的长远规划与发展，让煤炭工业的科技支撑上升到国家层面高度。从国家宏观政策层面，针对煤炭行业形势的变化制定和出台相关政策，强化相关政策的实施，引导煤炭行业朝着高效、节能、安全、经济、环境友好的方向发展。

随政体改革煤炭部撤销后，国内缺少顶层部门来整体考虑煤炭工业的发展前景，无法统筹解决所面临的巨大煤炭产量、技术、管理、发展等方面问题。采煤工艺和矿山机械的创新技术进步、煤炭企业的管理与发展，都是依靠科研院所及相关企业自身发展而发展，缺乏顶层的规划与引导，造成国内世界上最先进与最落后的采煤工艺、最先进与最落后采煤机械、吨煤能耗最高水平与最低水平并存的现实状况：小煤窑的关停并转、新技术研究与推广、落后产能的淘汰等政策的落实推进缓慢。只有强有力的专门部委才能全力推进这些工作的开展。

（2）明确能耗责任制，制定切实可行的节能降耗目标，严格考核，责任到人，明确奖惩。现在煤炭企业对能耗指标的考核不够严格，对新技术、新设备的应用比例更是没有考核，这从根本上就不会引起各级组织领导对设备能耗的重视，建议根据各地的不同开采条件，研究制定能耗指标，节约有奖，超标重罚，让控制能耗指标放到领导的议事日程上来，让能耗指标与企业效益直接挂钩，与企业领导、职工的收益直接挂钩，提高全员全过程的节能降耗意识。

发展独立的第三方能耗检测、评估机构，国家从社会的发展需要出发制定标准，企业在执行标准中追求利益的最大化，独立的第三方在不受干扰的情况客观检测评价，社会才能有续发展，节能减排才能真正实现，高耗能的设备才能全面淘汰。

（3）加大对煤炭研究机构及大专院校的支持力度，为煤炭行业的科技进步、节能降耗、先进管理等方面系统研究提供保障。

发展壮大一批具有先进设计制造能力和节能技术的大型装备制造企业，以期为节能环保、新能源等产业提供重大成套装备。

（4）建全岗前培训，持证上岗制度。加强对生产一线工程技术人员的技术更新，让先进的设备煤炭企业用得了、用得好，让先进的技术真正能够在矿山接受、推广。现在有很多新技术新设备在别的行业已普遍使用了，但在煤炭企业却推广不下去，主要是领导对技术不了解，工人对技术不掌握，怕担风险，怕承担责任所致。在培养模式上除了继续订单式培养的方式外，还应推广校企联合培养的方式，不但要请理论水平高的教授讲课，还应请现场经验丰富的煤炭生产一线的工程技术人员来讲课，更应该增加结合生产实际和具体机械操作的师生互动，实现"无缝衔接""零距离上岗"，真正提高"证书"的含金量，进一步完善煤炭工业人才培养机制。

组织编著、修订高等院校的教材和讲义，让各级课堂的教学内容更贴近生产实际，让知识更新跟上技术进步的步伐，让我们的学生在政治上"与时俱进"在知识上"同步提高"。培养能源管理、计量、分析方面跨专业人才，推广能源咨询与诊断节能服务，规范节能技术市场。加强对管理和运行人员培训，保证设备在高效区运行，减少非生产能耗。

（5）尽快组织修订矿山机械的设计、制造标准，从设计源头上淘汰落后产能，推动新技术、新设备的应用。

（二）面向资源循环利用的节能路径

（1）加快企业的兼并重组。经济要发展，需要消耗资源，能耗不可避免会增长。但面对资源日益减少而不可再生的压力，为了稳定可持续发展，改变现有粗放型经济生产模式，建设一个节约型社会，必须要在宏观上对资源消耗结构进行调整，对能耗增长总量和速度进行调控。调整资源消耗结构，根据国内资源分布、能源结构和地域特点，政策上以总体经济发展需要为前提，从产业结构调整角度控制能耗总量增长，调整高能耗产业布局，优化煤炭开采布局，以节能优先培养行业龙头企业，引进优质资本和先进技术，加快企业兼并重组。

虽然近几年对产业和能源结构调整做出了很大努力，但其结果不仅与预期目标有所差距，更难以适应节能减排总体进度。经过多年关停治理，高效高产矿井所生产煤炭还仅占总产能30%，其余矿山开采和管理技术水平相对比较落后，能源浪费相当严重。煤炭专业组代表提出，如果将国内对煤炭需求缩减到40%，并都集中由大型现代化矿井生产，中国煤炭行业就能够达到世界先进的能耗和安全水平。

面对国际化的竞争，应该优化高耗能产业链在经济全球化格局下布置的策略，制止高耗能、重污染产业向国内转移。

（2）加速淘汰落后产能和落后装备。近年来，随着加快产能过剩行业结构调整、抑制重复建设、促进节能减排政策措施的实施，淘汰落后产能工作在部分领域取得了明显成效。

　　但由于长期积累的结构性矛盾比较突出，落后产能退出的政策措施不够完善，激励和约束作用不够强，部分地区和部门对淘汰落后产能工作认识存在偏差、责任落实和监管不力，地方保护和缺乏有效审批制度等原因，每年在淘汰落后产能行业的同时，仍有一定数量的落后产能项目获批投产，或是转移到其他区域继续生产。当前煤炭行业落后产能比重大的问题仍然比较严重，已经成为制约提高工业整体水平、完成节能减排任务、实现经济社会可持续发展的瓶颈。

　　建议不断完善并落实淘汰落后产能的目录，出台先进技术、先进装备的推广目录。现在落后产能的淘汰有难度，主要原因是落后产能能耗大，但并不影响整个煤炭企业的整体盈利，新技术新装备节能但未必能给企业带来现实的经济效益，所以建议国家出台能耗考核指标，出台新技术、新装备推广应用的补贴政策，检查企业科技经费的投入使用情况，真正推动企业的技术进步。

　　充分发挥市场的作用，采取更加有力的措施，综合运用法律、经济、技术及必要的行政手段，进一步建立健全淘汰落后产能的长效机制，确保按期实现淘汰落后产能的各项目标，并对新建项目、改建或转移项目严格实行技术准入门槛制度和审批制度。

　　（3）完善节能减排财税政策，采用财政补贴、减免税、专项基金等方式支持企业节能改造，构建环境资源全成本价格机制。

　　整合社会研究机构的资源和力量，开展环境资源全成本价格机制研究，充分利用价格杠杆等经济手段，建立健全"谁污染、谁治理，谁投资、谁受益"的环境价格机制，补偿治理成本，完善资源节约、资源替代与资源合理开发的激励、约束和补偿体系。

　　（4）设立节能减排经济补偿与援助专项基金，继续实施递减性补贴政策，同时采用市场机制实现一部分经济补偿，参照关停小火电中发电量指标的有偿转让模式，探索适合煤炭行业淘汰落后的市场补偿机制。采用低息贷款、减免税费的方式鼓励企业进行节能改造，并可在立项、土地审批等方面给予一系列政策优惠。

　　（5）充分发挥行业协会优势，承接相关主管部门委托有关工作，协助政府加强改善行业管理，反映企业诉求和行业情况，组织"行规行约"并监督实施，维护企业利益，督促企业履行社会责任。联合高校、研究院和企业建立产学研研究示范基地，提出行业技术创新、技术改造、淘汰落后产能、节能降耗、资源综合利用、行业信息化等措施建议。

（三）面向运行精准调控的节能路径

　　中国国情与经济发展基础与国外发达国家有相当大的不同，如果仅是沿着国外工业发展道路，依靠引进、消化节能技术，无法从根本上解决能源结构和完成节能减排等一系列问题，只有坚持科技创新、不断探索，才能力求走出一条具有中国特色的节能减排和经济发展新路。

1）晋陕蒙宁甘——重点研究规模化、集团化的煤炭开采节能技术，吨煤生产能耗达到世界先进的 2.5kg 标准煤/吨煤

（1）重点研究千万吨级工作面的成套先进采煤工艺和技术，以及矿山机械大型化、智能化、无人化过程中的节能技术。

（2）重点完善、推广高电压、大功率的变频技术，以适应煤矿机械自动化、大型化、高电压的发展需求。变频技术在采煤机、掘进机、带式输送机、刮板运输机、提升机、通风机、排水泵等矿山机械上的应用证明，其节能效果明显，可降低能耗 1/3 左右，应大力支持高电压、大功率的变频技术的研究和推广。

（3）支持再制造技术在大型矿山机械中的运用，将电刷镀、电喷涂等再制造技术推广到大型化的矿山机械的维护、维修中去。

（4）支持特大型设备润滑油自清洁技术的研究和应用。润滑油在线检测和净化技术减少润滑油的消耗，降低设备磨损和运行能耗，节约设备的维护费用。现在的润滑油无在线检测和净化技术，基本上都是按照固定的周期进行更换，其实这是不科学的，润滑油的失效与工作温度、机械的磨损状况有着密切的关系，如在机械运行过程中对其进行有效净化，控制好温度，不仅可以保存机械良好的运行状况，延长机械的使用寿命，降低机械的运行能耗，而且还能延长润滑油的使用寿命，节约大量的润滑油。

（5）推广矿山智能化管理技术，协调工作，提高运行效率，降低能耗。

2）华东区——重点研究千米以下深部开采的节能技术，吨煤生产能耗达到 5kg 标准煤/吨煤

千米以下的煤炭开采技术和设备应该与浅部的开采有很大的不同，用现有的技术直接应用到深部，不符合"安全、技术、经济、环境"的要求，华东区应进行深部开采技术与装备研究及智能化开采技术、地下气化技术、千米提升、地下水库存储技术等，并将节能技术贯穿到全过程、全装备中去研究。

支持高瓦斯环境下的安全掘进装备研究，在高瓦斯环境下的掘进工作，对设备和工人的安全威胁更大，这项工作在我国还未得到很好的重视。现在机械设备本身的可靠性，故障诊断已达到了一定水平，也是各方研究的重点，但能够抵御外部突发因素对生产设备的影响，保护生命、矿井设施和设备安全的技术研究严重落后，建议国家针对高瓦斯煤矿的特殊工作环境，重点支持适应高瓦斯矿井条件的高效安全的掘进设备研究与开发。

3）东北区——重点研究先进装备淘汰落后装备过程中的节能技术

提高综采机械化率、综掘机械化率，淘汰落后产能、更新先进装备过程中的节能技术，研发并推广井下采选一体化技术，减少矸石运输量和地面分选量，研究矿井再利用技术，为以后矿井生产的退出提供经验。

4）华南区——重点研究复杂条件下小型矿井的节能技术

针对华南区煤矿的高瓦斯、地下水丰沛的特殊矿情，研发具有针对性的中小煤矿的

节能成套技术。例如，百万吨级中小煤矿的自动化综采技术、自动化综掘技术，高效直达的连续运输技术。研究矿山机械的自动修复、自动抗磨、自动补偿技术，提高机械的使用可靠性和使用寿命，减少维修工作量等节能技术。

5）新青区——重点研究未来世界一流矿井的节能技术

新青区是我国的能源储备基地，应重点支持研究未来世界一流矿井的规划与建设技术，采煤与环保并行技术，超大运量超长运距斜井带式提升技术等。在设备大型化，矿区高产化、管理智能化、采区无人化、生产高效化、产量调控简单化的研究中，全面落实能耗低值化的节能技术。通过新技术，达到国外先进水平，至 2050 年，吨煤生产能耗达到 2kg 标准煤/吨煤目标。

第四节　主　要　结　论

通过对我国五大区煤炭开发过程中能耗现状的调研，分析了我国煤炭开采过程中能耗分布，提出了建立国家层面的节能体系和扶持政策，淘汰落后产能和落后装备，推动先进节能技术应用，实现煤矿开采的全物质循环，让节能贯穿"安全、技术、经济、环境"四重效应的全过程，规划了五大区节能技术的研究重点，为实现 2020 年、2030 年、2050 年节能战略目标打下坚实的基础。

一、我国煤炭开采的能耗分布现状

我国地域辽阔，五大采煤区的条件、开采历史、机械化水平等都有很大的差距，煤炭开采具有很大的节能空间，煤炭开采的节能研究十分必要。

二、我国煤炭资源开发的节能目标

整体目标：以淘汰落后产能和落后装备为基础，以推进先进节能技术和装备为主体，以世界一流煤矿建设为载体，结合五大区的特点重点发展各自的节能技术，实现世界一流的煤炭开采能耗目标。

2020 年：重点淘汰落后产能和落后装备，推广先进装备和节能技术，实现能耗下降10%。

2030 年：扩大绿色资源的开采比例，推广新技术和新装备的应用，实现能耗下降25%。

2050 年：开采绿色资源，建设世界一流的矿井，采用世界一流的节能技术、装备和管理模式，实现能耗下降 40%。

三、我国煤炭开采节能战略路线图

煤炭开采节能包含开采全过程的技术进步节能、全物质循环利用节能、淘汰落后产能增加绿色煤炭资源开采量的节能，其节能战略路线图如表 5.10 所示。

表 5.10　煤炭开采节能战略路线图

节能指标	2020 年	2030 年	2050 年
节能比率（与 2015 年相比）/%	10	25	40
节约标准煤/亿 t	0.036	0.090	0.144
折合电量/（亿 kW·h）	180	450	720
平均原煤生产能耗/（kg 标准煤/吨煤）	8.55	7.13	5.7
减排碳当量/亿 kg	75	219	344
实施路线	淘汰落后装备，推广成熟的先进技术	提高绿色产能比重，新技术、新装备大量应用	全部开采绿色资源，应用世界一流的技术和装备

四、我国煤炭开发节能战略与措施

1. 构造煤炭行业的节能降耗体系

明确专门部委负责煤炭事业的长远规划与发展，让煤炭工业的科技支撑上升到国家层面高度；明确能耗责任制，制定切实可行的节能降耗目标，严格考核，责任到人，明确奖惩；加大对煤炭研究机构及大专院校的支持力度；建全岗前培训，持证上岗制度。

2. 制定强有力的政策，支持节能降耗

加快企业的兼并重组，加速淘汰落后产能和落后装备，完善节能减排财税政策，采用财政补贴、减免税、专项基金等方式支持企业节能改造，构建环境资源全成本价格机制。充分发挥行业协会在节能减排工作中的人才优势和监督作用。

3. 建立五大区的煤炭开采节能创新体系

晋陕蒙宁甘区重点研究千万吨级工作面的成套先进采煤工艺和技术，以及矿山机械大型化、智能化、无人化过程中的节能技术。重点完善、推广高电压、大功率的变频技术，以适应煤矿机械自动化、大型化、高电压的发展需求。支持特大型设备润滑油自清洁技术的研究和应用。重点研究规模化、集团化的煤炭开采节能技术，吨煤生产能耗达到世界先进的 2.5kg 标准煤/吨煤。

华东区应进行深部开采技术与装备研究，智能化开采技术，高瓦斯环境下的安全掘进装备及技术地下气化技术、千米提升、地下水库存储技术等并将节能技术贯穿到全过程、全装备中去研究。

东北区要提高综采机械化率、综掘机械化率、淘汰落后产能、更新先进装备过程中的节能技术，研发并推广井下采选一体化技术，减少矸石运输量和地面分选量，研究矿井再利用技术，为以后矿井生产的退出提供经验。

针对华南区煤矿的高瓦斯、地下水丰沛的特殊矿情，研发具有针对性的中小煤矿的

节能成套技术，例如，百万吨级中小煤矿的自动化综采技术、自动化综掘技术，高效直达的连续运输技术。研究矿山机械的自动修复、自动抗磨、自动补偿技术，提高机械的使用可靠性和使用寿命，减少维修工作量等节能技术。

新青区是我国的能源储备基地，应重点支持研究未来世界一流矿井的规划与建设技术，采煤与环保并行技术，超大运量超长运距斜井带式提升技术等。在设备大型化、矿区高产化、管理智能化、采区无人化、生产高效化、产量调控简单化的研究中，全面落实能耗低值化的节能技术。通过新技术，达到国外先进水平，至2050年，生产能耗达到2kg标准煤/吨煤目标。

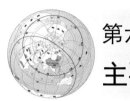

第六章
主要结论与建议

第一节 主 要 结 论

世界能源生产与消费格局正在发生深刻变化，我国正在深入推进能源革命，着力推动能源生产利用方式变革和优化能源供给结构，大力发展煤炭清洁、高效、安全开发和利用技术。为深入贯彻落实党中央、国务院的战略部署，中国工程院组织了来自中国工程院、企业、高校、科研机构等单位的十几位院士、近百名专家开展了"我国煤炭资源高效回收及节能战略研究"重点咨询项目。研究结果表明，在相当长的一段时期内煤炭仍然是我国的主导能源；能满足安全、技术、经济、环境等综合约束条件的绿色煤炭资源量约 5000 亿 t，仅占我国预测煤炭资源总量的 1/10 左右；煤炭资源回收率平均仅 50% 左右，相比美国、澳大利亚等发达国家的约 80% 仍有较大差距；支撑我国煤炭安全、智能、高效回收的相关基础研究和关键技术装备研发亟待突破；为确保我国主导能源长期安全健康发展，实施煤炭技术革命、推动绿色煤炭资源精准开采、提高煤炭资源回收率势在必行。详细研究结论如下。

一、提出绿色煤炭资源概念，建立了绿色煤炭资源量评价体系

（一）我国煤炭开发利用现状

近年来，我国在煤炭开采理论、技术和装备方面取得了重大进展，支撑了煤炭的安全高效开采，但面向未来我国煤炭开采仍面临一些突出问题。

一是能满足煤矿安全、技术、经济、环境等综合约束条件的绿色煤炭资源量不丰富。我国煤炭资源总量相对丰富，预测煤炭资源量 5.97 万亿 t，但支撑煤炭科学产能和科学开发的绿色煤炭资源量并不丰富，仅 5000 亿 t 左右，占预测煤炭资源总量的 1/10 左右。

二是煤炭资源现有回收率低。目前我国煤炭资源现有回收率平均仅 50% 左右，按照国家能源战略需求，绿色煤炭资源量可开采年限仅 40～50 年；或煤炭开采将大面积进入非绿色煤炭资源赋存区，面临安全、技术、经济和环境等方面的巨大难题。

三是煤炭开发布局亟待调整。我国煤炭资源分布范围较广，除极少数省区外，各地

区为保障本地能源供应，均布局有煤炭产业，导致全国煤炭开采技术水平、安全条件极不均衡，一些地区存在较多技术水平落后、安全条件差的小煤矿。此外，大型煤炭基地开发过程中也出现了诸多问题：优良的整装矿区被分割批复，大量存在"批小建大、未批先建"等违法、违规行为。煤炭开发布局的不合理与资源的非科学开发，不仅造成大规模产能过剩，严重危害了煤炭行业当前的整体利益，而且造成我国优质资源被过快占用、消耗、浪费，对煤炭长期发展极为不利。

四是煤矿安全生产形势依然严峻。我国煤矿高瓦斯、水害、火灾、冲击地压及煤与瓦斯突出灾害矿井占全国煤矿总数的 1/3 以上，并且随着开采深度的加大，这些灾害的频度和强度更趋严重。面对煤矿安全开采的诸多重大科学技术难题，英国、德国等发达国家普遍采取关井措施，但未来长时间内煤炭仍是我国的主要能源，我国煤炭安全开采难题只有面对、无法回避。

五是水资源和生态环境保护压力大。我国水资源与煤炭资源呈逆向分布，西部晋陕蒙宁甘位于干旱、半干旱地区，探明煤炭资源保有储量占全国的 66%。全国煤矿采空区土地塌陷累计达 100 万 ha，且多处于平原地区，以农田为主，人口密度大，煤炭开发与生态环境保护矛盾突出，环境负外部性凸显。

（二）绿色煤炭资源量评价体系

基于煤矿安全、技术、经济、环境的四重效应约束，提出了绿色煤炭资源量和绿色煤炭资源指数的概念，建立了包括资源安全度、资源赋存度、生态恢复度、市场竞争度 4 个方面和 16 个二级指标在内的绿色煤炭资源量评价体系。

按照已利用煤炭资源储量、勘探和详查储量，对全国绿色煤炭资源量进行了评估，绿色煤炭资源量为 5048.95 亿 t，仅占预测煤炭资源总量的 1/10 左右。绿色煤炭资源量主要分布在晋陕蒙宁甘区，为 3697.61 亿 t，占 73.24%；新青区为 633.77 亿 t，占 12.55%；华东、华南、东北绿色煤炭资源量分别为 418.32 亿 t、253.15 亿 t 和 46.1 亿 t，三区合计仅占 14.21%。因此，我国绿色煤炭资源量并不富裕，绿色煤炭资源量的合理规划与开发是煤炭行业可持续发展的必由之路。

二、提出了我国煤炭资源精准开发布局战略

（一）我国煤炭资源开发布局目标

整体目标是建成以绿色煤炭资源为基础，以精准开采为支撑，以总量控制为导向，与煤炭消费相适应的，安全、高效、绿色、经济等社会全面协调发展的现代化煤炭工业生产体系，支撑和保障国民经济和社会发展的能源需求。

2020 年：重点开发晋陕蒙宁甘地区绿色煤炭资源，限制其他区域煤炭资源开发，全国煤炭产能压缩为 44 亿 t，其中绿色煤炭资源开发比重达到 70%。

2030 年：在重点开发晋陕蒙宁甘地区绿色煤炭资源的同时，加大新青区绿色煤炭资

源开采，全国煤炭产能为 34 亿 t，其中绿色煤炭资源开发比重达到 80%。

2050 年：以晋陕蒙宁甘地区和新青区绿色煤炭资源开采为主，全国煤炭产能为 25 亿～30 亿 t，其中绿色煤炭资源开发比重达到 90%。

（二）分区煤炭开发布局思路

晋陕蒙宁甘地区的煤炭资源具有数量多、质量优、开采条件好的优势。由于水资源短缺，生态环境脆弱，限制了开发规模。布局思路为当前至 2050 年该区域保持既有开发规模和强度，区域煤炭以调出为主，满足国内市场需要，同时确保实现可持续发展，达到既充分利用资源又保护环境目的。

华东区由于开发时间较长，目前已进入深部开采，开采难度加大，安全威胁不断增强。煤炭资源以供应本地为主，同时承接晋陕蒙宁甘区的调出资源，该区域开发布局的调整思路为限制煤炭资源开采强度。

东北区经过一个多世纪的高强度开采，优质煤炭资源接近枯竭，现保有煤炭资源开采条件普遍较差，多种灾害并存，缺乏市场空间与竞争力。东北地区实行煤炭开发布局调整迫在眉睫，其调整思路为大幅降低东北地区煤炭资源开采强度，逐步退出煤炭生产。

华南区以山区和丘陵较多，其煤层赋存典型特点是普遍存在高瓦斯双突煤层，突水等灾害严重，矿井地质条件复杂，绝大多数矿井无法达到安全生产机械化开采程度要求。由于该地区严重缺煤，为煤炭资源净输入地区，其煤炭开发布局的调整思路为限制煤炭资源开采强度，保留部分产能供给当地。

新青区资源禀赋较好，是我国唯一的煤炭资源后备矿区。但当地工业基础薄弱，煤炭资源就地利用难度大，外运则运输距离长、成本高，且生态环境脆弱，新青区煤田均不具备规模化开发的条件。其开发布局的思路为当前至 2030 年施行限制开采强度，到 2050 年可作为华东区的资源接续区，实现规模化开采。

三、提出了我国煤炭资源精准开采高效回收战略目标与举措

（一）我国煤炭资源高效回收现状

首先界定了煤炭资源高效回收的概念，在此基础上建立了高效回收指标体系（包括安全指标、效率指标、回收指标、环保指标），以高效回收指标为主线，对全国及五大区的煤炭高效回收现状进行了分析和评价。从世界来看，与美国、澳大利亚等发达国家相比，我国煤炭高效回收水平仍有较大差距。从国内来看，不同区域煤炭高效回收水平差距较大，晋陕蒙宁甘区绿色资源量比例较高，煤炭工业发展质量较高，高效回收水平处于全国领先水平，除环境保护稍显欠缺外，其他方面基本处于世界先进水平；华东区剩余绿色资源量较少，煤炭高效回收水平两极分化明显，山东、安徽两省以大型煤矿为主，高效回收水平较高，而河南、河北两省的大量小煤矿机械化程度低，高效回收水平较低；东北区、华南区基本无绿色资源量，单井规模小，高效回收水平较低；新青区绿

色资源量比例较低，新疆国有大矿高效回收水平较高，但区内小煤矿比例大，总体上高效回收水平较低。

（二）我国煤炭资源高效回收战略

在分析国内外煤炭资源高效回收现状及我国煤炭资源高效回收战略环境的基础上，提出了我国煤炭资源高效回收的战略思路及阶段（2020 年、2030 年和 2050 年）战略目标，即 2020 年高效回收达到国际中等水平，2030 年高效回收达到国际先进水平，2050 年高效回收普遍达到国际领先水平。在此基础上提出了相关的战略举措，包括发挥绿色资源优势，考虑煤炭进口，优化煤炭开发布局；加大去产能力度，实现供求平衡，提升资源高效回收水平；推广先进经验，采用先进适用技术装备，促进煤炭资源高效回收；抓住改革机遇，推进煤炭行业整合，提高产业集中程度；统筹考虑，加强煤炭资源保护性开发，促进能源可持续发展；系统谋划，开展精准开采体系研究，促进安全智能开采等。

四、提出了我国煤炭开发节能战略目标与举措

（一）我国煤炭资源开发节能目标

通过对我国五大区煤炭开发过程中能耗现状的调研，分析了我国煤炭开采过程中能耗分布，提出了我国煤炭资源开发节能战略思路及阶段（2020、2030 和 2050 年）战略目标：以淘汰落后产能和落后装备为基础，以推进先进节能技术和装备为主体，以世界一流煤矿建设为载体，结合五大区的特点重点发展各自的节能技术，实现世界一流的煤炭开采能耗目标。到 2020 年，重点淘汰落后产能和落后装备，推广先进装备和节能技术，实现能耗下降 10%；到 2030 年，扩大绿色资源的开采比例，推广新技术和新装备的应用，实现能耗下降 25%；到 2050 年，开采绿色资源，建设世界一流的矿井，采用世界一流的节能技术、装备和管理模式，实现能耗下降 40%。

（二）我国煤炭资源开发节能战略举措

根据我国煤炭资源开发节能目标，提出了我国煤炭资源开发节能战略举措，包括建立国家层面的节能体系和扶持政策，淘汰落后产能和落后装备，推动先进节能技术应用，实现煤矿开采的全物质循环，让节能贯穿"安全、技术、经济、环境"四重效应的全过程，进而规划了五大区节能技术的研究重点。

1. 构造煤炭行业的节能降耗体系

明确专门部委负责煤炭事业的长远规划与发展，让煤炭工业的科技支撑上升到国家层面高度；明确能耗责任制，制定切实可行的节能降耗目标，严格考核，责任到人，明确奖惩；加大对煤炭研究机构及大专院校的支持力度；建全岗前培训，持证上岗制度。

2. 制定强有力的政策，支持节能降耗

加快企业的兼并重组，加速淘汰落后产能和落后装备，完善节能减排财税政策，采用财政补贴、减免税、专项基金等方式支持企业节能改造，构建资源环境全成本价格机制，构建环境资源全成本价格机制。充分发挥行业协会在节能减排工作中的人才优势和监督作用。

3. 建立五大区的煤炭开采节能创新体系

晋陕蒙宁甘区重点研究千万吨级工作面的成套先进采煤工艺和技术，以及矿山机械大型化、智能化、无人化过程中的节能技术。重点完善、推广高电压、大功率的变频技术，以适应煤矿机械自动化、大型化、高电压的发展需求。支持特大型设备润滑油自清洁技术的研究和应用。重点研究规模化、集团化的煤炭开采节能技术，吨煤生产能耗达到世界先进的 2.5kg 标准煤/吨煤。

华东区应进行深部开采技术与装备研究，智能化开采技术，高瓦斯环境下的安全掘进装备及技术地下气化技术、千米提升、地下水库存储技术等并将节能技术贯穿到全过程、全装备中去研究并将节能技术贯穿到全过程、全装备中去研究。

东北区应提高综采机械化率、综掘机械化率，淘汰落后产能、更新先进装备过程中的节能技术，研发并推广井下采选一体化技术，减少矸石运输量和地面分选量，研究矿井再利用技术，为以后矿井生产的退出提供经验。

针对华南区煤矿的高瓦斯、地下水丰沛的特殊矿情，研发具有针对性的中小煤矿的节能成套技术。例如，百万吨级中小煤矿的自动化综采技术、自动化综掘技术、高效直达的连续运输技术。研究矿山机械的自动修复、自动抗磨、自动补偿技术，提高机械的使用可靠性和使用寿命，减少维修工作量等节能技术。

新青区是我国的能源储备基地，应重点支持研究未来世界一流矿井的规划与建设技术，采煤与环保并行技术，超大运量超长运距斜井带式提升技术等。在设备大型化、矿区高产化、管理智能化、采区无人化、生产高效化、产量调控简单化的研究中，全面落实能耗低值化的节能技术。通过新技术，达到国外先进水平，至 2050 年，吨煤生产能耗达到 2kg 标准煤/吨煤目标。

第二节　建　议

在得出主要结论基础上，重点从协调管理、科技创新、体制机制方面提出相关建议，具体如下。

（一）瞄准绿色资源精准开采，重构煤炭开发布局

煤炭工业向安全、智能、绿色、高效的方向发展是煤炭供给侧改革和转型升级的关键。国家亟须完善煤炭工业发展顶层设计，出台煤炭中长期发展战略规划，以绿色煤炭资源为基础，以精准开采技术为支撑，以总量控制为导向，重构煤炭开发新布局，将晋陕蒙宁甘区划为重点开发区、华东和华南区为限制开采区、新青区为资源储备区、东北区为收缩退出区。

（二）加强基础研究及关键技术与装备研发

1. 开展透明空间地球物理和煤矿地质勘探关键技术研究

以地质、多地球物理场勘探方法原理和地理空间理论为基础，研究新型地球物理勘探技术；针对地质资料和各类新型地球物理综合勘探方法所获取的海量数据，研究基于"云计算"的海量地质地球物理数据处理及成像技术；结合矿山 GIS、"互联网+"、VR 等技术方法，构建直观、量化、可视化的矿山"透明地球"，实现绿色煤炭资源的精准勘探。

2. 开展基于多物理场耦合的智能感知与控制基础理论研究

包括开展煤炭开采多物理场动态信息的数字化定量采集、基于大数据云技术的多源海量动态信息评估与筛选机制、采场及采动扰动区信息的高灵敏度传输、非接触供电及多制式数据抗干扰高保真稳定传输等方面的基础理论研究。

3. 开展基于智能开采与灾害控制一体化的基础理论研究

开展基于大型科学仪器的多场耦合基础实验研究，构建基于大数据的煤炭开采多场耦合理论模型，研发基于深度机器学习的煤矿灾害风险判识理论及方法，实现对煤矿灾害的自适应、超前、准确预警。

4. 开展基于精准开采的全流程节能与全物质循环利用基础理论研究

以"安全、技术、环境、经济"四重效应为核心，以煤炭开采所涉及的物质为研究对象，以原位循环、充分利用、智能开采等技术，减少非煤物质的开采和运输；以采煤、掘进、运输、提升为主线，打造绿色高效的全流程节能体系；以风、水、矸、热等非煤物质为主体，形成绿色环境链的全物质循环经济，最终构建煤炭精准开采节能技术新体系。

5. 研发智能感知与控制的精准开采技术与装备

研发采场及开采扰动区多源信息采集传感、矿井复杂环境下多源信息共网传输、采煤机自动调高与巡航及自动切割与自主定位、煤岩界面与地质构造自动识别、智能化采煤工艺系统等智能感知与控制的精准开采技术与装备。

6. 研发智能开采与灾害控制一体化的风险判识与预警系统

研发不同类型灾害的多源、海量、动态信息管理技术，构建基于描述逻辑的灾害语义一致性知识库，建立煤矿区域性监控预警的云平台架构，搭建基于服务模式的煤矿灾害远程监控预警系统平台，形成智能开采与灾害控制一体化的风险判识与预警系统。

（三）建立绿色煤炭资源精准开采国家级研发平台

1. 建立能源开发国家实验室

科学、绿色、低碳能源战略是中国可持续发展新型道路的要素，面向国家能源发展战略需求，建立能源开发国家实验室，将煤炭资源高效回收、多种矿产资源协调开发等列为重要单元，汇聚创新资源和创新团队开展能源开发的原创性和协同创新研究，引领我国能源开发技术的快速发展。

2. 建立绿色煤炭资源精准开采国家重点实验室

加强基于透明空间地球物理和多物理场耦合的绿色煤炭资源精准开采基础理论与关键技术研究，增强科技储备和原始创新能力，实现煤炭开采颠覆性技术创新，推动煤炭工业由劳动密集型升级为技术密集型，创新发展成为具有高科技特点的新产业、新业态、新模式，全面提高煤炭工业的可持续发展能力。该实验室研究方向主要包括：基于透明空间地球物理的煤矿地质勘探理论与技术、基于多物理场耦合的智能感知及控制理论与技术、基于智能开采与灾害控制一体化的风险判识及预警理论与技术、基于精准开采的全流程节能及全物质循环利用理论与技术等。

3. 建立绿色煤炭资源精准开采协同创新联盟

结合我国能源结构和未来能源发展的趋势，通过整合、协调各个机构为统一的整体，充分发挥各个平台上的优势资源，为绿色煤炭资源的精准开采提供技术、管理、政策支持体系，绿色煤炭资源精准开采协同创新联盟的设立势在必行。加强协同创新联盟建设，鼓励煤炭企业与高等学校、研究机构等加强合作，加快煤炭科技成果转化和应用，为煤炭科技发展提供基础保障。

（四）建立健全复合型专业人才的培养机制

为了满足煤炭精准开采的人才需求，在传统学科优势基础上，整合现有学科资源，培养学生地质、采矿、安全、机械、信息等多学科全面发展的能力，培养宽基础、高素质、强能力的绿色煤炭资源开采复合型人才。以高校、国家重点实验室、国家协同创新联盟和企事业单位为主体，完善选人、用人、育人机制，加快和促进煤炭科技人才的培养。同时，从企业层面推进煤炭科技创新发展，提高从业人员专业素质，促进煤炭工业从劳动密集型向人才技术密集型转变。

（五）关于煤炭高效回收及精准开采的政策建议

1. 国家研究出台鼓励煤炭资源高效回收的扶持政策

基于绿色煤炭供给侧改革，完善总量控制新策略，煤炭开发应继续向以绿色资源赋存为主的晋陕蒙宁甘区集中，根据能源需求适当加大开发规模，进一步突出其综合能源基地的地位，加大东北、华东和华南区等非绿色资源赋存区域的去产能力度，实现煤炭供求平衡。根据资源赋存条件，推广先进适用的开采技术与装备，设置煤炭资源回收率底线，提高资源高效回收水平。结合国有企业改革，加快煤炭行业整合步伐，减少矿区开发主体，提高产业集中程度。完善资源高效回收财税政策，采用各种方式支持企业升级先进产能。

2. 国家研究出台鼓励煤炭精准开采节能技术的扶持政策

加快企业的兼并重组，调整高能耗产业布局，控制能耗总量增长，以节能优先培养行业龙头企业；加速淘汰落后产能和落后装备，不断完善先进技术、先进装备的推广目录，进一步建立健全淘汰落后产能的长效机制；完善节能减排财税政策，采用财政补贴、减免税、专项基金等方式支持企业节能改造，构建资源环境全成本价格机制。

3. 国家出台鼓励煤炭安全智能精准开采技术与装备研发的扶持政策

瞄准煤炭高效回收与精准开采的重大、核心、关键科学问题，加快推进煤炭安全智能精准开采科学体系研究，将相关研究方向列入未来的国家科技重大专项、国家重点研发计划、国家自然科学基金重大研究计划等项目指南，从政策方面加强对其基础研究、关键技术与装备研发的扶持力度。

4. 国家批准建设若干国家级煤炭精准开采工程示范基地

积极推广先进经验，优选一批绿色煤炭资源赋存条件好、开采技术与装备先进、资源回收与节能水平高的矿区建设国家级煤炭精准开采工程示范基地，充分发挥示范引领作用，切实提高我国煤炭精准开采水平。

5. 国家鼓励煤炭企业积极发展新能源产业

持续推进能源供给侧改革战略实施，积极、加快、有序推进新能源及非化石能源开发，鼓励大型煤炭企业积极发展新能源产业，向综合性清洁能源供应商转型，提高企业的发展质量和抗市场风险能力。

参 考 文 献

[1] 程爱国, 曹代勇, 袁同兴, 等. 中国煤炭资源潜力评价[R]. 北京: 中国煤炭地质总局, 2013.

[2] 谢和平, 王金华. 中国煤炭科学产能[M]. 北京: 煤炭工业出版社, 2014.

[3] 彭苏萍. 深部煤炭资源赋存规律与开发地质评价研究现状及今后发展趋势[J]. 煤, 2008, 17(2): 1-11.

[4] 彭苏萍, 张博, 王佟. 我国煤炭资源"井"字形分布特征与可持续发展战略[J]. 中国工程科学, 2015, 17(9): 29-35.

[5] 金智新, 于红, 李金克, 等. 我国亟待实施优质煤炭资源储备战略[J]. 中国煤炭, 2005, 31(12): 29-30.

[6] 金智新. 煤矿可持续发展工业生态共生系统研究[J]. 中国矿业, 2008, 17(5): 29-32.

[7] 王宏英, 葛维奇, 曹海霞. 中国生态环境可承载的煤炭产能研究[J]. 中国煤炭, 2011, 37(3): 10-14.

[8] 袁亮. 煤炭精准开采科学构想[J]. 煤炭学报, 2017, 42(1): 1-7.

[9] 袁亮. 卸压开采抽采瓦斯理论及煤与瓦斯共采技术体系[J]. 煤炭学报, 2009, 34(1): 1-8.

[10] 秦勇, 程远平. 中国煤层气产业战略效益影响因素分析[J]. 科技导报, 2012, 30(34): 72-77.

[11] 秦勇, 袁亮, 胡千庭, 等. 我国煤层气勘探与开发技术现状及发展方向[J]. 煤炭科学技术, 2012, 40(10): 1-6.

[12] 王双明, 范立民, 黄庆享, 等. 生态脆弱地区的煤炭工业区域性规划[J]. 中国煤炭, 2009, 35(11): 22-24.

[13] 王双明. 生态脆弱区煤炭开发与生态水位保护[M]. 北京: 科学出版社, 2010.

[14] 袁亮. 我国深部煤与瓦斯共采战略思考[J]. 煤炭学报, 2016, 41(1): 1-6.

[15] 申宝宏, 张树武. 中国煤炭科学产能评测研究[J]. 煤炭经济研究, 2016, 36(5): 6-10.

[16] 袁亮. 我国淮河流域煤炭安全绿色开采[J]. 煤炭与化工, 2015, 38(6): 1-4.

[17] 王家臣, 刘峰, 王蕾. 煤炭科学开采与开采科学[J]. 煤炭学报, 2016, 41(11): 2651-2660.

[18] 谢和平, 王金华, 姜鹏飞, 等. 煤炭科学开采新理念与技术变革研究[J]. 中国工程科学, 2015, 17(9): 36-41.

[19] 袁亮, 薛俊华, 张农, 等. 煤层气抽采和煤与瓦斯共采关键技术现状与展望[J]. 煤炭科学技术, 2013, 41(9): 6-11.

[20] 袁亮, 秦勇, 程远平, 等. 我国煤层气矿井中—长期抽采规模情景预测[J]. 煤炭学报, 2013, 38(4): 529-534.

[21] 彭苏萍. 煤炭可持续利用与污染控制政策[J]. 能源与节能, 2010(5): 1-3.

[22] 谢和平, 高峰, 鞠杨, 等. 深地煤炭资源流态化开采理论与技术构想[J]. 煤炭学报, 2017, 42(3): 547-556.

[23] 王迪. 中国煤炭产能综合评价与调控政策研究[M]. 徐州: 中国矿业大学出版社, 2015.

[24] 张农, 袁亮, 王成, 等. 卸压开采顶板巷道破坏特征及稳定性分析[J]. 煤炭学报, 2011, 36(11): 1784-1789.

[25] 张农, 韩昌良, 阚甲广. 沿空留巷围岩控制理论与实践[J]. 煤炭学报, 2014, 39(8): 1635-1641.

[26] 张农, 陈红, 陈瑶. 千米深井高地压软岩巷道沿空留巷工程案例[J]. 煤炭学报, 2015, 40(3): 494-501.

[27] 张利珍, 吕子虎, 谭秀敏, 等. 我国煤系共伴生矿物资源及开发利用现状[J]. 中国矿业, 2012, 21(11): 59-61.

[28] 何深伟, 李赛歌, 王俊民, 等. 新疆煤炭资源赋存规律与资源潜力预测[J]. 中国煤炭地质, 2011, 23(8): 82-84, 89.

[29] 刘占勇, 姜涛, 宋红柱. 中国煤炭资源勘查开发程度分析[J]. 煤田地质与勘探, 2013(05): 1-5.

[30] 张军, 俞珠峰, 李全生, 等. 能源"金三角"地区煤炭科学产能预测及分析[J]. 煤炭工程, 2013, 45(11): 142-144.

[31] 谢克昌. 中国煤炭清洁高效可持续开发利用战略研究[M]. 北京: 科学出版社, 2014.

[32] 谢和平. 煤炭安全、高效、绿色开采技术与战略研究[M]. 北京: 科学出版社, 2014.

[33] 张博, 郭丹凝, 彭苏萍. 中国工程科技能源领域 2035 发展趋势与战略对策研究[J]. 中国工程科学, 2017, 19(1): 64-72.

[34] 国家发改委, 国家能源局. 能源技术革命创新行动计划(2016~2030 年)[R]. 2016.

[35] 彭苏萍, 张博, 王佟. 我国煤炭资源"井"字形分布特征与可持续发展战略[J]. 中国工程科学, 2015, 17(09): 29-35.

[36] 袁亮. 煤炭精准开采科学构想[J]. 煤炭学报, 2017, 42(1): 1-7.

[37] 顾大钊. 煤矿地下水库理论框架和技术体系[J]. 煤炭学报, 2015, (2): 239-246.

[38] 陈佩佩, 刘鸿泉, 张刚艳. 海下综放开采防水安全煤岩柱厚度的确定[J]. 煤炭学报, 2009, 34(7): 875-880.

[39] 刘海滨, 王立杰. 我国煤炭资源综合开发布局与模式研究[J]. 自然资源学报, 2004, (3): 401-407.

[40] 石平五. 我国科学采煤发展现状[J]. 陕西煤炭, 2008, (1): 4-13.

[41] 谢和平, 王金华. 中国煤炭科学产能[M]. 北京: 煤炭工业出版社, 2014.

[42] 李升平. 从中南、西南地区的煤炭需求谈贵州、山西、陕西煤炭资源的开发布局[J]. 煤炭经济研究, 1983, (10) 6: 10-18.

[43] 国家能源局. 煤层气(煤矿瓦斯)开发利用"十三五"规划[R]. 2016.

[44] 范维唐. 煤炭在能源中处于什么地位[J]. 中国煤炭, 2001, 27(8): 5-7.

[45] 韩可琦, 王玉浚. 中国能源消费的发展趋势与前景展望[J]. 中国矿业大学学报, 2004, 33(1): 1-5.

[46] 林伯强, 毛东昕. 煤炭消费终端部门对煤炭需求的动态影响分析[J]. 中国地质大学学报(社会科学版), 2014, (6): 1-12.

[47] 范云兵. 煤炭物流大布局《煤炭物流发展规划》解读[J]. 中国物流与采购, 2014, (3): 30-33.

[48] 王传君. 我国采掘业产业转移测度及空间格局变化趋势[J]. 中国国土资源经济, 2016, 29(9): 35-37.

[49] 郭欣旺, 杨磊, 张克清, 等. "三西"地区煤炭铁路外运通道研究[J]. 中国煤炭, 2014, (12): 19-23.

[50] 张有生, 苏铭. 严守资源环境红线控制煤炭消费总量[J]. 宏观经济管理, 2015, (1): 43-47.

[51] 陈丹, 林明彻, 杨富强. 制定和实施全国煤炭消费总量控制方案[J]. 中国能源, 2014, (4): 20-24.

[52] 程宇婕. 煤炭精准开采, 我国应采取"三步走"战略[J]. 中国矿业报, 2016.

[53] 天地科技股份有限公司. 鄂尔多斯采煤方法改革发展规划[R]. 2006.

[54] 王家臣, 仲淑姮. 我国厚煤层开采技术现状及需要解决的关键问题[J]. 中国科技论文在线, 2008, 3(11): 829-834.

[55] 何富连, 钱鸣高, 赵庆彪, 等. 高产高效大采高综采技术的研究与实践[J]. 阜新矿业学院学报(自然科学版), 1997, 16(1): 5-8.

[56] 李化敏, 付凯. 煤矿深部开采面临的主要技术问题及对策[J]. 煤炭科学技术, 2006, 23(4): 468-471.

[57] 康红普. 我国煤矿巷道锚杆支护技术发展 60 年及展望[J]. 中国矿业大学学报, 2016, 45(6): 1071-1081.

[58] 安树伟, 张杏梅. 资源枯竭型城市产业转型的科技支撑[J]. 资源与产业, 2005, 7(6): 102-105.

[59] 王金华. 我国煤矿开采机械装备及自动化技术新进展[J]. 煤炭科学技术, 2013, 41(1): 1-4.

[60] 毛德兵, 康立军, 姚建国. 关于大采高综放开采的思考[C]//中国科协 2005 年学术年会第 20 分会场论文集. 乌鲁木齐, 2005.

[61] 郝秀强, 任仰辉. 安全高效绿色井工矿评价指标体系研究[J]. 中国煤炭, 2015(3): 69-72.

[62] 李瑞峰. 中国煤炭市场分析与研究[J]. 煤炭工程, 2013, 1(1): 1-3.

[63] Luppens J A, Rohrbacher T J, Osmonson L M, et al. Coal resource availability, recoverability, and economic evaluations in the United States-a summary[J]. The National Coal Resource Assessment Overview, USGS, US Geological Survey Professional Paper, 2009.

[64] EIA. Annual Coal Report 2014[EB/OL]. [2016-12-20]. https: //www. eia. gov/coal/annual/archive/05842014. pdf.

[65] Fiscor S. US Longwall operators ramp up production[J]. Coal Age, 2015(2): 30-32.

[66] Mackenzie W. Australia Coal Supply Summary[R]. 2015.

[67] Queensland Government. Average output of saleable coal per 7 hour employee shift[EB/OL]. [2016-12-21]. https: //data. qld. gov. au/dataset/coal-industry-review-statistical-tables/resource/7c6e4a2b-3403-4c89-a23c-16e76ce52c7d.

[68] 李瑞峰, 任仰辉, 聂立功, 等. 关于煤炭生产效率与去产能的思考[J]. 煤炭工程, 2017, 49(3): 1-3.

[69] 唐静. 我国煤炭产业集中度的实证分析[D]. 西安: 西安科技大学, 2011.

[70] 滕霄云, 李瑞峰, 任仰辉, 等. 美澳煤炭资源高效回收研究[J]. 中国煤炭, 2017, 43(2): 123-126.

[71] 李瑞峰. 关于煤炭规划体制的思考[J]. 煤炭工程, 2011, 1(4): 1-3.

[72] 李瑞峰, 曾琳. 能源革命下的煤炭需求峰值及供应能力预测[J]. 煤炭工程, 2014, 46(10): 6-10.

[73] 李瑞峰. 关于控制煤炭产量、压减煤炭产能的几点思考[C]. 北京: 中国工程院能源与矿业工程学部, 神华集团, 2017: 161-164.

索　引

典型案例　123

回收现状　3, 102, 107, 110, 114, 116, 117, 120, 123, 133, 156, 157, 199, 200

精准开采　3, 4, 5, 52, 53, 54, 67, 80, 82, 85, 99, 100, 151, 152, 155, 156, 157, 167, 197, 198, 199, 200, 201, 202, 203, 204

科学产能　13, 35, 37, 39, 40, 42, 44, 45, 48, 49, 197

绿色煤炭资源量　3, 4, 6, 13, 14, 17, 18, 21, 24, 26, 29, 30, 33, 34, 35, 37, 38, 39, 40, 41, 43, 44, 45, 46, 47, 48, 49, 50, 51, 52, 53, 54, 71, 85, 87, 90, 93, 94, 96, 110, 155, 168, 186, 197, 198

绿色煤炭资源指数　13, 14, 34, 53, 93, 198

煤炭精准开采　13, 54, 68, 82, 152, 153, 155, 167, 169, 202, 203, 204

煤炭开发布局　3, 4, 5, 54, 79, 94, 96, 101, 152, 157, 197, 199, 200, 201

全物质循环　3, 5, 168, 181, 182, 186, 188, 189, 194, 200, 202, 203

生态恢复度　4, 14, 16, 17, 18, 19, 24, 25, 26, 29, 30, 33, 34, 37, 38, 40, 41, 43, 44, 46, 47, 49, 50, 52, 53, 198

显性节能　159, 167, 168, 173

隐性节能　167, 168, 181

源性节能　159, 167, 168

战略举措　5, 154, 156, 157, 200

战略目标　3, 5, 80, 102, 152, 153, 156, 157, 189, 194, 199, 200